浙江省公益林建设与管理丛书

公益林信息管理系统

Information Management System of Public Welfare Forests

主编　李土生　莫路锋　寿韬

中国林业出版社

图书在版编目（CIP）数据

公益林信息管理系统／李土生，莫路锋，寿韬主编. —北京：中国林业出版社，2010. 12
（浙江省公益林建设与管理丛书）
ISBN 978-7-5038-6039-3

Ⅰ. ①公… Ⅱ. ①李… ②莫… ③寿… Ⅲ. ①生态型－森林－管理信息系统－浙江省
Ⅳ. ①S718. 55－39

中国版本图书馆 CIP 数据核字（2010）第 261911 号

出版 中国林业出版社（100009 北京西城区德内大街刘海胡同 7 号）
E-mail：cfphz@ public. bta. net. cn 电话：（010）83224477－2028
网址：http://lycb. forestry. gov. cn
发行 新华书店北京发行所
印刷 北京地质印刷厂
版次 2011 年 4 月第 1 版
印次 2011 年 4 月第 1 次
开本 787mm×1092mm 1/16
印张 15. 25
印数 1～1500 册
字数 400 千字

定价 40. 00 元

“浙江省公益林建设与管理丛书”编辑委员会

《公益林信息管理系统》编写人员

主　编　李土生　莫路锋　寿　韬

编　委　（按姓氏笔画排列）

杨雪清　余树全　邱瑶德　应宝根　高洪娣　董万虎

内容提要

Abstract

本书是“浙江省公益林建设与管理丛书”中的一册，是论述公益林信息管理系统与应用的专著。

本书从公益林管理的实际需求出发，系统分析了管理过程的业务流和数据流；详细设计了公益林信息管理系统的结构与功能模块；探究了系统开发中各类数据采集、整理和组织，数据库建立、系统整合集成等过程中的关键技术；研发了规范实用的公益林信息管理通用软件，并详细介绍了系统的使用指南。本书共分5章，内容包括公益林信息管理系统的概述、系统分析、系统设计、系统开发和系统使用。

本书适合从事公益林管理、林业信息化研究、GIS开发与应用的相关人员阅读。

序
Foreword

浙江大地60%以上的面积覆盖着各种各样的森林，这些森林为我们人类提供着初级生产、养分循环、土壤形成、气候调节、水分调节、水源净化、生态旅游、文化传承等众多的物质及非物质的服务功能，从而保障了浙江省国土的生态安全、生活的物质基础、人类的健康环境以及人与自然的和谐共处。

历史上木材经济曾长期成为浙江山区国民经济的支柱、财政收入的主体、农民生活的依托，山区对森林资源的消耗远远超过了其生产与恢复的能力，使得浙江的森林资源和生态环境的保护一直承受着巨大的压力，其结果难免导致资源下降，生态受迫，环境恶化。直到20世纪末期，浙江的国民经济与社会发展进程明显加快，生态环境保护与恢复的需求日益增强，浙江省委、省政府审时度势，及时作出了“建设生态省、打造绿色浙江”等重大决策，逐步确立了林业在可持续发展战略中的重要地位，在生态建设中的首要地位以及在应对气候变化中的特殊地位，在森林的众多功能中，更加突出了森林的生态系统服务功能，由无偿使用森林生态效益向有偿使用森林生态效益转变。1999年全省开展了公益林建设试点，2001年启动实施了3000万亩（1亩≈667m^2）公益林，2004年建立了森林生态效益补偿制度，2010年又将公益林规模扩大到4000万亩，使公益林的面积占全省国土面积的26%，占林业用地面积的40%，公益林建设投资之巨、规模之大、覆盖面之广史无前例。这一历史性的转变意义重大、影响深远，林业建设由此进入了一个新的发展阶段。

得益于十年的公益林建设保护与发展，浙江的生态建设成就已然显现。一是资源保护与生态安全的理念渐入人心，人们懂得了纯净的水质、清洁的大气、优美的景观、丰富的动植物资源以及平衡的生态环境都有赖于对森林资源良好的保护，保护森林资源和生态环境成了人们自觉的行动；二是森林资源增长十分明显，蓄积量、生物量、碳汇量十年间成倍增长，林分郁闭度、林木混交度、森林健康度、景观自然度、生物多样性极大提升；三是森林生态系统的服务功能逐步增强，公益林每年发挥的生态效益价值超千亿元，一大批重点生态功能区的森林资源和生态环境得到了有效保护和恢复。十年来，林业和财政等相关部门通力合作，精心组织、规范运作、严格监管，不断探索与完善公益林建设中的区划布局、科学经营、政策保障、管护网络、信息管理、资源监测等管理体系，确保了森林生态效益补偿基金制度的全面落实。“浙江省公益林建设与管理丛书”的编写出版，既系统总结了前期的相关工作与管理成果，很好地反映了浙江省公益林建设管理的历程，又为今后的公益林建设管理提供了科学依据。

森林资源的培育和生态环境的保护是林业永恒的主题，需要我们长期艰苦的努力。最近，浙江省委根据新形势、新要求，又作出了推进生态文明建设的重大决策部署，谱写了生态文明建设的新篇章。希望广大林业工作者，肩负起推进生态文明建设的历史使命，共同关心、共同参与、共同建设、共同享有，通过立体构架建设森林生态家园、多点布局发展森林生态产业、齐抓共管保护森林生态资源、多措并举推进集体林权改革，弘扬森林生态文化，着力做好“森林浙江”的大文章，推进生态文明建设，把一个美好的家园留给子孙后代。

浙江省林业厅厅长 

2010 年 8 月

前言

Preface

浙江省于2001年组织各地按照《国家公益林区划界定办法》(试行)要求进行了公益林区划界定，并先期将钱塘江流域源头的8个县纳入了国家公益林的试点范围。2004年又根据国家和省的《重点公益林区划界定办法》重新进行了区划完善，共确定省级以上公益林面积近3000万亩，并于同年建立了森林生态效益补偿制度，对省级以上重点公益林实行补偿。2010年，应各地扩大林业生态建设规模的要求，省政府同意增加省级公益林面积，至今，全省省级以上公益林面积已达4000万亩，占全省国土面积的四分之一，公益林成为浙江省规模最大、财政投入最多、涉及面最广的林业重点工程。

现有的公益林广泛分布于江河源头及两岸、通道两侧、大型水库周围、自然保护区、风景名胜区、森林公园、沿海山体及岛屿等生态区位重要及生态脆弱地区，涉及全省11个市86个县(市、区)的1.5万个村集体及数百万农户，公益林小班40余万个，累计发放公益林补偿资金超20亿元。公益林的建设与管理存在着分布地域广而分散、补偿资金多而持续、涉及农户量大而复杂等特点，同时由于公益林建设与管理是林业史上的新生事物，全国尚缺乏健全的管理规范以及成熟的管理软件，因此解决好公益林大范围、大数量的空间与属性数据管理及其更新问题成了管理部门必须面对的重大课题。

浙江省从2005年开始启动公益林信息管理系统建设，至今已整整历时5年。2005年7月，完成了第一个版本的公益林信息管理县级系统的研建，并投入江山市林业局试用。随后几年，各地加快了系统建设的步伐。2009年初，借助GPS技术与网络通讯技术的融合，又开发了“公益林护林员巡查考勤系统”。截至2010年，全省各地县级林业部门已基本完成公益林信息管理县级系统建设。五年来，通过对各地应用后的结果反馈处理与系统升级，系统的功能逐步增加，系统的结构更趋完善、系统的应用基本普及，从而达到了对公益林实现科学、规范、动态、高效的管理目标。

本书主要介绍了浙江省公益林信息管理系统研建的设计思路及其相关研

发技术，同时详细介绍了系统的使用方法，以便基层管理操作人员更好地掌握使用。全书共分5章，内容包括公益林信息管理系统的概述、系统分析、系统设计、系统开发和系统使用。限于编者的水平，书中难免存在疏漏甚至错误，谨请读者指正。

编　者

2010年11月

目 录

CONTENTS

5 系统使用

1

SYSTEM OVERVIEW

系统概述

公益林信息管理系统是基于地理信息系统（GIS）、遥感（RS）、全球定位系统（GPS）、计算机网络等多技术集成应用于一体的专题信息管理系统。主要包括公益林资源管理、资金管理、经营管理、管护组织管理、护林人员管理、成效监测管理、档案管理等功能模块，数据组织灵活、功能使用便捷。具有开放性、集成性、可扩展性、安全性、易维护性等特点。

本章概要地介绍了公益林信息管理相关的一些技术基础及公益林信息管理系统研建开发和推广使用的历程。

1.1 公益林信息管理技术基础

公益林建设与管理涉及人、财、物等多种要素，这些要素都与森林的空间分布及其变化紧密关联，因此需要对基础数据进行广泛的调查，对管理的流程和功能进行深入的分析。在公益林建设与管理中利用信息技术，一是能较好地表述公益林在空间、时间和状态上的系统管理；二是能全面地反映公益林资源与生态变化的过程；三是便于客观评价公益林建设成效；四是能规范公益林资金使用、护林管护、档案管理等。

信息技术内涵宽泛，在公益林建设与管理上应用的信息技术通常包括计算机、网络、地理信息系统(GIS)、遥感(RS)、全球定位系统(GPS)以及物联网技术。

1.1.1 计算机技术

计算机是近五十年来对人类社会发展影响最大的技术，它是按照一系列指令序列对数字或文本进行存储和操作的电子装置。计算机技术是现代信息技术的基础，也指计算机存储、分析处理和输出海量数据的技术能力及其构成体系。计算机的单机系统一般由硬件、软件和数据三个部分组成，硬件包括计算机的主机、键盘、驱动器、显示器、鼠标和辅助输入、输出设备。多机系统还包括网络设施和网络设备。软件是支持计算机系统运行的一系列运算规则和指令的集合，计算机软件一般分为操作系统、编译器和应用程序三类。数据是软件运行过程中所使用的信息或处理对象。一般认为信息技术的核心功能是数据的存储、处理和传输，而计算机的主要功能存储和处理数字或文本数据，实现人机交流，是信息技术核心功能发挥的基础。

计算机存储处理海量数据的能力催生出数据共享的概念，对于计算机存储数据的共享需求又引导了计算机网络的产生和发展。网络是将两台或者是两台以上的计算机终端、客户端、服务端通过计算机信息技术的手段互相联系起来的结果，是计算机相互联系的网络系统。在同一单位内部，基于共同的数据中心，为执行共同任务联系起来的计算机网络，一般称为局域网。网络与网络之间所串连成的庞大网络，则称为因特网或者互联网。计算机网络的出现使互联网系统及其技术变成一种日趋独立发展的信息技术，而互联网技术的普遍应用，是进入信息社会的最显著标志。

林业上从20世纪80年代就开始使用计算机管理林业数据，1982年林业部调查规划设计院率先研建了森林资源数据库系统，标志着我国林业管理应用计算机时代的到来。但是，林业计算机技术的研究和应用曾长期停留在各自为政的状态，林业信息化整体水平提高不快。一方面，是由于有效的林业管理方式应该是融空间数据和属性数据于一体，静态数据和动态数据相结合的方式，需要高水平的大型信息技术集成系统的支撑，不是单纯计算机系统集成能够完成；另一方面，是由于林业管理条块分割，各类数据采集的标准不相统一，各种数据库结构差异很大，数据的共享和整合性差，影响了林业信息化整体水平的提升。当然，随着时代的进步以及林业管理的更加科学规范，计算机技术已成了林业信息化发展的基础，同时也将与网络技术、3S等技术良好集成的方式更广泛地应用到林业生产、管理、经营的全过程和全领域。

1.1.2 地理信息系统技术

地理信息系统(Geographic Information Systems，简称 GIS)，是基于地理关系存储和处理事物信息的技术体系。地理信息系统工具能够对地球上存在的物件和发生的事件进行成图和分析，从而把地图的视觉化效果、地理分析功能与一般的数据库操作集成在一起，变成具有广泛应用价值的技术体系。它是在计算机软件和硬件的支持下，运用系统工程和信息科学的理论，科学管理和综合分析具有空间内涵的地理数据，以提供规划、管理、决策和研究所需信息的技术系统。在与地球资源和环境有关的各个科研、生产和教学领域有着极其广泛的应用。GIS 所管理的数据不同于一般数据库的数据，它不仅具有空间分布特征和拓扑关系，而且能进行各种空间操作处理，进行综合分析，参与决策管理。可以有效地管理具有空间属性的各种资源环境信息，对资源环境管理和实践模式进行快速和重复的分析测试，便于制定决策、进行科学和政策的标准评价，提高工作效率和经济效益，为解决资源环境问题及保障可持续发展提供技术支持。

应用于行业的地理信息系统通常有 5 个构成要件，即硬件、软件、数据、人员和模型。硬件主要是承载地理信息系统的计算机、网络通讯设备等，一般地理信息系统对硬件没有特别的要求。软件主要指通用的地理信息系统软件，是能够存储、分析和显示地理信息的功能和工具。这类软件的主要部件有输入和处理地理信息的工具，数据库管理系统，支持地理查询、分析和视觉化的工具，应用这些工具的图形化界面，如 ESRI 公司开发的 ArcGIS 就是一个典型的地理信息系统软件。数据是专业地理信息系统中最重要的部件，在专业性地理信息系统中，地理数据和表格数据多数情况下需要用户自己采集完成，地理信息系统工具拓展了数据库技术，从而把空间数据与其他数据源的数据集成在一起管理。人员主要指地理信息系统的使用人员或用户，以及系统的设计和维护人员。地理信息系统模型主要指应用的专业模型和经验，这是地理信息系统具有广泛应用价值的关键因素。因此，在各种专业地理信息系统中，设计开发人员与专业管理人员的紧密配合至关重要。

地理信息系统具 5 个方面的功能。一是输入，即把地理数据通过数字化转换成计算机能够识别的数字格式的数据。二是处理，对于各种专业的地理信息系统，数据还需要处理成与系统相适应的形式，如在林业类的地理信息系统中，由于森林资源调查的基础性作用，一般都会引用资源调查的数据，地理信息的比例尺一般采用 1∶10 000、1∶ 50 000、1∶100 000 等几个规定的形式，而在集成到地理信息系统中时，则要采用相同的比例尺，数据就需要处理。三是管理，即使用数据库管理系统存储、组织和管理各类数据。四是查询和分析，在专业的地理信息系统中，经常要了解一些数据之间的关系，以辅助决策分析。如查询符合建设公益林条件的区域都有哪些？已经有多少区域建成了公益林？两块林地之间的最短距离是多少？等等。而作为分析工具，地理信息系统可以完成叠置分析和缓冲分析，叠置分析是多图层的综合分析功能，而缓冲分析类似于是模糊统计的分析。五是可视化，即对于处理的最终结果以地图或图形显示出来。地理信息系统的图件可以集成到各种报告、三维观察、照片图像和各种多媒体输出中。

通用地理信息系统(如前述的 ARCGIS)结构复杂，操作困难，非专业人士较难熟练掌握，且其空间分析功能对于大多数行业的实际管理需求来说又是不便的，同时，通用地理信息系统也无法提供公益林建设与管理上一些专用的模型，因此，面向公益林建设与管理应用的地理信息系统，必须在通用地理信息系统的基础上进行二次开发，以支持建立适合于公益林的独特的空间分析模型。

林业 GIS 就是将林业生产管理的方式和特点融入 GIS 之中，形成一套为林业生产管理服务的信息管理系统。以减少林业信息处理的劳动强度，节省经费开支，提高管理效率。森林资源调查是应用 GIS 最早的林业领域，20 世纪 90 年代，地理信息系统技术开始在森林资源调查和城市林业管理中应用，并快速地扩大到林业其他管理领域的各种专题管理中。GIS 在林业领域上的应用过程大致分为 3 个阶段：第一阶段作为森林调查的制图和简单查询工具阶段，该阶段的主要特点是利用 GIS 绘制森林分布图，建立地理信息库；第二阶段以作为林业资源分析的工具阶段，该阶段用于各种目标的森林资源的空间分析；第三阶段是作为森林经营管理的工具阶段，用于建立各种模型和拟定经营方案等，直接用于决策过程。目前 GIS 在林业上的具体应用主要包括林业规划与设计、林业资源调查与评价、森林经营与管理等方面，按照目前 GIS 技术在林业领域的应用，在未来将向两个方向发展，一是向集成化、综合化发展，即与其他信息技术实现更加紧密的集成，使林业 GIS 能够接收、处理及分析多数据源、多尺度的地理信息；二是向可视化发展，即林业 GIS 将通过三维空间的操作和分析，以及建立三维空间数据库等手段，实现更加直观地管理森林。

1.1.3 遥感技术

遥感（Remote Sensing，简称 RS），意为遥远感知，是20 世纪60 年代发展起来的一门对地观测综合性技术，利用飞机、飞船、卫星等，使用光学或电子光学仪器（称为遥感器）接受地面物体反射或发射的电磁波信号，并以图像胶片或数据磁带形式记录下来，传送到地面，经过信息处理，判读分析和野外实地验证，最终服务于资源监测和有关决策等。通常把这一接收、传输、处理、分析判读和应用遥感信息的全过程称为遥感技术。20 世纪 80 年代以来，遥感技术得到了长足的发展，遥感技术的应用也日趋广泛。

1.1.3.1 遥感类型

遥感类型按所利用的电磁波的光谱段分类可分为可见光/反射红外遥感、热红外遥感、微波遥感等三种类型。

➢可见光/反射红外遥感

主要指利用可见光（0.4 ~ 0.7μm）和近红外（0.7 ~ 2.5μm）波段的遥感技术统称，前者是人眼可见的波段，后者是反射红外波段，人眼虽不能直接看见，但其信息能被特殊遥感器所接受。它们的共同特点是，其辐射源是太阳，在这两个波段上只反映地物对太阳辐射的反射，根据地物反射率的差异，就可以获得有关目标物的信息，它们都可以用摄影方式和扫描方式成像。

➢热红外遥感

指通过红外敏感元件，探测物体的热辐射能量，显示目标的辐射温度或热场图像的遥感技术的统称。遥感中指 8 ~ 14μm 波段范围。地物在常温下热辐射的绝大部分能量处于此波段，在此波段地物的热辐射能量，大于太阳的反射能量。热红外遥感具有昼夜工作的能力。

➢微波遥感

指利用波长 1 ~ 1000mm 电磁波遥感的统称。通过接收地面物体发射的微波辐射能量，或接收遥感器本身发出的电磁波束的回波信号，对物体进行探测、识别和分析。微波遥感的特点是对云层、地表植被、冰雪等具有一定的穿透能力，又能全时段、全天候地工作。

1.1.3.2 遥感系统

遥感系统由信息源、信息获取、信息处理和信息应用四部分组成。

➢信息源

信息源是遥感需要对其进行探测的目标物。任何目标物都具有反射、吸收、透射及辐射电磁波的特性，当目标物与电磁波发生相互作用时会形成目标物的电磁波特性，这就为遥感探测提供了获取信息的依据。

➢信息获取

信息获取是指运用遥感技术装备接受、记录目标物电磁波特性的探测过程。信息获取所采用的遥感技术装备主要包括遥感平台和传感器。其中遥感平台是用来搭载传感器的运载工具，常用的有气球、飞机和人造卫星等；传感器是用来探测目标物电磁波特性的仪器设备，常用的有照相机、扫描仪和成像雷达等。

➢信息处理

信息处理是指运用光学仪器和计算机设备对所获取的遥感信息进行校正、分析和解译处理的技术过程。信息处理的作用是通过对遥感信息的校正、分析和解译处理，掌握或清除遥感原始信息的误差，梳理、归纳出被探测目标物的影像特征，然后依据特征从遥感信息中识别并提取所需的有用信息。

➢信息应用

信息应用是指专业人员按不同的目的将遥感信息应用于各业务领域的使用过程。信息应用的基本方法是将遥感信息作为地理信息系统的数据源，供人们对其进行查询、统计和分析利用。

1.1.3.3 遥感功能

遥感的基本功能主要有：

➢获取大范围数据资料

遥感探测能在较短的时间内，从空中乃至宇宙空间对大范围地区进行对地观测，并从中获取有价值的遥感数据。这些数据拓展了人们的视觉空间，为宏观地掌握地面事物的现状情况创造了极为有利的条件，同时也为宏观地研究自然现象和规律提供了宝贵的第一手资料。陆地卫星的轨道高度达 910km 左右，一张陆地卫星图像，覆盖面积可达 3 万多平方千米。

➢快速动态地反映地面事物的变化

遥感探测能周期性、重复地对同一地区进行对地观测，这有助于人们通过所获取的遥感数据，发现并动态地跟踪地球上许多事物的变化。同时，研究自然界的变化规律。陆地卫星每 16 天可覆盖地球一遍，NOAA 气象卫星每天能收到两次图像。Meteosat 每 30 分钟获得同一地区的图像。充分显示遥感技术的快速反应能力。

➢实施对无人区域的监测

在地球上有很多地方，自然条件极为恶劣，如沙漠、沼泽、高山峻岭等，人类难以到达，采用地面测量根本不可能办到，而使用遥感技术，特别是航天遥感却可轻松方便地对这些地区进行测量。

➢满足不同专业的需求

根据不同的任务，遥感技术可选用不同波段和遥感仪器来获取信息。例如可采用可见光探测物体，也可采用紫外线、红外线和微波探测物体。利用不同波段对物体不同的穿透性，还可获取地物内部信息。

林业是遥感技术应用中较早出现的专业领域，从20世纪70年代起，以森林资源调查和植被分类为主要内容的林业遥感技术就已经形成，并日趋完善。利用遥感技术对公益林建设与管理的成效进行监测无疑是方便、经济、准确的方法之一，其应用必将越来越广、越来越深。遥感技术的发展趋势，表现在提高遥感器的分辨率和综合利用信息的能力和增强遥感系统的抗干扰能力两个方面，以使遥感系统真正全天候工作和实时获取信息。

1.1.4 全球定位系统技术

全球定位系统(Global Positioning System，简称GPS)，是美国从20世纪70年代开始研制，于1994年全面建成，具有全天候、高精度和覆盖全球的实时卫星导航与定位系统，广泛应用于军事和民用领域。GPS与现代通信技术相结合使得测定地球表面三维坐标的方法已经从静态发展到动态，从数据后处理发展到实时的定位与导航，极大地扩展了GPS的应用广度和深度。

GPS由空间星座、地面控制和用户设备等三部分构成。空间星座由21颗工作卫星和3颗在轨备用卫星组成，完成对全球绝大多数地方的全天候、高精度、连续实时的导航定位测量。地面监控系统用于监测和控制卫星上的各种设备正常工作，以及指挥卫星按预定轨道运行，保持各颗卫星处于同一时间标准，即GPS时间系统。地面监控系统一般包括1个主控站、3个注入站和5个监测站。用户设备又称GPS信号接收机。GPS卫星发送的导航定位信号是一种可供无数用户共享的信息资源。对于陆地、海洋和空间的广大用户只要用户拥有能够接收、跟踪、变换和测量GPS信号的接收设备，即GPS信号接收机，就可以在任何时候用GPS信号进行导航定位测量。在静态定位时，GPS接收机在捕获和跟踪GPS卫星的过程中固定不变，接收机高精度地测量GPS信号的传播时间，利用GPS卫星在轨的已知位置，解算出接收机天线所在位置的三维坐标。在动态定位时则是用GPS接收机测定一个运动载体的运行轨迹。接收机硬件和机内软件以及GPS数据的后处理软件包，构成完整的GPS用户设备。

GPS系统具有以下主要特点：一是定位精度高。应用实践证明，GPS相对定位精度在50km以内可达6～10m，100～500km可达7～10m，1000km可达9～10m。二是测绘时间短。随着GPS系统的不断完善，软件的不断更新，目前20km以内相对静态定位，仅需15～20秒，快速静态相对定位测量，只需1～2秒。三是全天候作业。GPS应用不受气候的影响，能保证接收性能。四是操作简便。随着GPS自动化程度越来越高，接收机的体积也越来越小，重量越来越轻，一般手持型GPS重量不足400g，携带方便，适应野外工作需要。测定测站间无须通视，只需测站上空开阔，可节省大量测绘时间，大大提高工作效率。五是功能多、应用广。GPS系统不仅可用于测量、导航，还可用于测速、测时等。

GPS从最初的军用，已发展到现在的广泛民用。在大地测量方面，利用GPS技术开展国际联测，建立全球性大地控制网，提供高精度的地心坐标，测定和精化大地水准面。在工程测量方面，应用 GPS 静态相对定位技术，布设精密工程控制网，用于城市和矿区油田地面沉降监测、大坝变形、高层建筑变形监测，隧道贯通测量等精密工程，测绘各种比例尺地形图和施工放样等。在航空摄影测量方面，应用 GPS 技术进行航测外业控制测量、航摄飞行导航、机载 GPS 航测等航测成图。在地球动力学方面，我国应用 GPS 技术监测南极洲板块运动、青藏高原地壳运动、四川鲜水河地壳断裂运动，建立了中国地壳形变观测网、三峡库区形变观测网、首都圈 GPS 形变监测网等。在海洋测绘方面，我国已经应用 GPS 技术于海洋测量、水下地形测量。

GPS 在林业上的应用主要有三个方面：一是地形测量，地块定位。在造林验收、灾害评估等工作中，应用 GPS 可以方便的确定林地形状和地理位置，便于在地形图上标注；二是距离测量，面积求算。根据 GPS 的轨迹记录，可以测量任意点之间的距离，求算闭合区间的面积；三是人员定位，系统调度。利用 GPS，结合无线通信和地理信息系统，可以实现对公益林管护等野外工作人员的实时定位，结合语音同步传输，方便人员协同指挥，科学调度。

1.1.5 物联网技术

“物联网”被称为继计算机、互联网之后，世界信息产业的第三次浪潮。物联网技术是通过射频识别(RFID)、红外感应器、全球定位系统、激光扫描器等信息传感设备，按约定的协议，将任何物品与互联网相连接，进行信息交换和通讯，以实现智能化识别、定位、追踪、监控和管理的一种网络技术。物联网技术以电子标签和传感器网络技术为基础，在计算机互联网基础上形成实物互联网络，实现全球物品信息的实时共享和互通。

物联网系统结构由信息采集系统、信息服务器、产品命名服务器和应用管理系统四部分组成。

1.1.5.1 信息采集系统

包括产品电子标签、读写器、驻留有信息采集软件的上位机，主要完成产品的识别和产品电子代码的采集和处理。存储有产品电子代码的电子标签在经过读写器的感应区域时，产品电子代码会自动被读写器捕获，从而实现自动化产品电子代码信息采集，采集的数据将交由上位机信息采集软件进行进一步的处理，如数据校对、数据过滤、数据完整性检查等，这些经过整理的数据可以为上层应用管理系统使用。

1.1.5.2 信息服务器

由产品生产商建立并维护，厂商根据事先规定的原则对产品进行编码，并利用标准的 XML 对产品的详细信息进行描述。实体描述语言服务器在物联网中的作用在于以通用的格式提供对产品原始信息的描述，便于其他节点的访问。

1.1.5.3 产品命名服务器

在各信息采集节点与实体描述语言信息服务器之间建立联系，实现从产品电子代码到产品实体描述语言描述信息之间的映射。

1.1.5.4 应用管理系统

通过应用管理系统和信息采集软件(如 Savant)之间的接口获取产品电子代码信息，并通过产品命名服务器找到产品的实体描述语言信息服务器，从而获取产品详细信息，以实现诸如入库管理、产品路径跟踪等应用功能。

物联网通过基于互联网的结构体系实现物理世界中产品的互联，实现在任何地方、任何时间能识别任何产品，使产品成为附有动态信息的“智能产品”，并使产品的信息流和物理流完全同步，从而为产品信息提供一个高效、快捷的网络平台。物联网技术的核心和基础仍然是“互联网技术”，是在互联网技术基础上延伸和扩展的一种网络技术；其用户端延伸和扩展到了任何物品和物品之间，进行信息交换和通讯。林业物联网是沟通生态环境和数字世界的桥梁，为公益林的建设与管理成效监测等提供新的技术手段。因此，物联网技术将是下一轮林业信息化建设的重点。浙江农林大学等国内个别大学目前已经建立了林业物联网实验室，开展森林生态传感网相关技术的研究，正在向林业信息物联网时代迈进。

1.2 公益林信息管理系统建设

公益林信息管理系统是以 GIS 为基础，结合各类信息技术，从公益林建设和管理工作的整体需要出发，对公益林管理中涉及的空间数据、属性数据、图形图像、档案资料等信息进行全方位管理的技术系统，为公益林的建设和管理提供分析和决策服务。

公益林信息管理系统的建设，通过制定数据标准、规范管理流程、统一管理内容，把公益林相关的各类数据的采集、存储、加工、生产及其传递过程与公益林建设的计划、组织、协调及控制的管理过程有机融合，更好地控制人、财、物在公益林管理中的配置，确保公益林的建设成效。

1.2.1 建设背景

一方面，从 20 世纪 80 年代开始，信息技术异军突起，极大地改变了人类的思维和联系方式，成为引领经济社会快速发展的高新技术的主要力量之一，渗透到了社会生活的各行各业。进入本世纪以来，信息技术特别是 GIS 技术在林业领域中的应用非常普及和活跃，发展迅速。国内外林业工作者已经将 GIS 技术广泛应用于森林资源管理、森林环境监测和综合评价决策等各类林业经营管理活动中。加拿大是林业 GIS 技术开发和应用的领先者，其每个省的林业部门和林业公司都已经完成了按照建设 GIS 系统的数据为基础的省域森林资源清查，他们的应用范围从森林资源清查、简单的检索和制图到复杂的数据变换、资源分析和森林经营的决策制定，而建立的系统已作为森林资源连续清查、森林模型制作和森林经营设计的主要工具。欧洲各国 GIS 的开发应用发展也很快，在专题制图、森林资源清查、野生动物调查、社会经济调查、森林环境监测和森林灾害预报等各个领域得到了应用。国外 GIS 技术的应用，尤其是和其他信息技术的深层次融合，已经在林业部门的森林资源清查与监测、经营管理、决策支持中发挥了极其重要的作用。

我国的 GIS 研究起步相对较晚，但充分利用了技术的后发优势，通过积极跟踪和引进，GIS 技术也得到较快发展。到 20 世纪 90 年代，各种形式的专业 GIS 系统开始建立和应用，自主研发的通用 GIS 平台技术也初现雏形。在林业应用方面，森林资源的管理最早引入 GIS 技术，其后应用范围不断扩大，目前也已涵盖了森林资源管理、营林生产、森林防火、野生动植物保护、林权管理等众多方面。国内基于 GIS 的公益林信息管理的研究才刚刚起步，前期开发的公益林管理系统大多是在森林资源管理系统的基础上，增加了公益林资源管理、专题图管理、统计报表等功能，探索了数据标准的制定、数据的分级管理和分层控制，对公益林的信息化建设起到了积极的作用，但与公益林建设管理的实际需求还有较大差距。此外，对 RS、GPS 等数据的融合、数据的省、市、县一体化和同步化管理以及图形数据的时态变更等存在技术缺陷，其实用性及适用性的欠缺，使得这些系统在现实的公益林管理中难以推广应用。随着公益林建设的不断深入，管理要求的不断提高，有些省市根据自身需求正在积极开展公益林地理信息系统研建。

另一方面，改革开放以来，我国的工业化步伐空前迅猛，城市化进程不断加快，在社会财富急剧增长的同时，生态环境的破坏也在加剧，因此，林业在保护和改善生态环境、实施可持续发展、应对全球气候变化等突出问题中的作用和地位日益凸显。我国开展了大规模的以森林植被恢复与保护为主体的生态环境建设，森林在改善环境和维护生态安全方面的多种功能，得到人们越来越普遍的认可和接受，实现人与自然的和谐，已成为国家、社会和民众的普遍共识。浙江省经济快速发展的同时也带来了大气质量下降、水污染严重、森林景观破坏、生物多样性丧失等生态问题，经济与生态环境协调发展面临巨大压力。为此，在“十五”期间，浙江省提出了建设“生态省”的战略目标，把“生态兴”置于“文明兴”的前位。森林是陆地生态系统的主体，是资源库、蓄水库、储碳库、能源库和氧气源，是“生态兴”的重要物质基础。森林所具有的生态效益、文化内涵、自然艺术、独特景观及强身保健功能，能够满足现代人生理、心理等多方面健康的需求。同时，由于森林的屏障作用和景观效果，它在提高土地级差收入、节约社会劳动、增加社会就业机会、发展旅游事业等方面产生巨大的社会效益及各种直接的经济效益。公益林在森林资源中最直接服务于生态环境建设和保护，发挥着重大的综合效益，公益林的建设、保护和质量提升直接影响着全省的生态环境质量，对浙江经济可持续发展起着重要的作用。因此，2004 年浙江省在《关于全面推进林业现代化建设的意见》中，明确了以生态建设为主的林业发展观，区划界定了省级以上重点公益林 3000 万亩，并建立了森林生态效益补偿基金制度，每年投入大量资金用于公益林生态效益的补偿，2009 年扩大重点公益林建设面积到 4000 万亩，使公益林面积占全省林业用地面积的 40%，占全省国土面积的四分之一。

公益林建设与管理需要收集大量的属性数据、空间数据、文件档案等基础信息资料，实现图、文、表的集成和准确的公益林空间管理，并且随着时间推移需要不断更新；需要对公益林资源的建设与保护状况，森林生态效益的发挥状况进行科学的监测评估和发布；需要对森林生态效益补偿资金的使用进行有效监控，对护林管护人员的职责履行进行有力监管；需要对公益林的历史资料查询、报表统计、图文制作等日常管理进行高效操作。传统的管理方式因工作效率低、时效性差、准确度不高等特点，难以做好这些工作，因此，必须要利用现代化的管理手段，以计算机技术、3S 技术、物联网技术为支撑，通过研建开发公益林信息管理系统，达到高效、准确、及时的管理目标。

1.2.2 建设意义

公益林建设与管理既涉及林业生产过程，又与社会经济发展密切相关。就林业生产过程而言，公益林的建设涉及自然立地条件、树种更新、森林群落结构变化等方面的因子，任何一个因子发生改变，都会影响到公益林的建设质量和生态效益。公益林的管理涉及人、财、物的配置，区域经济水平，不同地区发展的平衡性，社会文化传统，社会治安等多方面的因素，这些因素的变化，都会对公益林的管理产生影响。因此，公益林的建设与管理是一个涉及面广、工作量大、十分复杂的工程。公益林信息管理系统建设的主要目的，一是要把公益林建设与管理过程中各种复杂关系及相互影响变化的情况，把公益林资源连续清查、公益林生态效益监测、公益林经营设计和灾害的预报预防等深层次管理工作，交给计算机处理，简化人工管理的过程和压力，提高管理水平和效率。二是以技术进步促进管理制度的创新，实现人员管理、资金管理、数据管理等的内容、程序、环节和标准的统一和规范，满足大到全省公益林的整体管理，小到具体山头地块的公益林小班管理的技术需求，以释放制度创新与技术创新相融合后的生产力。

公益林信息管理系统建设也是林业信息化建设的一个重要方面，由于全省公益林涉及全省40%的林地以及数百万农户，基础地理信息内容多、数据量巨大，相关管理属性信息十分丰富。做好这些方面的信息采集、整理、存储和利用，为林业的信息化建设将打下良好的基础，对于推动林业整体的信息化水平提高具有积极的促进意义。

公益林信息管理系统建设也是现代林业建设的重要组成部分。信息化既是林业现代化的一个重要方面和特征，又是林业实现可持续发展的重要手段和工具。公益林信息管理系统建设是林业现代化建设的一个具体体现，有利于提升林业行业人员的整体业务素质和水平，有利于缩小我国与世界林业强国之间的技术差距，有利于推动现代林业的发展。

公益林信息管理系统的建设从根本上提升了林业管理的思想、视野和模式。从管理思想上，它树立了依靠制度管理与依靠技术管理相结合的观念，充分尊重制度的价值和现代高新技术的价值。从管理视野上，它不再局限于传统管理依靠数字、文字材料与实地调查的单一平面，而是构建了崭新的三维管理、多层次管理、综合管理、实时动态管理等全方位管理视角。从管理模式上，科学地界定了公益林管理的内容范围和数据传递流程；在管理体制上突破了条块传递、层层管理的传统管理模式；在管理方式上解决了空间管理与非空间管理相分离的状况。从而形成了条块分功与条块共管相结合，分层管理与多层交叉管理相结合，空间管理与非空间管理相结合的新管理模式，增强了管理的有效性。

1.2.3 建设目标与任务

1.2.3.1 建设目标

公益林信息管理系统建设的基本目标，是将公益林的建设、管理的流程与标准集成到基于“3S”技术为基础的信息系统上，以达到对公益林规范、科学、全面的管理。公益林信息管理系统建设的具体目标是：

一是以公益林小班管理为核心，按照科学性、高效性、正确性的原则规范公益林管理流程，统一公益林管理信息数据的采集标准和信息管理系统数据标准，为公益林管理提供规范、科学的管理模式和思路。

二是通过研建公益林信息管理系统，实现公益林管理内容、信息存储和信息传递的数字化和系统化，管理过程的可视化，以及达到与公益林动态监测相适应的实时、动态管理。

三是通过建立护林员巡查考勤系统，实现对护林管理人员的工作状态的实时动态管理，提高护林工作的效率和质量，特别是有效地改善森林防火等森林灾害的预防和应急管理。

1.2.3.2 建设任务

一是通过调查研究公益林各种管理数据的内容和实际工作流程，分析系统开发的应用需求，构建最佳的管理流程模式。

二是通过分析公益林信息管理系统与林业其他管理系统集成的可能，拟定公益林管理的数据采集标准和系统标准。

三是开发公益林县级信息管理系统的通用软件，研制公益林市级、省级信息管理系统。

四是各县(市、区)通过建立以公益林小班为基本数据单位，建设集基础空间地理信息、属性数据、图形图像数据、管理数据和档案数据于一体的数据库系统，全面完成县级公益林信息管理系统的建设。

五是完成省、市、县三级公益林信息管理系统网络建设，实现省、市、县三级之间信息动态管理的互联互通。

1.2.4 建设过程

公益林信息管理系统建设从2005年开始正式启动至今已整整历时五年，大致经历了通用软件研发和推广应用两个阶段。

1.2.4.1 通用软件研发阶段

2005年初，公益林信息管理系统的研究与开发正式启动。浙江省林业生态工程管理中心组织浙江农林大学的教师、林业部规划设计院的专家和有关市县林业局的技术人员，共同成立了公益林信息管理系统项目研发组，项目组认真开展了需求调查、管理流程梳理、管理内容分析、数据采集标准研究、系统结构设计等一系列系统研发工作。

在需求调查阶段，为避免系统开发人员与公益林管理部门在相互理解对方知识上出现脱节，项目组分别在省、市、县三级公益林管理部门召集了一系列座谈讨论会，广泛深入地听取各级公益林管理部门对于建设信息系统的意见。系统开发人员与公益林管理部门经过反复交换各自的认识，对公益林信息管理系统的理解达到了基本一致。在此基础上，项目组认真分析归纳各地各级公益林管理部门的意见和想法，制作了公益林信息管理原型系统，把公益林管理部门的需求初步转变成原型系统的功能模块、表单和专题图等直观的要素，最后，项目组以公益林信息管理原型系统为蓝本，进行了第二次从县到省的意见征求，将公益林信息管理系统的需求在各级单位达到明确、统一的认识。

在充分明确和统一对公益林信息管理系统的需求后，项目组针对省、市、县三级公益林管理机构和组织之间人、财、物流动的实际情况，认真梳理了公益林资源数据传递、各项资金划拨、管理规范和标准建设等的流程，从而确定了公益林信息管理的科学流程。

在管理内容的分析上，经过反复调研，结合管理流程的梳理，项目组对公益林建设、保护、管理和利用的各项工作作了进一步的论证分析，最后把公益林管理的内容确定为公益林资源管理、资金管理、资源监测、管护组织管理、经营管理和档案管理等几个方面。

项目组也认真分析了公益林的数据源和中央、浙江省对公益林管理的各项要求，认真研究科学、高效、规范的公益林管理制度，以及反映这种管理制度要求的数据建设标准，建立了公益林数据采集的一系列标准。

2005 年 7 月，项目按计划完成第一个版本的县级公益林信息管理系统的研建，并投入江山市林业局试用。2005 年底，县级公益林信息管理系统在试用后得到完善，并形成网络版的系统软件。2006 年 1 月，项目研究成果通过了鉴定评审。2006 年该系统软件已在全省 8 个县级林业管理部门得到建设与应用，通过各地对该县级公益林信息管理系统的应用，不断提出了功能完善的要求，使项目开发组对公益林管理业务的认识更加深入。

1.2.4.2　系统建设及推广应用阶段

为了在全省范围内尽快建立公益林信息管理系统的网络，浙江省林业厅在 2006 年下发了《浙江省公益林信息管理系统建设实施意见》和《浙江省公益林信息管理系统验收指导意见》。在 2007 到 2009 年，逐年以省级计划的形式指导各县的公益林信息管理系统建设工作，并结合重点公益林示范县创建等活动，多途径加强公益林信息管理系统的建设与应用推广，到 2009 年底，全省已经有 60 余个县级林业部门完成公益林信息管理县级系统建设。同时，项目组每年对公益林信息管理系统的版本进行升级，使系统的功能更强大，操作更简便，运行更迅速稳定，更加适应浙江公益林管理的实际需要。

公益林信息管理县级系统的全面建立与不断完善，既为全省公益林的信息化、网络化管理提供了良好的基础，又对尽快建立省、市两级公益林信息管理系统提出了迫切的要求。2008 年省、市两级公益林信息管理系统正式研发并完成，2009 年多个市级公益林信息管理系统开始应用，并完成市、县两级公益林信息管理系统的联网。

2009 年初，基于对公益林信息管理系统的实践应用，多个县林业局提出了加强公益林管护人员野外工作管理的新需求，项目组在公益林信息管理系统的“管护组织管理”功能模块的基础上，借助 3S 技术与网络通讯技术的融合，开发了“公益林护林员巡查考勤系统”，实现了对公益林野外工作人员的实时动态管理。“护林员巡查考勤系统”的应用，显示了公益林信息管理系统整合林业多方面应用系统的能力，其开发思想也为公益林管理进入物联网时代展现无限的前景。

在各地积极建设公益林信息管理系统的同时，我们充分重视对全省公益林管理人员操作公益林信息管理系统的理论与技术培训。2006 ~ 2009 年，每年上半年都组织一次公益林信息管理系统知识和操作技术的集中培训，并多次召开全省公益林信息管理系统应用情况的经验交流会。

2

SYSTEMS ANALYSIS
系统分析

系统分析就是通过问题识别、可行性分析、详细调查、系统化分析，最后完成信息管理系统的逻辑方案设计，或称逻辑模型设计，解决“做什么”的问题。

公益林信息管理系统分析是公益林信息管理系统研发建设的基础工作。开展公益林信息管理系统的分析，可以查明公益林管理的内容和管理的过程、公益林管理的需求、公益林管理所涉及的数据源等，有利于明确公益林信息系统建设的内容、目标、任务。公益林信息管理系统的开发，如果开发人员与业务管理人员的沟通不充分、不及时，对公益林建设与管理的业务内容分析不够深入，则会使得开发的系统与实际管理需求不相适应，最终形成的软件产品就不能成为公益林管理真正有效的技术工具，就难以全面地推广应用，也将是一个没有生命力的信息管理系统，以往报道曾经研发的一些公益林地理信息系统没有得到很好的推广应用，其主要原因就是对系统分析的不足造成的。因此，在公益林信息管理系统的研建初期，首要的任务是要详细分析公益林管理的业务内容，从全省公益林管理的整体和业务全过程出发，充分分析公益林管理的状况和信息处理过程，判断业务和数据的流程是否通畅、合理，勾划出公益林业务管理过程、管理数据与管理功能系统实现之间的关系，明确公益林信息管理系统的业务需求和解决方法。

2.1 公益林建设与管理业务分析

公益林的管理主要涉及公益林建设、保护、管理以及利用过程中的资源变化、资金使用、人员配置、效益评价等方面内容。具体来说，公益林的建设与管理主要包括资源管理、建设工程管理、资金管理、管护组织与管护人员管理、建设成效监测管理、日常管理等。在实施这些方面的管理过程中，有的是自上而下的管理，如公益林管理中的一些法律、法规、政策、制度等要求，森林生态效益补偿资金的拨付，建设工程的一些项目计划等；有的管理内容则是自下而上或者说是由县里组织实施的管理过程，如公益林的建设保护成效监测，公益林的管护组织建设与护林人员的管理，森林生态补偿资金的发放等。

2.1.1 公益林资源管理

公益林资源主要指公益林区范围内的林木资源、林地资源、野生动植物资源以及森林环境资源等。公益林资源管理的业务主要是：查清不同建设时期公益林资源的现状、公益林资源的分布、公益林资源的各种结构，分析不同建设时期公益林资源变化的动态，提出不同时期公益林建设保护、经营管理的对策建议，并根据上级政策，联系地方实际开展相应的一系列资源管理活动。

涉及公益林资源状况的因子主要有：公益林小班面积、地类等林地因子，树种组成、树高、胸径、林龄、郁闭度、蓄积量、生物量、群落层次结构等林分因子，海拔、坡向、坡度、坡位、土壤种类、土层厚度、土壤质地等环境因子，权属、事权等级等社会因子，植被类型、乡土树种、适生植物群落、珍稀树种及分布区、独特的生态系统、野生动物种群及栖息地与繁殖地等高保护价值的资源因子。

公益林资源分布主要包括两个方面：一是公益林按行政区域的分布状况，全省 4000 万亩公益林按各市、县、乡、村逐级分布的情况，同时由于公益林的补偿资金要直接分配入户，因此还需要了解公益林到组、户的情况；二是公益林按生态区位的分布状况，公益林的分布有别于其他森林资源的分布特征，它是按照国家和省制定的区位条件与标准进行界定，在地理分布上既有一定规模的集中分布，又有相对隔离的不连续分布，主要是按生态区位进行划分，包括钱塘江等八大水系的江河源头、江河两岸、千岛湖等大型水库、高速公路等通道两侧、自然保护区、风景名胜区、水土流失严重区及沿海防护林区等。

公益林资源各种结构是根据不同管理目的和需要进行划分的。在公益林资源的实际管理中，公益林资源按事权等级划分有国家级、省级、市级、县级等级次；按林木权属划分，有国家所有、集体所有、个体所有及其他；按林种划分有防护林、特种用途林；按森林类型划分有阔叶林、针叶林、针阔混交林、竹林、其他林分；但不管采用什么样的方式划分，公益林资源的量最基本的都要反映到具体的小班上。

开展对不同建设时期公益林资源变化的动态分析，是客观反映公益林建设保护成效的主要依据。根据《浙江省公益林管理办法》的要求，各级林业行政主管部门应当建立公益林监测体系，及时掌握辖区内公益林资源与生态状况的动态变化趋势，并定期向社会公告公益林资源与生态状况。因此，2001 年全省公益林区划界定时的森林资源二类调查数据就相当于建设初期的本底状况，其后对每个时期的变动情况都需要及时地进行资源数据的更新，如 2004 年根据新的国家公益林区划标准的全面完善，以及 2009 年的 1000 万亩省级公益林的扩面工作，都需要及时完整地更新公益林的资源数据，同时对每年公益林区发生的一些特殊剧烈的变动如森林火灾发生区、松材线虫除治区、林地征占用区、林木采伐区等必须做到及时更新，随时掌握公益林资源的变化动态。

公益林的管理总体上来说是对公益林的面积规模总量管理以及对公益林小班的具体空间结构管理。通常情况下，公益林的面积总量的确定主要由地方经济发展水平所决定，如经济社会发展对森林生态的需求的迫切程度，建设公益林的经济能力，还要受自然条件、法律政策条件、政治条件等其他许多因素变化的影响。但是总面积规模一经行政程序确定后，不会出现大的变动，表现出一定的稳定性，《浙江省公益林管理办法》中明确要求，国家级公益林建设规模，由省级林业行政主管部门审查汇总后，按照国家有关规定上报国务院林业行政主管部门。省级公益林建设规模，由省级林业行政主管部门审核汇总后，报省人民政府批准。经批准的公益林建设规模不得擅自改变。确因征收、占用林地等原因减少公益林的，设区的市或者县级人民政府应当及时补足。因此无论哪级公益林，一旦规模确定，就会保持不变。而公益林面积的具体空间结构却是一个变化较大的因素，既会受到宏观上全省经济社会发展不平衡性的影响，也会受到微观上一些具体决策或生活变化的影响。如在省内的发达地区，经济的快速发展使土地资源变得越来越稀缺，一些地方或单位就会从林地上想办法，公益林地也就会成为一个开发与保护的矛盾焦点，一旦林地的使用性质发生变化，公益林的空间分布结构就要重新调整。而在欠发达地区，森林资源及产品是当地经济，特别是林农经济收入的主要来源，当前由于公益林生态补偿资金的标准还比不上开发森林资源带来的收益，地方或林农很可能会因眼前的经济利益而改变对公益林建设保护的态度，公益林的分布结构的稳定性就会受到影响，公益林的小班分布空间结构就会有所变动。

2.1.2 公益林建设管理

公益林的建设包含两种涵义，一是确立面积，即全省通过区划界定工作，把 4000 万亩的公益林面积逐一落实到山头地块，从而构建了公益林的建设全局。二是提升质量，即在界定的公益林区域内，通过一系列的营育林措施等，提高林分质量，以更好地发挥森林的综合效益。面积规模一旦确立，在管理环节上就转到了前述的资源管理。而提升质量的一些工程则有其管理的特殊性，这些建设工程主要包括在公益林区内实施的沿海防护林工程、长江防护林工程、阔叶化发展工程、生物防火林带建设工程、绿色通道工程和野生动植物保护工程等一系列生态工程项目。

建设工程的管理业务主要包括工程实施的规划设计、施工监理、成效检查、效益评估等环节。工程规划的任务是明确建设目标、范围、内容、规模与重点，统筹安排建设布局与进度、概算投资规模、合理安排建设资金、明确筹资渠道，分析与评价项目实施的综合效益。凡纳入年度工程的营造林项目，都必须有作业设计。设计的类别包括人工造林更新作业设计、封山育林和低效防护林改造作业设计；营造林作业设计文件包括作业设计说明书、作业设计表和作业设计图；其中作业设计说明书主要包括设计原则与依据、范围与布局、营造林技术设计、种苗工程设计、保护工程设计、施工组织设计、管理措施、用工量与投资、效益评价等，营造林作业设计表主要是反映设计的过程表及汇总表，设计图则是以乡为单位绘制，以万分之一地形图为底图，分别不同的营造林方式着色，并标注小班号、造林树种、造林年度等。实行营造林档案管理制度，将所有的营造林作业设计材料分别建立文字档案和电子档案，归档管理，建立营造林作业设计因子数据库。

为了科学考核营造林的实绩和成效，必须开展年度的营造林质量综合核查验收。检查验收的范围包括：①当年人工造林更新(包括补植造林)完成面积及质量情况，人工造林更新后满三年的保存状况；②当年封山育林实施范围、面积及各项制度的落实情况，封山育林满五年后的成效情况；③当年低效林抚育改造实施范围、面积、质量情况，抚育满五年后的成效情况。检查验收的程序分成两步，先经过县级自查，然后是省级核查。实绩核查的评价指标主要有面积核实率、面积合格率、计划完成率；成效核查的评价指标主要有人工造林更新(包括补植造林)面积保存率、封山育林、抚育改造面积成效率等；工程建设管理评价指标主要有作业设计率、建档率、检查验收率、管护率等。

2.1.3 公益林资金管理

《浙江省公益林管理办法》中明确省人民政府设立森林生态效益补偿基金，对公益林按照规定标准给予补助。有国家或者省级公益林的设区的市、县级人民政府应当设立森林生态效益补偿基金，对公益林进行补偿，补偿标准不得低于省规定的标准。县级以上人民政府应当根据经济发展状况，逐步提高公益林补偿标准，完善森林生态效益补偿机制。浙江省从开始建设公益林以来，补偿标准逐步得到提高，每年的补偿标准经历了从 2001 年的每亩 3 元，2004 年的每亩 8 元，2006 年的每亩 10 元，2007 年的每亩 12 元，2008 年的每亩 15 元到 2009 年的每亩 17 元，同时公益林的面积规模也逐步扩大，更多的生态区位和森林资源得到有效保护。这些资金每年都要及时、足额、准确无误的发放到数以百万计的农户手中，公益林资金管理的工作要求之高、工作量之大、任务之艰巨可见一斑。所以对公益林资金管理的业务分析是否充分、到位是整个公益林管理的重中之重，也是公益林信息管理系统建设成败的关键。

公益林资金管理业务分析主要包括以下几个方面：

一是补偿资金的来源分析。公益林的补偿资金来源主要是根据事权等级划分，分为国家、省级、设区的市及县级补助资金。根据《国家公益林区划界定办法》，浙江省符合国家级公益林的区位主要是钱塘江等主要江河源头及干流两侧、高速公路、国道、国防公路等两侧，沿海防护林，国家级自然保护区，大型水库周围的第一重山脊等，所以这部分公益林享受了国家财政部的补偿资金补助，与省级规定标准不足部分则由省财政补足；在区划界定国家公益林的同时，浙江省也制定了《浙江省重点公益林区划界定办法》，将一些达不到国家公益林建设区位但对浙江省生态建设与资源保护特别重要的区位纳入了省级公益林的建设与管理，这部分公益林享受省级资金的补助；另外还有些地方根据实际需要也划定了一些市、县级公益林，其补偿资金由其自行解决。对公益林的这些不同来源的补助资金要按照相关要求进行相应管理。

二是补偿资金的使用流向分析。森林生态效益补偿基金主要用于：公益林所有权人或者使用权人的损失性补偿；管护人员的劳务报酬、培训、劳动保障等管护费用；森林防火、森林资源与生态状况监测、林业有害生物防治等公共管护费用；公益林范围划定、宣传、培训、管理系统建设、检查、验收等管理费用。

三是补偿资金的发放要求分析。损失性补偿资金要及时足额拨入公益林所有权人或者使用权人的存款账户；管护费用应当直接拨入各管护单位的专用账户；公共管护费用应当直接拨入承担项目实施的单位账户；管理费用应当直接拨入承担公共管理任务的单位的账户。根据这些要求，在公益林的长期建设过程中，难免出现面积变化、人员变动而引起的资金发放对象变动，则需要重新生成发放清册。

四是补偿资金的管理要求分析。森林生态效益补偿基金实行专户管理、专款专用，财政部门应当设置专账。任何单位和个人不得挪用、截留、移用森林生态效益补偿资金。审计部门应当对森林生态效益补偿基金使用情况进行审计监督。

森林生态效益补偿基金制度是公益林建设的根本保证，从根本上稳固了公益林建设在全省整体经济社会发展中的地位。补偿基金保障了经营单位和经营户建设公益林的利益，特别是稳定和调动了林农建设与保护公益林的积极性。森林生态效益补偿基金制度也是一项重要的惠民措施，政策性很强。补偿资金按政策要求发放到农户，让农户同步感受到公益林建设中的实惠，公益林建设事业就会日渐深入人心，公益林建设和生态文明事业就有了健康持久发展的重要社会基础。

2.1.4 公益林管护

促进公益林建设健康发展，有一支可靠、能干的日常公益林管护队伍不可或缺。为适应全省公益林建设保护发展的需要，全省各地逐步建立了一支两万余人、专兼职结合的公益林管护队伍，全省公益林面积 30 万亩以上的县级林业主管部门，还专门设立了公益林监管机构，这两支队伍成为日常管理中公益林建设最坚强的保障力量。针对管护组织管理，近年来全省各地也采取各种措施，层层落实管护责任，加强公益林的日常管护工作。但是，由于队伍庞大，加上护林员在野外分散作业的特点，在传统手段下，公益林监管队伍与护林队伍管理起来的难度都很大，因此，这两支队伍的管理迫切需要引进先进的管理手段，使队伍的建设与公益林的发展需要更好地相适应。为了在公益林信息管理系统中强化对管护人员的管理及其监管，必须理清公益林管护的业务特征。

2.1.4.1 明确各级保护责任

设区的市或者县级人民政府与有公益林管护任务的乡镇人民政府或者其他有关单位，有公益林管护任务的乡镇人民政府与村民委员会应当分别签订公益林保护管理责任书，落实公益林管护责任。乡镇人民政府、村民委员会以及其他有关单位应当根据公益林管护需要，配备相应的护林员，落实管护责任。村民委员会(或其他护林组织)、乡镇(街道)监管员与护林员三方签订管护合同。

各乡镇(街道)负责本行政区域内的公益林建设和管理工作，并按照上级的工作部署，把建设任务落实到山头地块，将监管责任落实到人，统一成立护林组织，落实管护责任；指导村民委员会建设与管护的组织好各项具体工作，协调村与村之间的相关工作，检查公益林管理成效，发现问题及时处理、纠正。村民委员会负责本村公益林各项建设、管护任务的具体落实。组织本村公益林山场经营者按照公益林建设与管护要求开展具体的建设与管护活动；组织制订护林公约并严格执行公约；协助镇乡(街道)组建护林员队伍，落实护林员职责，并做好相应的检查监督工作；做好邻村的护林联防工作。

2.1.4.2 划分监管责任区

本着便于管理、职责分明的原则，各相关镇乡(街道)根据重点公益林建设规模大小和林业干部多少，划分一定的监管责任区，分片监管，责任到人。监管责任区划分实行登记备案制度，镇乡(街道)监管员登记表报县林业局备案。监管活动实行记录制度，详细记录监管活动，发现公益林受损情况及时进行登记，县监管责任区监管员的工作纳入岗位责任制考核。

2.1.4.3 组建护林员队伍

护林员队伍根据公益林建设规模和分布以及不同季节进行统筹安排，分专职护林员和兼职护林员两类。其中专职护林员一般以行政村为单位由镇乡(街道)联合护林组织统一设置，实行联合护林，人数根据本镇乡(街道)重点公益林面积大小和地域分布情况因地制宜确定，每个护林员的管护面积控制在2000~3000亩为宜，总面积较小或局部公益林分布较为孤立的，管护面积可视实际需要做出相应调整。为加强联合护林管理，联合护林组织须制订相应的章程并报县林业局备案；为弥补专职护林员管护的不足，可以安排一部分兼职护林员，对象以村干部为主。护林员的任用条件大致为：一是熟悉管护责任区“三情”(村情、山情、民情)；二是要有一定威望，在当地说话比较有影响力；三是要有高度的工作责任心、事业心和良好的职业道德；四是要有健康的身体，专职护林员原则上要求选用55周岁以下的男性成年人；五是了解林业法律、法规以及相关国家政策；六是能够服从组织领导。村干部不得担任专职护林员，国家机关、事业单位干部职工不得兼任专、兼职护林员(国有林场职工除外)。

2.1.4.4 明确护林员职责

护林人员必须按照合同规定履行管护义务，承担管护责任。在管护责任区进行日常巡护，并根据要求做好巡山记录；协助乡镇人民政府做好《中华人民共和国森林法》、《森林防火条例》、《浙江省公益林管理办法》等林业法律法规的宣传教育工作；切实加强野外火源管理，在管护责任区内严格制止违章用火，及时消除各种森林火险隐患；发生森林火灾时，及时报告并积极组织扑救；预防、发现和阻止盗伐滥伐林木、乱捕滥猎野生动物、乱采滥挖野生植物、非法侵占林地等破坏森林资源行为；发现森林病虫害及可疑病死木、枯死木现象及时报告林业主管部门；及时向当地政府和林业主管部门报告日常管护情况，协助做好有关森林灾害的处理和破坏森林资源案件的查处；协助做好生态公益林效益监测工作，配合专业监测人员上山采集数据，并掌握管护责任区的森林资源动态；认真履行管护合同规定的其他职责。

2.1.4.5 实施考核兑现报酬

为了切实监督护林人员认真履行护林职责，公益林管理部门及监管员要定期不定期地对护林员进行检查考核，合同期满时，各招聘单位(或组织)要将获得劳务费的护林人员名单、金额以及管护任务完成情况张榜公布，由所在单位进行考核，群众评议。对符合合同要求，完成管护任务的人员，兑现劳务费并继续履行合同；对因故意或重大过失而未按照合同规定履行管护义务的，不予支付其劳务费并终止合同。同时，各镇乡(街道)将合同兑现情况报林业主管部门和财政部门备案。

2.1.5 公益林成效监测管理

森林生态效益补偿基金制度建立后，公共财政投入了大量资金，公益林的建设成效受到了政府与社会各界的极大关注，如何对浙江省公益林建设现状、结构组成、质量和生态效能进行监测和评估，从而更加有效地开展公益林建设和保护，进一步完善森林生态效益补偿制度，成为公益林建设与管理的重要内容。因此，构建一套公益林的监测体系，全面开展全省公益林的资源与生态状况监测就显得十分重要和迫切。在公益林信息管理系统中，要对公益林建设成效的监测信息实行规范统一的管理，就有必要对成效监测的业务开展进行认真分析。

2.1.5.1 监测任务

一是建立公益林本底资源数据库。将面积落实到小班是公益林建设的基本要求，也是开展资源监测的前提。公益林监测的首要任务是要督促各公益林县在公益林区划界定或森林资源二类调查成果资料的基础上，建立公益林本底资源数据库。通过建立以小班为单位的公益林本底资源信息库，为开展公益林资源现状与质量状况动态监测提供必要的条件，为开展公益林小班地籍管理提供支撑。二是掌握公益林资源动态变化状况。在本底资源调查基础上，以制度化的档案管理保障公益林小班地籍管理信息系统的有效运行，通过各县公益林小班数据库的定期及时更新，经资源数据的逐级汇总和生态监测信息的分析处理，及时掌握各地的公益林资源数量、质量状况及动态变化情况。三是掌握公益林生态功能状况。通过对生态定位监测站定期连续观测数据的分析研究，以及开展必要的一些专项调查，掌握公益林区的森林生态环境状况及变化趋势。四是客观评价公益林建设成效，定期向社会公众发布公益林资源及生态状况公报。

2.1.5.2 监测内容

对公益林的监测不同于传统的森林资源监测，是要求更为综合的监测。一方面，要反映公益林资源现状及建设工程的进展情况，了解公益林建设中存在的问题，为公益林的建设有序开展服务；另一方面，要反应公益林建设在生态环境的保护和改善中发挥的作用，计算投资效益。因此，公益林监测除要完成传统的森林资源监测的相关指标，还要特别注意增加森林生态方面的指标，而许多森林生态方面的监测指标又与传统的森林资源监测指标相关，而且许多森林生态方面的监测指标操作的难度较大、费时、费工，也受到技术水平的限制，这就给大范围的监测带来了许多困难。所以，监测内容的确定，既要科学反映森林生态状况和效益，又要结合目前的技术及装备水平，才能使监测工作得到有效实施。根据上述指导思想，结合可操作性，浙江省公益林监测的主要内容包括：公益林建设状况、公益林数量质量状况、公益林生态功能与效益、公益林受灾状况四个方面。

➢公益林建设状况监测

主要包括公益林建设工程监测和生态保护工程监测。其中公益林建设工程监测包括了长江防护林工程、沿海防护林工程、绿色通道工程、退耕还林工程、迹地更新工程、阔叶林发展工程等，旨在通过这些林业工程的实施来推动公益林建设的发展。生态保护工程监测包括了自然保护区、自然保护小区、湿地保护等的建设进展情况。

➢公益林数量质量状况监测

公益林数量质量状况是其发挥生态效能的基础，公益林生态功能发挥的强弱，取决于公益林本身的数量、质量、结构和时空分布状态。因此，公益林数量质量状况的监测包括：数量上的各类面积、森林覆盖状况、蓄积、立竹量、生物量、生长量；质量上的单位面积蓄积、自然度、健康度、生物多样性状况；结构上的群落结构、树种结构、林分结构和空间布局结构以及动态上的森林类型演替变化等。

➢公益林生态状况监测与功能效益评估

公益林的生态状况监测与效益评估是公益林监测的核心内容之一，是公益林建设成效的体现。监测的主要内容是对森林与环境之间的相互关系的监测，包括：涵养水源，固土保肥与改良土壤，改善小气候，净化水质，碳贮量，碳氧平衡，植物储能与光能利用，生物多样性等。

➢公益林受灾状况监测

公益林建设的主要目标是发挥它的生态效能，一旦受到森林火灾、森林病虫害以及台风、洪涝、雪害等自然灾害的影响，它的生态效能将受到影响。因此，在公益林的监测中，必须要反映森林火灾、森林病虫害以及台风、洪涝、雪害等自然灾害对公益林产生的负面影响。

2.1.5.3 监测方法

根据不同的监测内容，采取不同的监测方法：对于森林资源状况的监测，主要采用以小班调查为基础，使公益林的资源状况数据能够落实到县、到小班，同时采用全省固定样地的定期调查，对全省公益林森林资源的总体状况进行评估，在具体调查时充分考虑采用RS、GIS、GPS等调查分析技术；对于公益林生态状况如森林生态水文、森林小气候、水土保持等内容的监测，则以长期生态定位观测为核心，结合固定样地或典型样地的调查数据进行评估分析；对于森林土壤状况、森林生物多样性、森林植物生物量等监测内容，则采取连续清查样地及典型样地相结合的专题调查方法进行调查；对于生态工程建设及公益林受灾情况等监测内容，主要根据年度小班更新调查进行统计。

总体上来说，公益林监测以小班调查、固定样地及典型样地调查、生态定位观测为主，专项调查、社会调查为补充。各种监测手段相互兼容，相互补充，共同为阐明公益林建设状况、资源状况、群落特征、土壤状况和公益林生产力、森林气候、森林水文及健康等提供基础的监测数据。

浙江省公益林成效监测业务流程分析如图2-1所示。

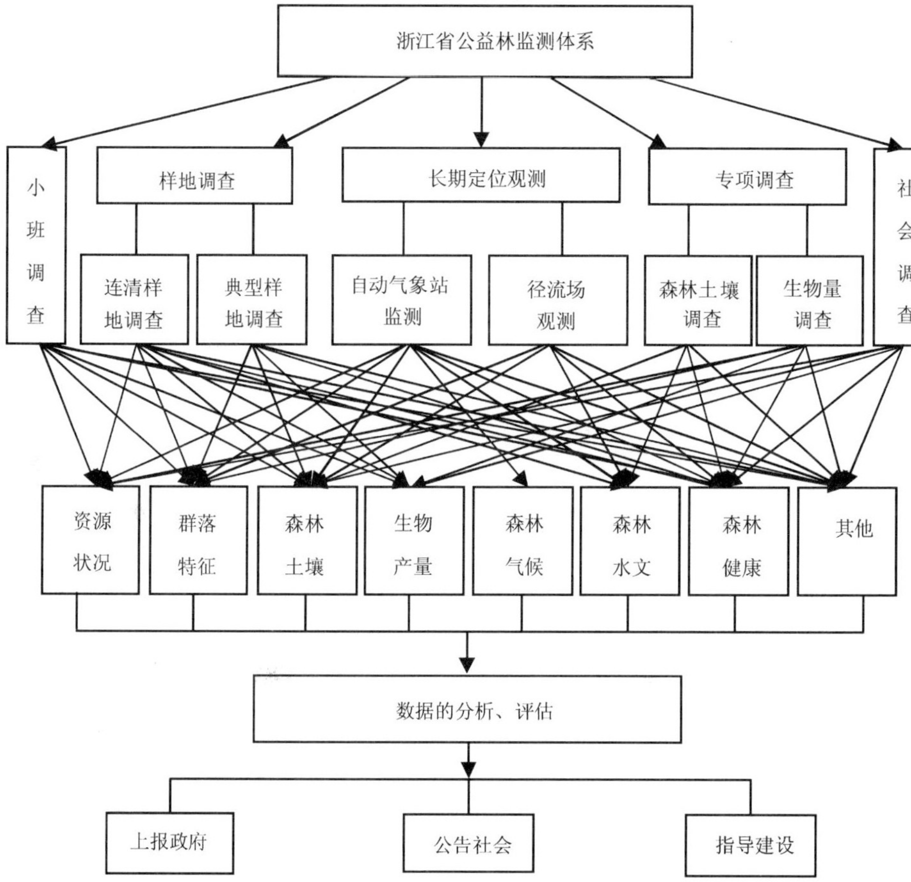

图 2-1　浙江省公益林成效监测管理业务流程图

2.1.6　公益林日常管理

为了与公益林建设保护事业的发展相适应，浙江省各级林业主管部门相继成立了专门的公益林管理机构，围绕着公益林的建设与保护，开展项目部署、规划设计、区划界定、建设施工管理、资源保护管理、补偿资金管理、管护组织与人员管理、检查验收、资源与环境监测、效益评价、科学研究等一系列活动。一些特定的管理业务已在前面作了分析，这里主要分析对资源保护的日常管理和档案管理等内容。

2.1.6.1　采伐管理

公益林区禁止任何形式的商业性采伐。有下列情形之一的公益林林木可以进行更新采伐，但采伐强度不得超过伐前林分蓄积的25%，且一次连片采伐面积不得超过1hm^2：主要树种平均年龄达到成熟林的；濒死木超过30%的；树种结构单一，需要进行改造的针叶纯林。公益林林木的抚育采伐应当符合下列规定：林分过密、生态保护功能衰退的，采伐强度不得超过伐前林分蓄积的15%，伐后郁闭度不得低于0.7；竹类的采伐量不得超过当年新竹量，伐后郁闭度不得低于0.7，竹林中的林木不得采伐；因实验目的采伐实验林、母树林的，因遭受病虫害、火灾及雪压、风折等自然灾害的，因建设护林防火设施和营造生物防火林带的，应当采用必要的采伐方式和强度。

2.1.6.2 林地管理

禁止在公益林林区内新建坟墓、开山采石以及挖沙、取土、开垦等毁林行为。建设工程应当不占或者少占公益林林地，确需占用公益林地的，应当符合法律、法规和国家有关规定。为确保公益林面积的稳定，确因征收、占用林地等原因减少公益林的，设区的市或者县级人民政府应当及时补足，在征占用公益林林地的同时，按规定的程序和要求做好相应的公益林调整工作。

2.1.6.3 林分管理

公益林林分的管理以封为主，封育结合。林分基础较好的实行封山育林；林分郁闭度低、乔木数量少的林分要积极开展补植造林；阔叶树比重过小的林分通过补植、劈抚等形式加以改造；对密度过高、林分过熟、卫生条件差的林分要进行合理间伐；公益林内的火烧迹地、病虫害迹地等宜林地，公益林经营单位和个人应当于当年或者最迟于次年完成绿化造林，恢复森林植被。

2.1.6.4 森林防火和森林病虫害防治

做好森林火灾的预防和扑救工作，在公益林分布区和外围设置森林防火宣传牌、营造防火林带或开设林火隔离带，组建专业扑火队伍，形成较完整的森林火灾预防和扑救体系；贯彻“预防为主，综合治理”的方针，加强公益林的森林病虫害防治工作，实行森林病虫防治目标管理。

2.1.6.5 档案管理

公益林档案是指在公益林建设、保护与管理的一系列活动过程中形成的，具有现实或历史价值需归档保存的技术文件资料。包括文字材料、原始记录、统计表格、图纸、照片、影像等。通过建立公益林信息管理系统的档案管理模块，实行对上述信息的录入存贮、加工处理、组织管理、检索访问、统计分析、模拟比较等特定功能，并实现信息快速交流的联网共享机制。

2.2 公益林管理流程分析

公益林管理是一个复杂的系统工程，涉及面广，包括了人财物的各个方面；涉及的层次多，从省、市、县、乡镇、村直至农户，与几级政府部门都有联系；与经济、社会、政治的关联度高，是最受社会关注的林业重点工作。由于省、市、县分层管理的现实需要，公益林管理中涉及的数据和资金客观上也形成了在各管理层次间流动的需求，形成数据流和资金流。公益林管理的数据流基本是一个从下层向上层流动的过程，以县级管理部门为数据采集源，然后从县汇聚到市，再到省，直至中央。而资金流则是一个从上层向下层流动的过程，中央与省财政资金是主要的资金源头。

2.2.1 数据同步性分析

公益林实行分层管理，同时数据的源头又都在县级林业部门的状况，使不同管理层次在使用同一管理对象的数据时产生类似于物体流动的现象。在自然状态，流动的事物在经过不同点的时间不一样，形成点与点间的时差。数据流也会产生类似于时差的现象，即数据的不同步。由于基层数据传送上的不及时，往往是县级管理部门的数据可能已经更新，而其上的管理层却还在使用陈旧的数据，这就是数据的不同步。数据不同步的直接后果是造成管理高层面临信息失真，更进一步可能导致决策的滞后等。因此，有效的管理必须让数据同步。

数据不同步主要出现在不同管理层之间，但造成的原因可能是多方面的。在县级管理层，县级公益林管理部门在更新相关数据后没有及时上报更新的结果，是最可能引起数据不同步的；在省、市两级管理层，收到县级更新数据报告后，不及时调整历史数据也会引起数据的不同步。在实际管理中，不同县的林业局对于上级部门布置的同一项工作其完成时间不一定相同，如公益林资源更新数据主要从二类森林资源调查数据中获取，而二类森林资源调查在不同的县开展的时间有可能相差几年，这种状况反映到省级管理层，便会出现各县同时上报的数据中，既有新数据，也有老数据的现象，省级管理数据始终处于非及时真实的状况，只是实际的一种近似状态。

要实现全省公益林数据管理的同步，不仅需要省、市、县数据更新的同时进行，也需要协调各县同类数据更新的定期同步进行。

2.2.2 省市县三级管理业务的异同分析

省、市、县三级公益林管理业务中，总体上管理对象的类别基本相同，都涉及公益林资源管理、建设管理、资金管理、管护队伍管理、监测管理、日常管理(包括档案管理)和成效管理等，但对各类别管理的详实程度和侧重则有所不同，管理涉及的行政区域范围也不同。

在资源管理上，县级管理以公益林小班为基本管理单位，对照小班卡因子，图、文、实三者相对应，详细地管理公益林资源各项属性数据和空间数据。管理侧重在资源小班分布结构、小班面积变化、小班树种结构、郁闭度和蓄积等微观因素的质与量的提升上。省级管理则以各县的公益林资源整体为基本单位，管理侧重于公益林资源总量、生态区位分布、结构现状、公益林资源质量整体状况等宏观因素，省级管理极少需要涉及具体小班的情况。

在建设管理上，县级管理主要是把公益林的界定工作、工程建设项目和措施落实到具体的小班上，例如“针改阔”项目，县级管理需要区别不同小班的实际树种构成状况和立地条件，选择改造项目对象，规划设计施工方案，组织工程的实施和检查验收工程内容等。省级管理则重在选择决策工程建设项目的内容，制订各类工程建设规范、标准、程序和检查验收办法，推动项目建设交流，推广项目建设经验。

在资金管理、管护队伍管理等类别上，省、县级管理都具有明显类似的差别。市级管理与省级管理相近，其与省级的差别在于管理的行政范围不同，管理更侧重于按照省级管理的要求，督促检查各县的工作。

2.2.3 管理业务流程分析

公益林管理在行政上分省、市、县三级，县级管理工作又根据工作的性质和要求出现县、乡(镇)、村的分级管理。在公益林资源管理中的基本单位是公益林小班，公益林各种属性因子都以小班为基础进行记载，面积统计、管理人员组织和资金发放等管理措施的落实，也以与公益林小班相联系的方式进行，因此，对公益林小班的管理是整个管理工作的核心。公益林小班资源调查一般由县级林业主管部门负责进行，而公益林小班的日常管护工作则由乡(镇)和村分级管理，层层落实责任。在区划界定、资金管理、管护队伍管理、经营管理和重点工程建设等县级管理工作上，都存在与资源管理类似的分层管理现象。因此，在分析实际的公益林管理工作中，公益林的管理存在着县以下和县以上两种工作流程。

公益林管理基本流程如图 2-2 所示。

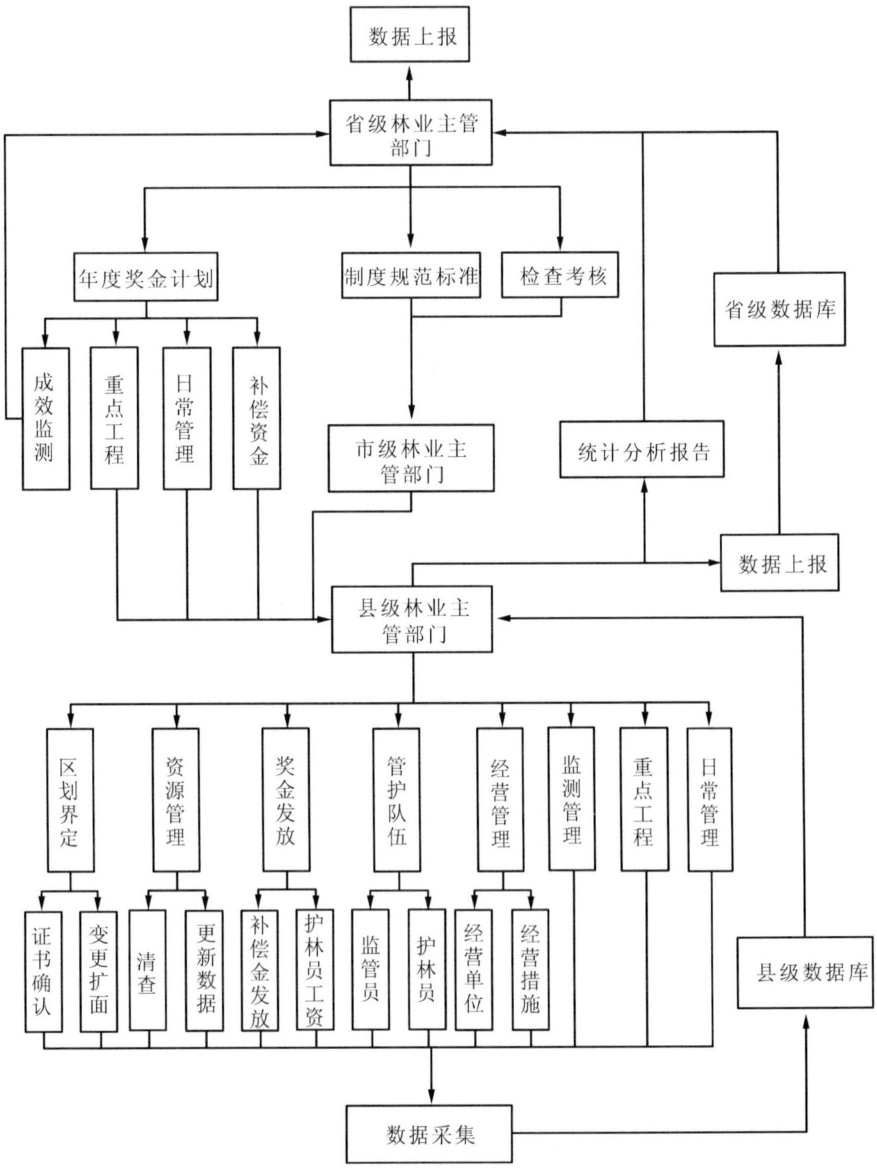

图 2-2　公益林管理基本流程示意图

在县以上公益林管理工作流程中，按省、市、县三级管理机构的职能联系起来，即流程严格以机构职能进行。省级管理部门是公益林各方面工作的发起者，是公益林投入资金，公益林管理制度、规范、标准，日常管理和检查管理考核工作进行的源头，目前还是公益林建设成效的主要监测者和发布者。市级管理部门对省级管理部门负责，其主要工作是检查督促省下达的各项任务在辖区内各县级公益林管理中的贯彻落实。县级管理部门是省下达的公益林各方面工作的具体执行者。省、市、县三级的自上而下的这种关系如图 2-2 的左上部分。

县级管理部门以数据库的形式向省级管理部门提供公益林建设、保护、管理和利用等方面工作开展的各类数据，向省、市两级报告研究结论、管理改革建议、各类专题调查和检查考核情况。省、市、县三级自下而上的这种关系如图 2-2 的右上部分所示。

在县以下公益林管理工作流程中，由于县级管理部门是各方面工作的具体执行者，县级管理部门的工作包含了县以下乡(镇)、村和护林员的工作，县、乡(镇)、村之间的职能界线划分并不十分清晰，工作流程主要按任务完成的程序进行。这种状况如图 2-2 的下半部分所示。

2.3 公益林信息管理系统功能需求分析

公益林管理信息化的目的是提高公益林管理的水平，信息化只是一种促进管理的手段和工具，而不是要代替管理，公益林信息管理系统一方面要促进公益林管理的现代化，另一方面又要把公益林管理的基本内容和基本规范充分地反映出来。完整的公益林管理应该包含公益林的资源管理、管护组织和经营单位管理、资金管理、绩效评价管理、档案管理等基本内容，因此，公益林信息管理系统也应该具有对公益林的面积、管护组织和经营单位、建设资金、生态效益监测与评价等进行管理的基本功能。综合公益林的业务管理内容和业务流程，公益林信息管理系统至少应具有八个方面的功能：

➤公益林小班空间数据与属性数据一体化管理

该功能应具有小班空间数据与属性数据的存储、分析查询、编辑处理、输出等基本能力，使公益林小班管理在可视化状态下进行。资源管理是公益林管理中最基础的内容，资源管理功能又分“面”的管理和“点”的管理，“面”的管理上主要是要求能呈现公益林资源空间的分布状况，如反映全省公益林的分布状况，或反映一个县、一个乡镇公益林分布状况。反映公益林小班在二维或三维情境中的分布位置等，或根据特定的统计数据生成相对应的专题图。“点”的管理上要详细地存储和管理小班卡上的所有资料，并能关联相应的资金、人员等管理信息，在计算机上呈现每个小班、每个山头地块的公益林详细信息，完成各种空间数据和属性数据相互之间的查询、编辑等。

➤能够准确地反映公益林管护组织的现状和管理结构

按照浙江省林业厅的要求，各县应设立县、乡镇两级监管组织和县、乡镇、村三级护林组织，村级护林组织或护林员是最基层的公益林管理设置。在全省不同的县，公益林管护组织的规模大小与公益林的面积挂钩，规模大的县全县的护林员人数超过 1000 人，而组织规模最小的县，护林员也有 60 人。在管护组织内，监管人员一般是林业部门的工作人员，而护林员不管是专职的，还是兼职的，通常情况下都由公益林所在村的农民担任，护林关系一般是一年一签，因此，护林员队伍每年都会有一定的变化。公益林信息管理系统必须能够准确地反映管护组织每年的这种变化。公益林管护组织管理实际应该承担两方面的任务，一是对组织成员基本信息的管理，如与护林员身份相关的信息管理，护林员的工作责任区域管理，以及护林员的工作职责等。二是组织成员工作时间的实时管理。在公益林管护组织成员基本信息管理上，通过县、乡镇、村，再到护林员的逐级网络管理方式加以反映，使信息管理与实际公益林管护组织管理的流程相一致，同时实现相关空间数据和属性数据的一体化管理。如护林员或监管员的工作责任区域，既有文字的描述，又有图形的表达，还可以有影印的表达。在公益林管护组织成员工作状况的实时管理上，则通过GPS实时定位系统加以实现。在公益林信息管理系统中再嵌入一个专门的护林员考勤系统，实时动态地跟踪和反映护林员每时每刻的工作状况，并根据考勤指标自动形成对每个护林员工作考勤的结论。

➢能清晰地反映公益林各项资金的使用情况，进行资金的完整管理

公益林资金主要涉及补偿基金发放，管护资金分配和专项资金使用三个方面。资金是公益林建设的最重要支柱之一，资金管理已经是公益林日常管理的内容。由于现有的林业管理体制是条块结合的体制，省拨公益林资金在各地的使用，还会受到地方财政的影响。保持公益林各项建设资金始终正常健康高效地使用，就必须运用先进的管理手段，加强省林业部门的管理能力。公益林信息管理系统一是要能够反映资金使用的现状，二是要能够反映资金使用的过程。

➢能够完善地保存公益林建设过程的各种档案数据，以便动态分析

实现公益林资源变化数据(属性和空间数据)更新、公益林数据查询检索及分析统计，提供公益林各类信息及分析图表(公益林森林类型分析图、补偿资金发放清册、护林员考勤记录表等)，为更好地管理保护好公益林提供分析基础信息。

➢辅助公益林及生态效益监测评价

通过对固定小班、定位站等监测研究数据的整理分析，构建涵养水源、固土保肥、固氮释氧、净化大气等主要生态效益评价的模型，实现各类生态效益的科学评价。

➢实现省、市、县三级公益林信息管理系统的互联

公益林管理在省、市、县三级的内容并不完全一样，县级是各种数据的源头，存储着公益林详细的原始数据。省级是全省各种汇总、统计数据存储最完整的系统。市级处于省县两级之间，行使市域范围内公益林整体的、面上的管理。公益林信息管理系统一方面要能够支持省、市两级随时从下属的县级公益林管理部门获取统计、汇总和分析所需的数据，下达各种指令；另一方面能够支持县级部门数据的上报，当某县级公益林数据发生变更时，省、市、县能够通过网络同步实现相应存储数据的更新。

➢辅助公益林经营单位和经营户的经营决策，提供基于小班立地类型的标准化经营方案

公益林信息管理系统能够为公益林造林、改造、采伐、抚育等提供各类标准化的经营方案，具备辅助经营决策的功能。

➢三维空间模型表达

在公益林资源管理中，地形对于公益林的经营和保护有着很大的影响，尤其在森林火灾扑救、病虫害控制等方面，地形地势影响更大。公益林分布的三维空间模型对于管理部门科学正确的决策具有直观的支持作用。

2.4 公益林信息管理系统数据源分析

地理信息系统的数据源通常包含空间数据和属性数据。空间数据是对地理模型的抽

象，用于表征实体的空间位置相关的信息，如点的坐标，地块的坐落；属性数据是概念和量度的抽象，如小班的面积、优势树种等。空间数据和属性数据两者之间存在有机的联系，实体的属性不属于图形信息，但却是空间实体的重要信息，也是进行决策分析的重要信息。在地理信息系统中，没有属性数据的图形对地理信息系统是没有意义的；同样，没有图形表示的单纯的数据也只能作为一般的数据库系统，而不能作为一个实用的 GIS。一体化的空间数据和属性数据管理是地理信息系统最重要的技术特点之一。

公益林分布在广阔的地域上，其数据特性既存在明显的空间特征，又涵盖丰富的属性特征。公益林的数据源主要有基础地理数据、森林资源数据和管理过程数据。在传统的手工管理条件下，公益林管理的数据源虽然也分空间数据和属性数据两类，但是两类数据是分开表达和管理的，不能进行一体化的管理。公益林管理者需要通过大量繁杂的工作，才能把公益林空间数据和属性数据的对应关系一一对应。

公益林信息管理系统的数据资源从采集的角度可分为直接采集数据和间接生成数据；从构成元素上可分为结构化数据和非结构化数据；从时效上可分为历史数据、实时数据和预测数据；从业务上可分为基础地理、森林资源、补偿资金、建设工程、管护队伍、生态状况、日常管理及其他数据(表 2-1)；从数据的来源上可分为系统内数据和系统外数据。数据类型则包括数字、文本、图形、图像、视频等。

表 2-1　公益林信息管理资源构成分类

信息分类	提交的最终成果	所需的主要信息
基础空间数据	多比例尺度的地形图、DEM；多尺度遥感解译成果、DOM 等	高速公路、国道、省道、县乡道、水系、水库、湖泊、城市、城镇、乡村、居民点、行政界线、等高线、大型工程设施、遥感卫星影像等
森林资源状况	公益林小班相关空间信息、属性信息等	公益林小班面积、小班界线、小班资源属性信息
资金管理信息	补偿资金来源、补偿资金发放对象、补偿资金用途	资金拨付表，损失性补偿发放对象身份证、银行账户、护林员银行账户、项目资金使用情况
建设工程管理信息	设计、施工、验收、招投标	营造林工程的设计表、设计图、设计小班卡、验收表、招投标文档等
管护队伍管理信息	护林员一览表、数据库	监管员、护林员姓名、年龄、住址、手机号、每日巡山记录、巡山轨迹等
成效监测信息	变化动态、成效评价	定期或不定期资源数据的更新信息，生态定位站观测信息、专题调查的数据、固定样地数据、固定小班变化数据等
日常管理信息	各类统计数据、文字说明、情况分析与报告、年度总结、工作进度等	森林火灾、病虫害、林地征占用、采伐等经营小班的信息、公共管护项目规划计划、档案资料、法律法规、条例标准、规范规定等

系统内的数据主要是由各地组织开展的森林资源二类调查、样地调查、专题调查、定位站观测及管理人员对资金使用、管护人员等专门信息的采集而成，以及利用 GPS、遥感、地图数字化等手段采集。系统外的数据主要是通过信息交互手段获取。

信息更新的指导原则是：基础信息(地质地貌、土壤、气候、行政区划、土地利用、森林资源总体状况等）变化缓慢，5 年左右更新一次；动态信息（补偿资金发放、管护人员、建设工程、经济社会等）变化较快，一般按年度进行更新；特殊信息（如森林火灾、林地征占用等）具有突发性，根据具体情况实时更新。

2.4.1 空间数据

空间数据（图形数据）可分为几何数据和关系数据。几何数据是描述地理实体的位置和形状大小等量度信息，其表达方式是坐标串。从几何角度把空间目标划为点、线、面三种基本类型。关系数据则是描述各个不同地理实体之间的空间关系（邻接、关联、包含、连通等）的信息。其表达方式是建立地理实体间的连接信息。关系数据有助于各种空间分析和应用。总之，空间数据是建立地理信息数据库的基础，是关联地理实体的各种非图形信息的纽带。

几何数据主要指地图要素坐标数据。在公益林管理中，几何数据包括地图中县、乡镇（场）、村（分场）等反映区域性质的边界数据，铁路、公路、水系等反映区位状况的环境数据，还有最主要的公益林小班面、等高线等直接关系公益林小班管理的数据。

关系数据主要指反映地图要素之间隶属关系的数据。在公益林管理中有大量的关系数据，如反映县、乡镇（场）、村（分场）及小班等的隶属关系的数据，护林员责任区域数据，补偿资金与补偿面积之间的关系数据，森林资源二类小班面与公益林小班面的包含关系等。

2.4.2 属性数据

属性数据作为实体的特征数据，它与空间数据配合起来共同表达完整的专题意义。在公益林信息管理系统中，小班资料、管护人员基本信息、资金使用记载等是最基本的属性数据。图形数据能直观、感性地描述对象的空间状况，但要精准地描述对象的状况，还必须有属性数据补充。公益林管理从数据来源看，属性数据主要有资源数据、管理数据、动态监测数据及档案数据等。

公益林小班的空间位置通过区划界定明确固定，其属性数据主要来自二类森林资源调查。以区划的公益林小班为基础，资源数据一般由土地属性和树木属性构成。其中，土地属性由小班所在位置的地理特性、地貌特征等构成，反映的是小班的环境特性，如海拔高度、坡度等；树木属性反映的是生长在小班上的树木的一些固有特性和测量值，如优势树种、树龄、蓄积量等。

管理数据反映的是公益林小班的经营管理方面的信息，包括经营信息和管护信息，如林木所有权、林分经营措施及类型、小班变动情况、经营单位、责任监管护林员等。

动态监测数据主要包括以公益林为研究对象而展开的各项专题研究数据，如生态定位站监测数据、固定小班监测数据、生物量调查数据、土壤调查数据等。

2.4.3 其他数据

除空间数据和属性数据外，还有一些关系公益林建设管理其他方面的日常数据，以保留供日常查阅使用，如文件、方案等档案数据，照片、录像等影像数据。

2.5 公益林信息管理系统结构分析

公益林信息管理系统的建设是一个复杂而且庞大的系统工程。系统论的观点是结构决定功能，追求什么样的系统功能，就必须有什么样的系统结构支持。系统结构分析的目的就是要找出支持完成公益林各项实际管理任务的最佳系统结构体系。结构分析就是在信息安全体系和公益林管理标准规范体系的基础上，从管理功能的具体需求出发，进一步分析各项功能需求的内在业务联系，并进行模块化处理，设计或确定系统的功能模块结构；分析各功能模块之间各项业务流程发生的逻辑关系，设计系统引擎和相应的数据库的结构；分析支持系统安全、稳定、高效运行的软硬件条件，设计基础设施结构。

2.5.1 总体框架

公益林信息管理系统的建设涉及对各类信息的采集、传输、存储、信息标准与管理、应用系统开发等内容，其关键在于实现公益林建设区范围内各种数据的整合、各种分析方法的融合以及为管理人员提供决策与日常管理的支持等。公益林信息管理系统的总体框架包括基础设施、应用服务平台、应用系统以及技术支持和工程保障体系。

基础设施主要是完成各类信息从采集到数据的处理和存储全过程的软硬件设备的有机组合。应用服务平台由数据仓库、知识库、模型库和数据存取接口等部分组成，它是一个开放的资源共享和应用集成以及可视化表达的公用服务平台。应用系统则是为公益林建设与管理业务直接提供专业决策支持和信息服务。政策法规、组织领导、标准体系与技术支持等是实现和建设公益林信息管理系统的保障和支撑。

2.5.2 功能结构

基于前述需求的分析，公益林信息管理系统应当具备对公益林的资源管理、人员管理、资金管理、档案管理、监测评估管理以及系统自身管理等功能，因此，公益林信息管理系统选择了“系统管理、日常管理、行政事务处理、监测数据管理、生态效益评估、档案管理和业务交流论坛”七个功能模块，并以此建立系统的整个架构。公益林信息管理系统整体结构如图 2-3 所示。

系统管理功能主要用于系统日常维护管理功能，包括系统登录用户以及权限的管理、代码管理和数据库备份管理三个部分。

日常管理功能主要用于对县市级公益林建设情况的实时管理和监督，通过对县市级一些公益林数据的汇总统计，获得各个县市重点公益林的建设现状，为后续决策、政策的制定提供依据，主要模块包括面积管理、管护组织管理、经营单位管理、资金使用管理和年度考核管理五个部分。其中，面积管理主要用于公益林小班属性以及相关空间地图管理，包括公益林小班空间信息管理、面积监督管理、小班管理、自定义统计分析四个部分，公益林空间信息管理主要用于公益林小班的空间分布图、公益林小班空间位置定位等；资金管理主要是用于公益林管理过程中所有相关资金数据的管理，包括补偿对象管理、补偿对象相关统计报表管理、损失性补偿资金数据管理、管护资金管理、公共管护资金管理、管理费用管理以及相关的所有统计分析汇总数据的管理；管护组织管理，主要是用于公益林

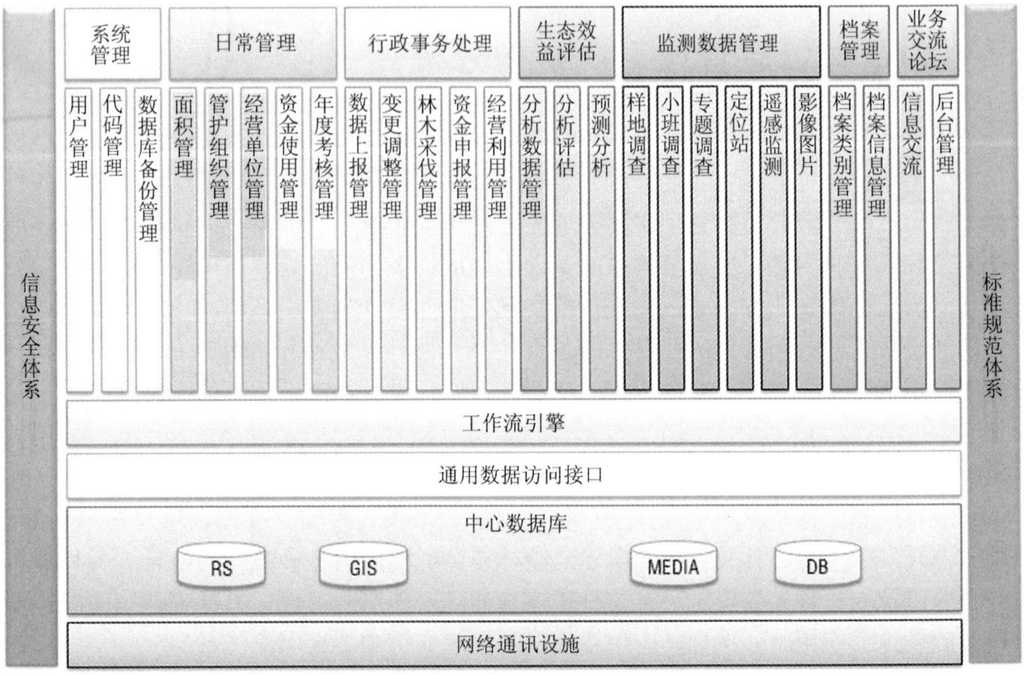

图 2-3 公益林信息管理系统功能结构图

管理组织结构的信息以及相关人员属性信息的管理，管护组织相关汇总数据显示、护林员管护范围以及相关统计报表数据的生成和管理；护林员考勤管理主要用于护林员定位和考勤相关数据的管理，包括定位设备管理、考核指标管理、历史轨迹回放等。

行政事务处理功能主要为省级用户处理日常行政事务提供方便。包括数据上报管理、变更调整管理、林木采伐管理、资金申报管理和经营利用管理五个部分。其中，经营管理主要是用于管理和监督公益林的经营情况，跟踪经营单位的公益林经营措施，包括公益林的抚育、间伐、针改阔等经营措施的落实情况。

监测数据管理功能主要用于管理反映公益林基本状况、动态变化情况及生态功能发展趋势的监测数据，主要包括固定样地、固定小班、定位站、专题调查、遥感监测和影像图片六个部分监测数据的管理。

生态效益评估功能主要用于涵养水源、固土保肥、固碳释氧、森林储能、森林减灾和森林生态旅游六个部分生态效益的分析。

档案管理功能主要用于系统历年档案文件的分类管理，便于日后查阅，其中档案类型包括办法制度、变更调整、林木采伐、资金申报、年度考核、年度公报和重大事件等。

业务交流论坛主要用于全省各公益林部门之间的林业生态知识和工作经验交流以及在线答疑。同时也可以用于省级用户发布文件、通知、新闻大事等信息，包括各种文字、图片、视频等。

2.5.3 网络结构

目前浙江省林业行业还没有建立自己的专业网络，需要通过互联网来实现省—市—县的互联互通。省林业主管部门为公益林信息管理系统使用的最高管理层，存储着全省各个县(市、区)所有公益林的地图数据和属性数据，各个县(市、区)只存储自己所属县(市、区)的公益林的地图数据和属性数据。日常管理中，当各县的管理数据进行调整和更新时，调整或更新的数据将通过网络的数据同步和数据上报及时反映到省厅的数据库中，始终保持县、市、省三级数据的一致。数据同步是指当县(市、区)公益林数据发生变动时，系统需要自动提示要求同步到省公益林数据库。数据上报则是指每年定期由省林业厅发布数据上报格式与规范，县(市、区)林业局将符合上报要求的数据通过互联网上报到省林业厅。如图2-4所示。

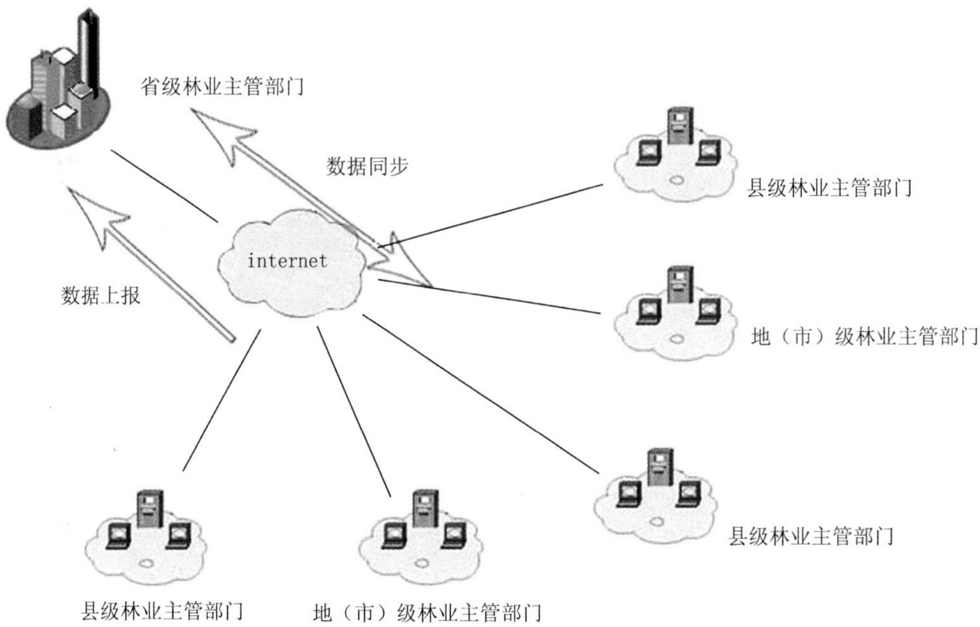

图2-4　网络拓扑结构图

3

SYSTEM DESIGN

系统设计

公益林信息管理系统设计是针对系统分析的内容和流程进行的，设计数据库的结构以及设计模块的控制流程，其目的是明确软件系统如何适应公益林信息管理的需要，其具体内容包括系统总体结构框架设计、代码设计、数据库设计、界面设计、处理流程及模块功能的设计，解决“怎样做”的问题。

系统设计是信息系统开发过程中的一个重要阶段，其主要目的是为下一阶段的信息系统实现(如编程、调试、试运行)制定蓝图。信息系统设计包括两个方面，首先是总体结构的设计，其次是具体物理模型的设计。信息系统设计阶段主要任务就是在各种技术和实施方法中权衡利弊，精心设计，合理地使用各种资源，最终勾画出新系统的详细设计方案。在项目中，我们所采用的系统设计方法在整体上是以自顶向下结构化的设计方法为主，但是在局部环节上使用原型方法、面向目标的方法。

3.1 系统设计原则

根据公益林信息管理系统建设的目标与任务，公益林信息管理系统的设计与开发应当遵照先进性、易操作性、安全可靠性、易扩充性和灵活性等原则，实现空间与属性的双向查询、统计分析、人员、资金、管护的管理，同时满足其他管理业务的需求。

3.1.1 先进性原则

系统开发平台采用 Microsoft Visual Studio 2005 和完全面向对象的开发语言 C# 2.0；数据库管理信息系统使用 Microsoft SQL Sever 2000/2005；GIS 开发平台使用 ESRI 公司开发的产品 ArcGIS Engine 9.2，在保证地图数据完整、安全的前提下，能够支持全省的系统联网和省市县三级数据同步，保证公益林管理信息系统的先进性。

3.1.2 易操作性原则

系统在界面风格和操作模式的设计上参考了 Windows 操作系统设置风格，系统的大部分功能都按照 Windows 操作系统分类，报表的格式也兼容 Office 格式。由于最终用户大多非专业 IT 人员，界面友好、操作方便是公益林信息管理系统设计考虑的一个主要原则。

3.1.3 安全可靠性原则

系统采用非对称式加密方法对通过公共网络的数据进行加密，用户权限和对应的网络硬件 mac 地址以及登陆 IP 整体加密管理机制，具有很高的安全可靠性。在关键的业务数据访问上提供可靠的密钥管理、授权设计，防止数据受到恶意破坏和入侵。系统运行中出现的问题，采用快速跟踪技术，尽可能地减少系统故障，减少系统不必要的备份和数据冗余，确保系统稳定、可靠、安全的运行。

3.1.4 易扩充性和灵活性原则

系统采用国际广泛使用的主流 GIS 和数据库基础软件，在保证实现当前功能的同时，也能够适应未来功能升级的要求。系统具有开放性、兼容性、扩充性，项目建设选择符合了开放性和国家标准化的产品和技术。在应用开发中，数据规范、接口标准等都遵循国家及国际规范要求。通过组件式 GIS 进行二次开发后的系统具有良好的可扩充能力，可根据变化的业务需求，增加数据服务器、应用服务器和空间服务器，提高客户端的能力。

3.1.5 遵循标准规范原则

系统按照国家"林业科学数据库和数据共享技术标准与规范"，并结合浙江省林业信息化数据标准进行数据库的建立和系统的总体设计。

3.2 系统功能设计

功能设计主要针对公益林业务管理的功能需求，包括对资源管理、资金管理、管护组织等业务管理的需求进行设计。考虑到系统对数据管理的有效性和可维护性，系统中对各类数据的管理工具和交互工具进行集成。

3.2.1 系统管理

系统管理模块主要用于管理系统运行所需要的各种类型的数据，确保系统正常稳定地运行，其中包括登录用户的管理、系统后台数据库的备份管理和代码因子的管理。

3.2.1.1 用户管理

用户管理功能模块主要用于系统登录用户的信息管理，以及对每个用户所对应权限的管理，按照功能分为用户信息管理、用户角色管理以及用户登录日志的信息管理。其模块功能如图 3-1 所示。

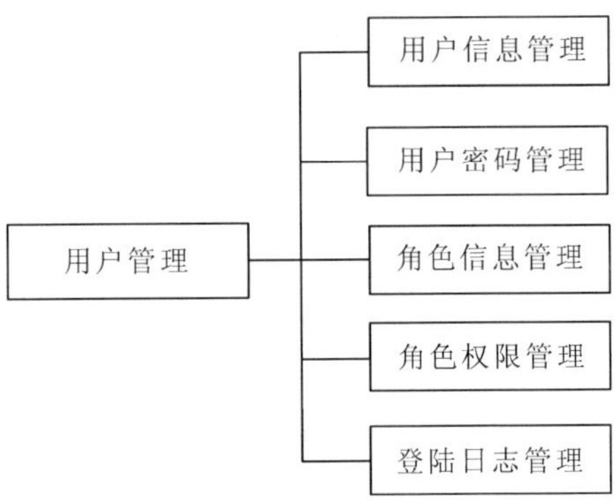

图 3-1 用户管理

➢用户信息管理

用户信息管理模块主要用于对系统用户信息的编辑。系统管理员用户通过该模块新建登录用户，分配各个用户的所属角色，注销过期用户，修改或者重置用户密码；非管理员用户修改自己的用户信息、登录密码等。

➢用户密码管理

用户密码管理模块主要用于用户定期维护自己的登录密码，或者超级管理员重置某个特定登录用户的登录密码。

➢角色信息管理

用户角色信息管理模块主要用于用户角色编辑，包括增加用户角色、删除用户角色等。同时也可以通过有效禁用某个角色，达到禁用对应某类角色用户的效果。

公益林信息管理系统按照管理区域范围将系统用户分 4 个级别，分别为省级用户、市级用户、县级用户和镇级用户四个级别。

①省级用户：可以管理和查看省级范围内的所有公益林数据。

②市级用户：可以管理和查看市级范围内的所有公益林数据。

③县级用户：可以管理和查看县级范围内的所有公益林数据。

④镇级用户：可以管理和查看镇级范围内的所有公益林数据。

➢角色权限管理

角色权限管理模块用于管理每个角色对系统的访问权限，不同的系统用户分配不同的系统角色，使其具备不同的系统权限。

公益林信息管理系统按照操作权限将系统用户分为3个角色，分别为超级管理员、普通管理员和普通浏览者。

①超级管理员：超级管理员可以操作本行政区域范围内的所有系统功能。

②普通管理员：在本区域范围内，可以操作除了管理账号信息以外的所有系统功能。

③普通浏览者：只能浏览在本区域范围内的设备信息、面积管理信息、考核监控信息、历史档案信息和统计报表信息。

➢登录日志管理

登录日志管理模块主要用于记录用户的登录信息（包括用户名、时间、IP 地址等），实现统一的事件日志管理。

3.2.1.2 代码管理

公益林管理中涉及的很多数据，都是按照公益林建设的数据标准制定的，有很大一部分信息都是通过标准的代码来进行管理。本模块主要在于统一对公益林所有代码因子的规范管理。

➢代码编辑

主要用于统一管理全省重点公益林的代码因子，包括代码因子的变更、增加、查询等。代码因子表结构设计详见3.3数据编码设计。

➢代码同步

实现省、市、县公益林信息管理系统代码的同步管理，一旦有代码变动或者是新的代码产生也能保持省、市、县三级公益林信息管理系统的代码始终规范一致。

3.2.1.3 数据备份管理

数据备份是保障公益林信息管理系统持续运行的重要手段。通过对数据库的备份防止数据的丢失是保证数据安全的最便捷的方法。数据备份有人工备份和系统自动定时备份两种方式。

➢人工备份

主要用于临时数据库的备份，手工备份能够根据需要更加准确地把握备份操作的时机，更便于跟踪数据库的变化。

➢自动备份

通过设置公益林信息管理系统的备份周期时间，系统会定时备份数据到指定的目录中。定时备份主要用于系统数据库的例行备份。

3.2.2 资源管理

公益林资源的数量主要由面积和蓄积反映出来。资源管理的主要功能是直观地反映公益林建设的面积和分布。省级管理部门能按需查看辖区内公益林的面积建设和分布情况，直至具体小班的详细信息。在县级以下，则能对本县范围的公益林的面积建设和分布情况进行各种整体的反映，也可查看和管理。其主要功能如图 3-2 所示。资源管理是公益林管理的基础，在省、市、县三级公益林信息管理系统中都具有资源管理功能，但是在分工上略有不同，县级系统主要对公益林资源的基本管理，包括对小班信息的更新和维护等，市级系统和省级系统主要对资源数据的分析。

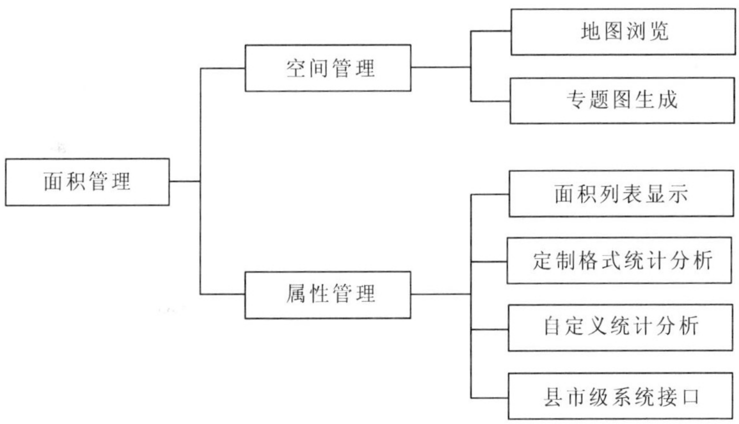

图 3-2 资源管理

3.2.2.1 空间信息管理

空间信息管理包括空间定位、空间相关性分析，这些都是 GIS 中的基本功能。利用地理信息系统提供的空间数据管理和空间分析功能，结合公益林管理的专业知识，可以提升传统管理模式下对公益林空间数据管理的效率，并提高数据分析能力。空间信息管理呈现公益林的空间分布情况和公益林的地理环境情况，实现地图的浏览，并可以通过指定专题因子生成各种管理需要的公益林分布专题图。

➢小班编辑

县级管理人员根据公益林日常建设管理的需要，对公益林图层上的地图元素进行编辑、修改、删除等基本操作，包括公益林小班边界的绘制、删除、切割、合并等，此外，考虑到公益林小班划分的实际情况(通常由二类小班直接转划为公益林)，因此系统中还要提供将二类小班直接转成公益林小班的功能，在省去绘制公益林小班边界的同时，提高了小班边界的精度和图形数据的匹配程度。小班图形数据的编辑，为属性数据的输入提供了基础，在编辑完成的小班图元上应提供进行属性数据录入的功能，实现空间数据属性数据的一体化管理。

➢地图浏览

地图浏览向不同管理层级的用户提供浏览权限范围内的公益林空间分布情况的基本操作功能，包括公益林地图放大、缩小、平移等功能；公益林地图上的距离测量、面积测量、鸟瞰图显示、地图导出和地图打印等地图工具；另外还有经纬度实时显示等地图显示辅助功能。

➢专题图生成

专题图适应于分析公益林结构和分布的需要，通过统计所关注的专题因子，用不同符号的颜色、大小、面积、图形等形式直观表现成空间分布数据。如全省公益林小班专题图将突出显示全省公益林小班指定专题因子的全省分布情况。在公益林信息管理系统中，专题图的生成主要有两种生成方式：定制专题图和自定义专题图。

定制专题图是根据全省统一制定的格式和指定的专题因子生成公益林小班专题图。定制的专题图固定地从县、市上报到省级系统，省级系统根据县、市上报显示的公益林小班专题图，进行二次处理生成相应的省级公益林小班专题图。其流程如图 3-3 所示。

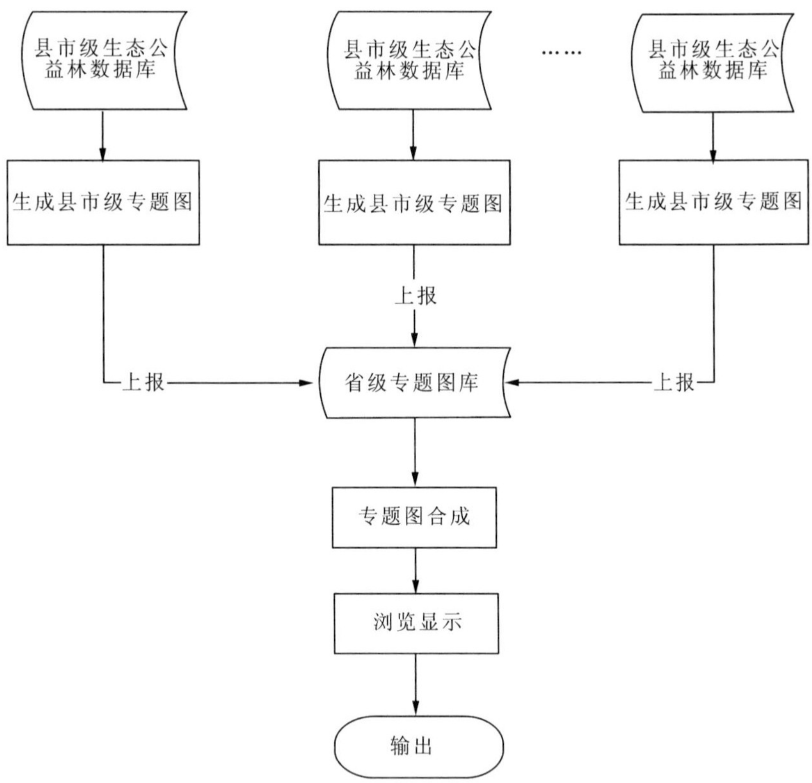

图 3-3 定制专题图生成流程

自定义专题图是由用户指定专题因子形成的专题图。如省级用户在省级系统里自定义一个专题因子，并为该专题因子中的各个代码指定相应的指示颜色，然后向各个县市级公益林信息管理系统专题图接口发送专题图生成请求，各个县市级公益林信息管理系统接口收到请求后，根据专题参数生成各县市的专题图，发送到省级公益林数据库中。将各县市发送的专题图集合省级公益林地图整合，形成自定义的省级公益林小班专题图。市、县级专题图的制作过程和上面的操作过程一致，由各级的操作员完成。

3. 2. 2. 2 属性信息管理

属性信息管理主要用于管理和监督公益林建设的有效性，保证公益林建设的相对稳定性。在公益林的建设保护发展过程中，由于地方经济社会发展的需要，或农户生产生活变

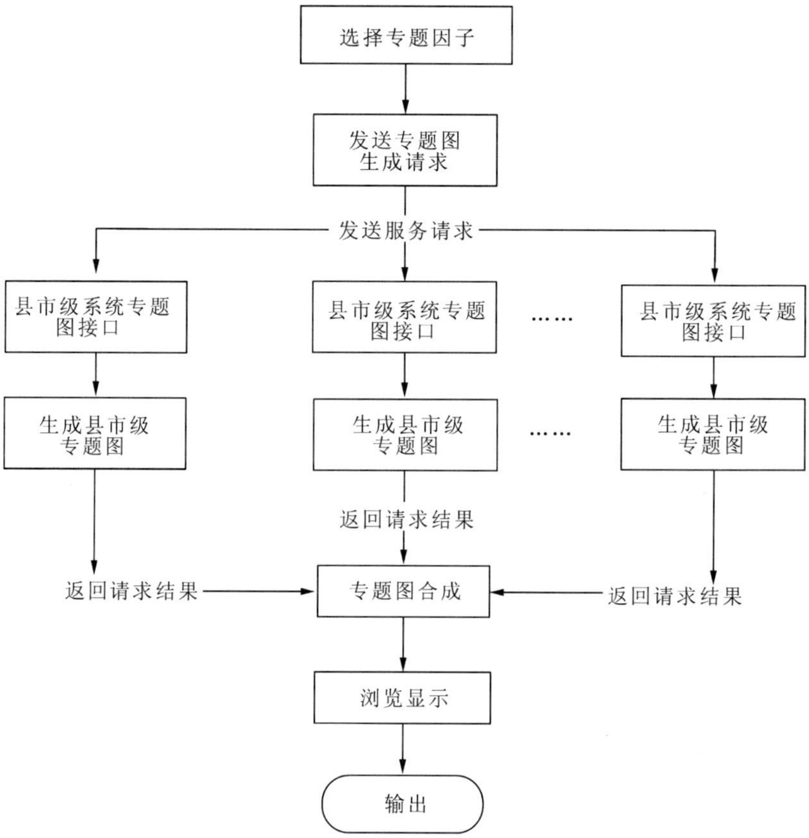

图 3-4　自定义专题图生成流程

化，或其他一些客观因素的变化，可能会导致公益林小班地块出现变更，面积发生变化。小班面积变更就会影响到公益林统计面积，一般情况下，公益林的总面积是不允许变动的，一方面是由于全省及各市、县公益林面积的确定经过了严格的法定程序，数据的变更也同样需要通过相应法定程序的认可；另一方面是面积一旦变更，会带来资金补偿、护林员确定、生态效益评估等一系列关联的变化。因此，对公益林面积的变化必须有一套严格的监督办法。面积监督就是在计算机上实现这套办法的应用。面积监督一般情况下是自上而下，由省到县的监督过程。省级以下的各县市公益林的建设和管理状况由省级监督，省林业厅可对各个县市上报的各种统计报表进行二次分类统计，生成省级重点公益林统计报表，并且可以在全省公益林小班数据库中进行高级查找，根据自定义复合条件，来查找需要的汇总分析数据。

➢面积列表显示

属性信息管理可以自动列表显示各个地区、县市的面积汇总信息，包括县市级公益林小班的国家级面积、省级面积、县级面积、小班数量和建成面积等情况。

➢定制格式统计分析

属性信息管理在县、市级系统中生成各种定制格式的面积统计报表，并上报到省级系统。省级系统则对接收到的上报统计表进行二次分类统计，然后生成各定制格式的省级公益林面积统计报表。

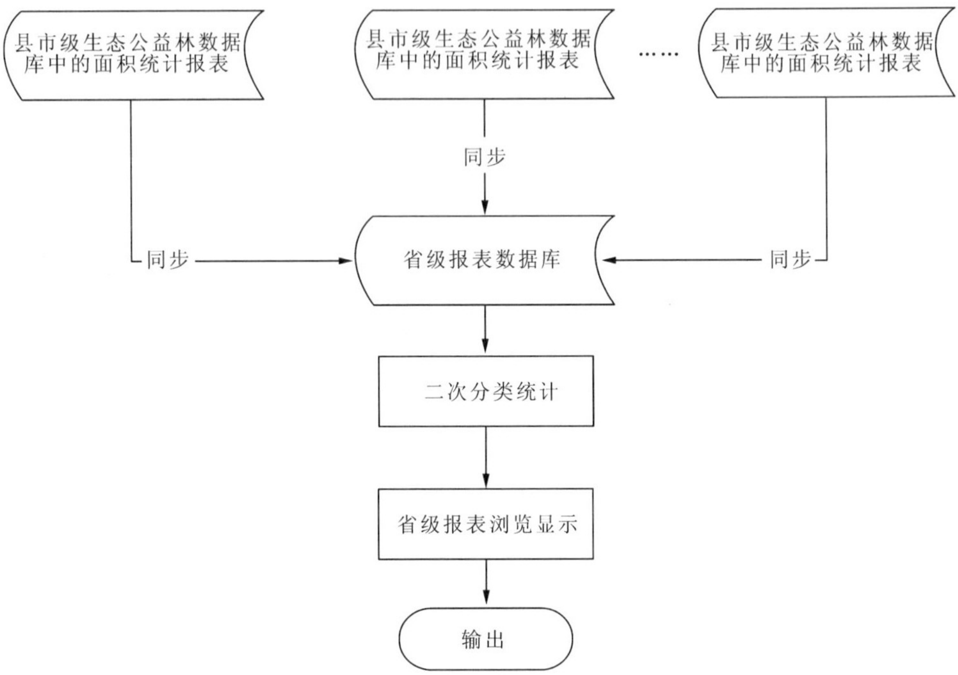

图 3-5　属性信息报表生成流程

3.2.2.3　小班管理

➢小班添加

当需要增加公益林小班时，用户通过小班属性管理的公益林小班添加功能模块，进行公益林属性数据录入操作。新增公益林小班数据录入完成以后需要经过省级管理用户审批通过，自动并入现有公益林小班属性数据。小班添加只在县级或者镇级管理员用户进行录入，省级或地区级用户不对小班进行添加等编辑操作。

➢小班修改与删除

由于经济建设或其他公共设施建设的需要，或森林自然灾害发生，某些公益林小班被批准林地征占用时或者公益林小班的林分因子发生变化时，公益林小班的面积需要进行对应的调整操作，系统需要提供对公益林小班的属性修改和删除操作。林分因子的修改操作主要是修改公益林林分属性因子，包括龄组、林种、树种组成、郁闭度、疏密度等。修改完成后，直接在公益林属性数据中进行体现，不需要经过审批流程。小班面积(包括小班删除)、事权等级等属性因子发生变化时，修改完对应的属性信息后，需要提交给审批小班到省级管理平台，由省级管理员审批通过以后，再对现有公益林属性数据进行自动调整更新操作。

3.2.2.4　自定义统计分析

当定制格式的统计报表不能满足特定情况下的应用时，资源管理模块为用户提供了自定义复合条件下的统计功能，各级用户在公益林小班数据库中根据特定需要的一个或多个统计因子，生成汇总统计数据。

3.2.3 资金管理

资金管理模块主要功能是管理和监督公益林资金的使用和发放情况，以及分析各项资金在当年申报资金总数中所占的比例。该功能模块管理的公益林资金主要分为损失性补偿资金、管护资金、公共管护费用和管理费用。省级系统还对各个县市的各类资金使用统计数据进行二次分类统计，生成全省资金使用情况报表数据。该模块功能如图 3-6 所示。

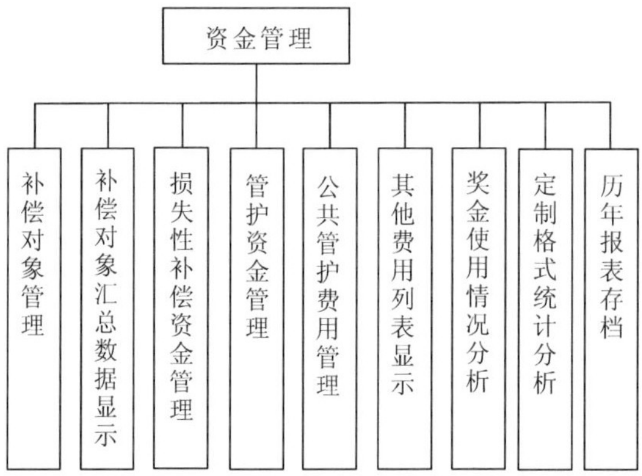

图 3-6 资金管理

3.2.3.1 补偿对象管理

补偿对象管理主要是针对各个县市的补偿对象属性信息进行维护，以及补偿对象对应的公益林小班面积和范围进行管理。补偿对象的信息维护和管理由县级用户根据实际情况进行编辑修改。

➢补偿对象信息维护

补偿信息维护主要是维护补偿对象的属性信息，该功能有县级用户进行管理和操作，县级以上用户只能对补偿对象信息进行查看操作。补偿对象信息包括：补偿对象名称、补偿对象性质(国有林场、集体、个体等)、银行名称、银行账号等。通过补偿对象，可以定位和查看该补偿对象的小班的空间位置以及对应的补偿面积。

➢补偿小班范围界定

补偿小班范围界定主要用于管理某个指定的补偿对象所补偿的公益林位置等信息，以及对应的补偿面积信息。完成补偿对象的补偿小班范围界定之后，在系统中即可以通过补偿对象查找对应补偿小班的相关信息，包括补偿面积、行政区域位置、空间地图位置等。同时补偿对象补偿小班范围的界定将为补偿对象的损失性补偿资金的计算提供基础数据依据。

3.2.3.2 补偿对象汇总数据显示

县级用户利用县级公益林信息管理系统进行补偿对象数据的录入和维护工作，以及查看本县各补偿对象的各种统计汇总情况。省级和市级用户在系统中以固定的数据格式查看各县补偿对象的汇总数据，包括县名称、小班面积、补偿面积、补偿对象数量、国有、集体、个体、其他类的比例和具体数据、补偿金额等。

3.2.3.3 定制格式统计分析

县级公益林信息管理系统按定制格式汇总统计补偿对象数据，并上报。省级系统对各个县上报的各种报表数据进行二次统计，生成省级补偿对象的统计报表，包括补偿对象数量、补偿面积、补偿资金等信息，如图 3-7。

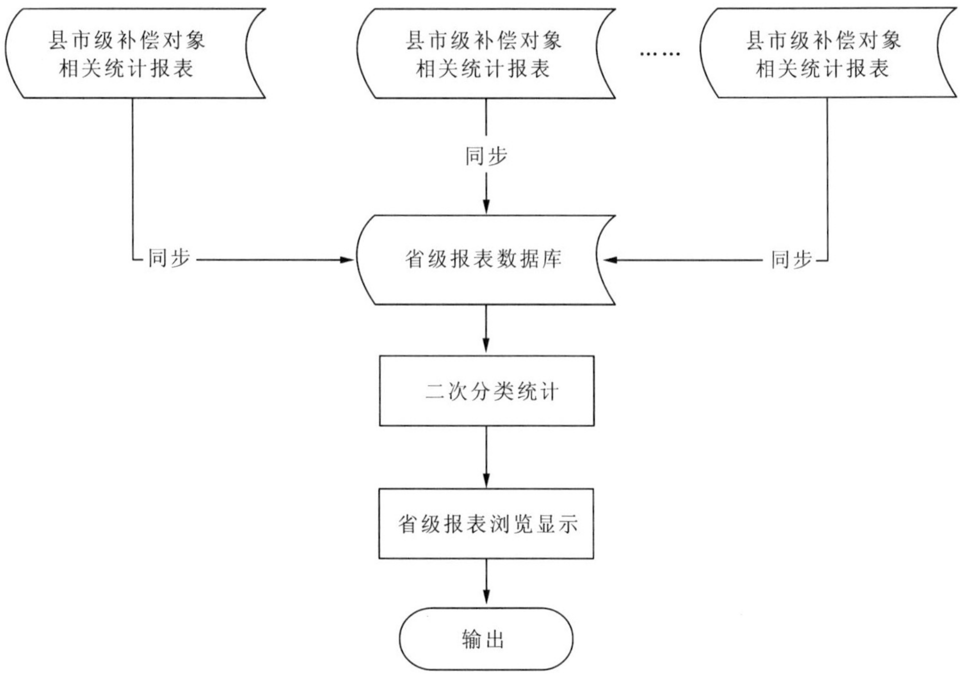

图 3-7 补偿对象数据分析处理流程

3.2.3.4 损失性补偿资金管理

补偿对象管理主要完成了补偿对象属性信息以及对应的补偿面积和公益林小班相关信息的管理。损失性补偿资金管理模块主要是根据补偿对象的补偿面积以及补偿标准，生成各个补偿对象的损失性补偿资金数据。损失性补偿资金由县级用户进行生成和管理，每年生成一份，并可以查看历年的损失性补偿资金数据。省级损失性补偿资金的数据主要是根据县级上报的损失性补偿资金报表数据进行二次统计，并按照省级管理需要的定制报表格式生成省级损失性补偿资金发放清册，显示内容包括县名称、小班面积、补偿面积、补偿对象数量、其中国有、其中集体、其中个体、其中其他、补偿金额等。省级损失性补偿资金统计流程如图 3-8 所示。

3.2.3.5 管护资金管理

管护资金根据管护标准和管护面积，自动计算并生成每个护林员的管护资金一览表（该一览表只有县级普通管理员以上权限才能生成）。县级或镇级管理员可以根据实际情况，填写相应的扣发金额，最后生成护林员管护资金发放清册。

在县级公益林信息管理系统中，管护资金的使用可以分县、乡镇、村三级进行统计分析，并列表显示。省级系统中，则显示二次统计以后的各个地区、县市管护资金的使用情况数据，包括县市名称、管护面积、管护资金数额等信息。当省级管理部门用户需要更详细地了解某个县的管护资金的使用情况时，则要通过网络接口进入该县级系统，才能进行

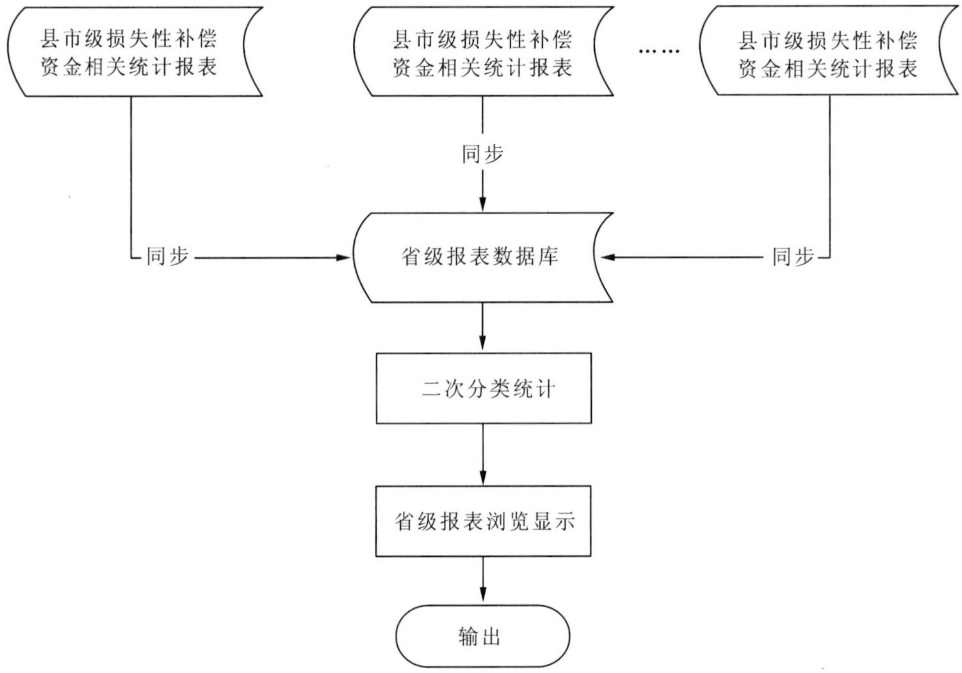

图 3-8　损失性补偿资金统计数据处理流程

详细的数据浏览。资金管理功能模块的管护资金统计流程如图 3-9。

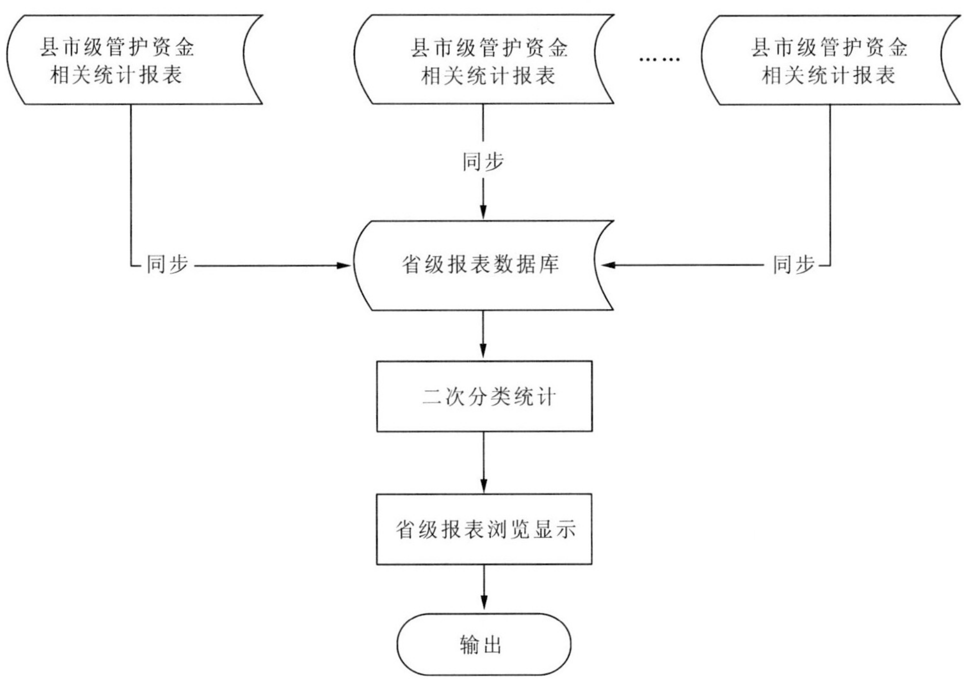

图 3-9　管护资金统计数据处理流程

3.2.3.6 公共管护费用管理

公共管护费用主要包括用于公益林森林防火、病虫害防治以及森林资源与生态状况监测等方面的费用。在县级公益林信息管理系统中，公共管护费用的使用情况可以分县、乡镇、村三级进行统计分析，并列表显示。省级系统中，显示二次统计以后的各个地区、县市公共管护费用使用情况数据，包括县市名称、经营面积、公共管护费用金额等信息。当省级管理部门用户需要更详细地了解某个县的公共管护费用使用情况时，则要通过网络接口进入该县级系统，才能进行详细的数据浏览。公共管护费用统计运作流程如图 3-10。

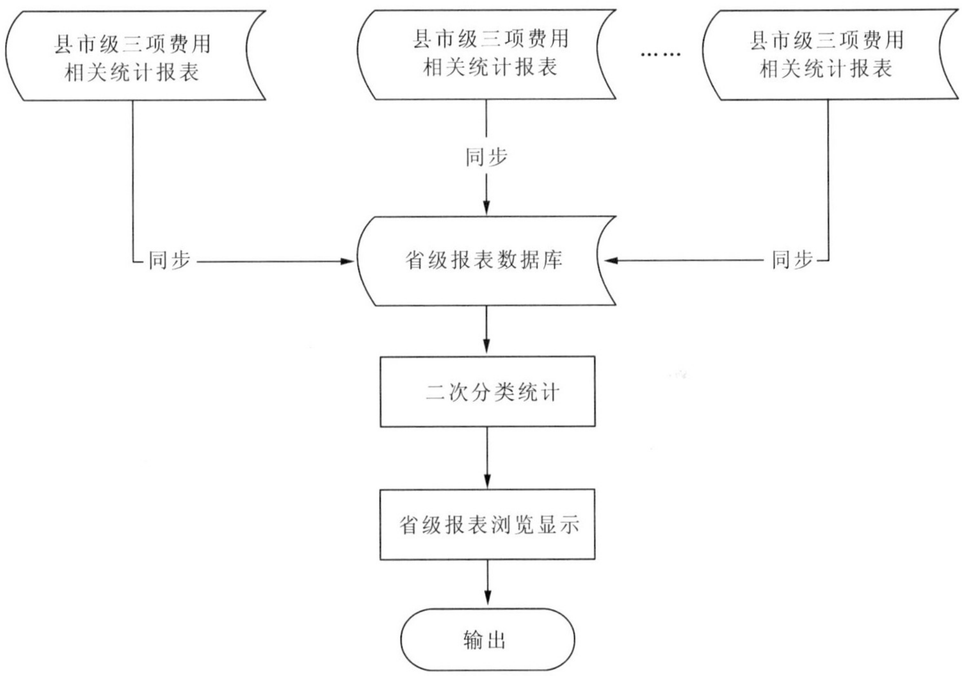

图 3-10 公共管护费用统计数据处理流程

3.2.3.7 其他费用管理

除了上述三类资金以外，公益林管理中还有区划界定、人员培训、宣传、检查考核等一些管理费用，对这些费用的支出情况进行统计显示也是公益林管理的一个内容。在县级公益林信息管理系统中，这些费用的使用情况可以分县、乡镇、村三级进行统计分析，并列表显示。省级系统中，显示二次统计以后的各个地区、县市其他费用支出情况数据。当省级管理部门用户需要更详细地了解某个县的其他费用支出情况时，则要通过网络接口进入该县级系统，才能进行详细的数据浏览。

3.2.3.8 资金使用情况分析

资金使用情况往往能集中地反映出一个部门，或一项工作推动落实的实际情况。因此，管理工作中通常会对资金的使用情况进行各种各样的分析，使用表格、饼图或直方图等方式显示资金使用的数量、结构等是最常用的分析手段。在资金管理模块中也设置了表格、饼图、直方图等资金分析方法，用于对管护资金、补偿资金、公共管护费用及其他资金的使用及支出结构进行直观的反映。其流程如图 3-11。

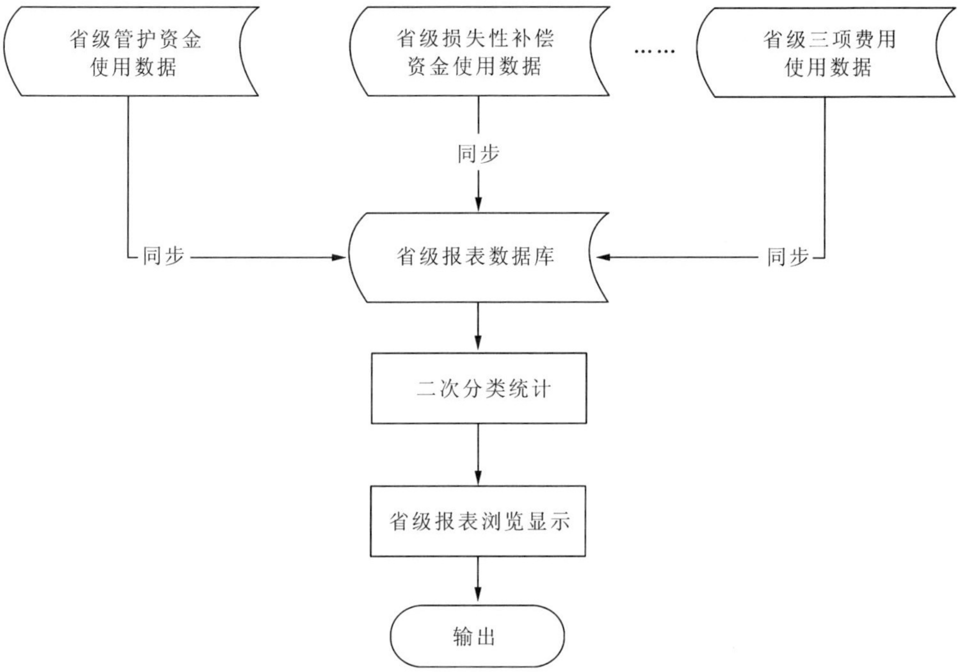

图 3-11 资金使用统计流程

3.2.3.9 历年报表存档

资金报表是重要的财务资料，其纸质资料要按照会计档案的要求加以保存。为便于历史分析比较和查找，资金管理模块中设置了将历年资金使用的汇总数据保存到系统的档案管理模块中的功能，任何时候只要管理上需要，就能方便地查找和浏览。

3.2.4 管护组织管理

管护组织管理模块主要用于对公益林监管队伍、护林员队伍及各县公益林管理机构的管理和监督。现行的浙江省的公益林管理体制中，从省到部分县设置了公益林管理机构，如浙江省林业生态工程管理中心是专门的省级公益林管理机构，从事全省的公益林建设管理工作，各县林业局的生态办，则是专门的县级公益林管理机构。在公益林建设和保护一线的乡镇、村，还建立了专门的公益林管理站公益林监管员队伍和护林员队伍。从而形成了从省到县，县到乡村，一直到具体小班的全省公益林监管网络体系。管护组织管理功能模块就是要将这个公益林监管网络体系的组成、运作与变化情况及时正确地反映出来。其模块功能构成如图 3-12 所示。

3.2.4.1 管护组织汇总数据显示

在县级公益林信息管理系统中，管护组织管理模块主要显示该县公益林管护网络体系的建设情况，包括反映县(市、区)公益林建设领导小组、乡镇领导小组，县市监管员、乡镇监管员以及护林员等的构成，成员的基本情况，及工作责任区域。省级、市级系统中一般不需要这些内容的数据，当省级或市级管理人员需要了解这些信息时，可以通过网络进入县级系统进行详细的数据浏览。省级或市级用户进入该汇总数据显示模块时，显示各个县市的管护组织建设的相关汇总数据，内容包括县名称、公益林面积、管护面积、县监

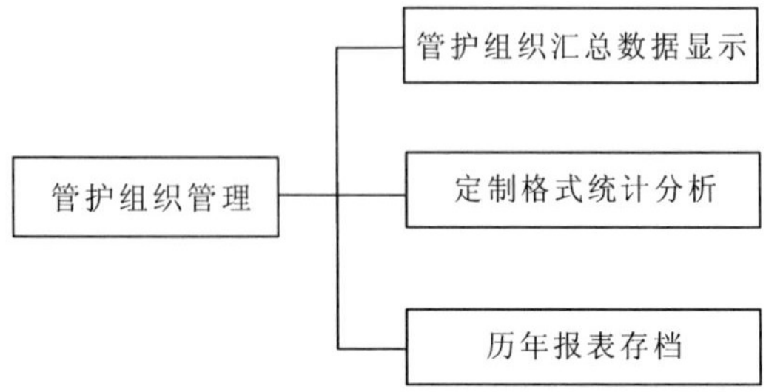

图 3-12　管护组织管理功能模块图

管员数量、镇监管员数量、护林员数量等信息。

3.2.4.2　定制格式统计分析

为统一对公益林管护组织的管理，省林业厅以统一的报表反映管护组织的建设发展情况。各县级系统根据定制格式自动统计形成护林员和监管员一览表，并上报到省级系统。省级系统对各县市级上报的统计报表数据进行二次分类统计，生成定制格式的省级管护网络体系统计报表。其流程如图 3-13 所示。

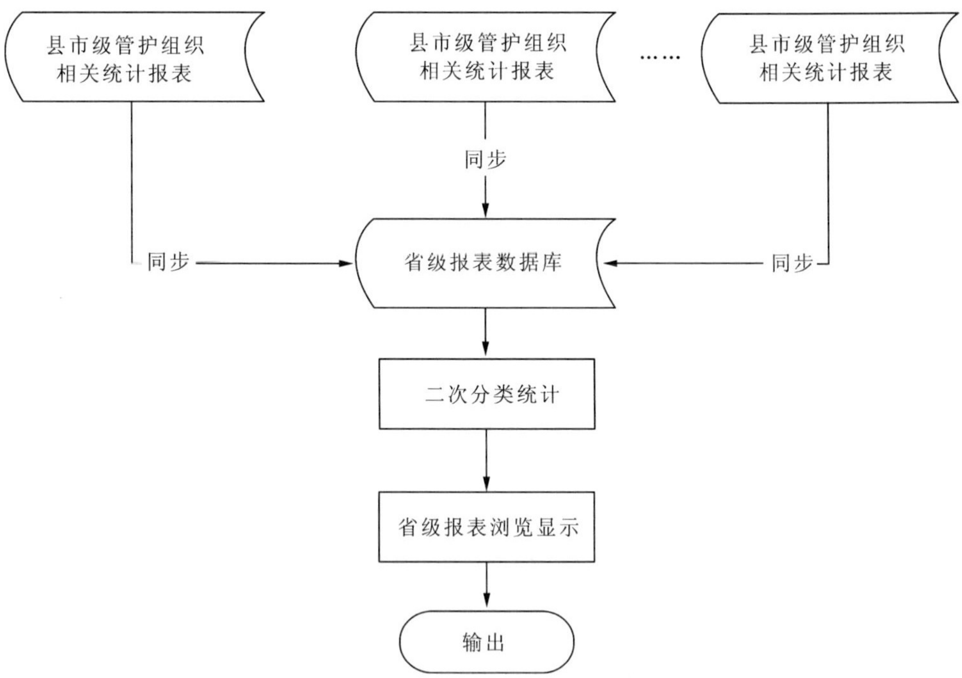

图 3-13　管护组织数据分析处理流程

3.2.4.3　历年报表存档

管护网络体系的统计报表等汇总数据是重要的管理资料，其纸质资料要按照档案的要求加以保存。为便于历史分析比较和查找，管护组织管理模块中设置了将历年的管护组织相关汇总数据保存到系统的档案管理模块中的功能，任何时候只要管理上需要，就能方便地查找和浏览。

3.2.5 护林员考勤管理

由于护林员队伍分散在林区野外的广阔空间，工作以个体在各自的责任林区内进行，护林员与林业管理部门之间，护林员与护林员之间都无法建立起实时有效的联系，护林员实际工作情况的监督比较困难，护林员队伍的野外作业管理基本处于自由的状态。为了更好地对野外工作的护林员进行监管，系统利用GPS、GPRS、GIS等技术实现定位跟踪。本模块主要是用于管理护林员使用的定位设备信息管理，以及对应的出勤考核指标的配置，方便护林员出勤考核报表的生成。

3.2.5.1 定位设备

定位设备是野外护林员使用的定位终端设备，本模块提供县级管理人员录入各个护林员定位设备的相关属性信息，包括设备名称、型号、登记日期、终端号码、定位间隔、数据上报间隔等。

定位设备管理模块还提供设备的查找定位功能，输入设备的名称、型号、终端号码可迅速查找出符合查找条件的设备列表信息。

3.2.5.2 考核指标

考核指标主要是设置护林员巡逻的考核参数，包括月份、上班时间、下班时间、上午最少巡逻距离、上午最少巡逻时间、下午最少巡逻距离、下午最少巡逻时间、出勤日期等。设定好对应的考核指标数据后，系统会根据护林员每天的GPS轨迹数据，自动生成每天的考勤报表数据。

3.2.5.3 轨迹回放

系统可以每天自动将护林员手持定位终端发回的GPS位置信息加以保存，以便日后查找使用。系统管理员可以按照护林员的姓名，选择某一时间段后，系统会根据选择的时间范围，在地图上绘制对应的护林员行走轨迹。历史轨迹回放功能，还可以有助于系统管理员判断特定护林员的巡逻路径是否合理，以便优化和寻求最佳的巡逻路径。

3.2.6 经营管理

经营管理主要是用于管理和监督公益林的经营情况，跟踪经营单位的公益林经营措施，包括公益林的抚育、间伐、针改阔、生物防火林带建设等经营措施的落实情况，如实反映公益林经营的状况，达到规范公益林经营措施，实现公益林的高效发展。

在经营措施管理上，主要是根据省厅统一的公益林建设各项要求和标准，结合各经营单位实际的生产条件，生成各种经营方案，指导经营单位的经营；及时记载和评价经营单位的具体经营措施和经营效果；根据公益林建设要求和标准经营数表对经营单位的年度经营情况进行考核，并形成考核记录。分县汇总经营单位的考核情况，并上报到省级系统。省级系统再进行二次分类统计，生成省级经营单位经营情况考核的统计报表。对经营活动的分析主要有以下几个功能：

3.2.6.1 划分经营类型

经营类型的类别、详细说明和着色渲染方案在系统里按照用户需要可以进行自定义设置，以满足生成不同效果分析专题图的需要。

3.2.6.2 按经营类型渲染

以不同颜色代表小班的不同经营类型。

3.2.6.3 设置立地类型－造林树种－森林经营类型匹配表

不同的立地类型对应不同的适宜造林树种和经营类型，系统提供立地类型、造林树种和森林经营类型之间的关系配置功能。

3.2.6.4 设置立地类型

用于给用户提供配置立地类型和详细参数的功能模块，为经营决策分析提供分析数据支持。可以设置立地类型的条件有海拔、坡位、土壤类型及土层厚度等。

3.2.6.5 统计报表

系统根据预设的统计规则自动统计各种经营类型统计报表，方便用户导出、打印使用。

3.2.6.6 历年报表存档

可以将历年经营单位的统计报表等汇总数据保存到档案中，方便以后查找、浏览。

3.2.7 监测管理

监测数据管理主要用于管理反映公益林基本状况、动态变化情况及生态功能发展趋势的监测数据。目前监测数据主要通过地面调查和遥感调查获得，地面调查数据主要有固定样地调查数据、固定小班调查数据、生态定位站观测数据、专题调查数据等；遥感调查数据主要有遥感监测数据及航空影像图片数据。通过地面调查与遥感调查数据的统计汇总和分析对比，来获得公益林的现状及生态功能发展等大范围的实时变化信息。

3.2.7.1 样地调查数据管理

样地调查数据管理模块是根据调查的规则和数据处理要求设置的，主要用于对固定样地调查数据、监测属性变化数据的管理，方便用户迅速地完成样地数据录入、分析处理，形成处理结果，并方便对数据的浏览和查找。其模块功能如图 3-14 所示。

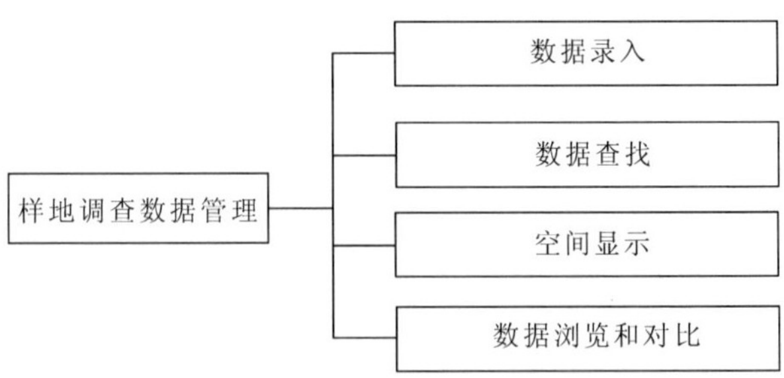

图 3-14 样地调查数据管理功能模块图

➢数据录入

样地数据录入是样地调查内业工作的第一步，调查数据录入功能主要用于将全省各固定样地调查的数据输入到固定样地调查数据库中，完成数据的采集入库工作。

➢数据查找

样地调查及作出结论是一项研究性的工作，在研究性活动中，数据的使用并不是固定不变的，同一数据可通过不同的方式来处理，同一方式也可以对不同的数据进行处理，因此，在分析处理调查数据中，数据查找往往是要反复进行的工作。数据查找功能就是要满足用户研究活动中反复调用数据的需求，用户可以根据监测调查数据特定因子的属性值，设置多个查询条件，进行监测调查数据的模糊查找，快速找出用户需要的监测调查数据。

➢空间显示

固定样地在公益林管理的调查研究中，需要长期使用，因此固定样地本身也需要有一个好的管理。空间显示功能能够在地图上显示全省各固定样地的空间分布情况，并可以在地图上点击对应的固定样地位置，显示对应样地的属性信息。实现样地空间信息到属性信息和属性信息到空间信息的互查。同时为科学合理地设置全省的固定样地提供直观的、精准的帮助。

➢历史数据对比

在公益林固定样地调查中，与样地的历史调查数据进行对比是最常用的研究方法，历史数据对比功能就是为满足这样的需要提供的。用户可以通过年份、监测属性数据等来查询显示数，进行当前数据与历史数据的对比。并可以通过计算其百分比或者通过图表显示，更形象地显示历史对比的差异。

3.2.7.2 小班调查数据管理

小班调查数据管理模块主要用于对公益林固定监测小班调查数据的管理，方便管理监测到的属性数据和空间数据，方便浏览和查找固定小班调查数据。其功能如图 3-15 所示。

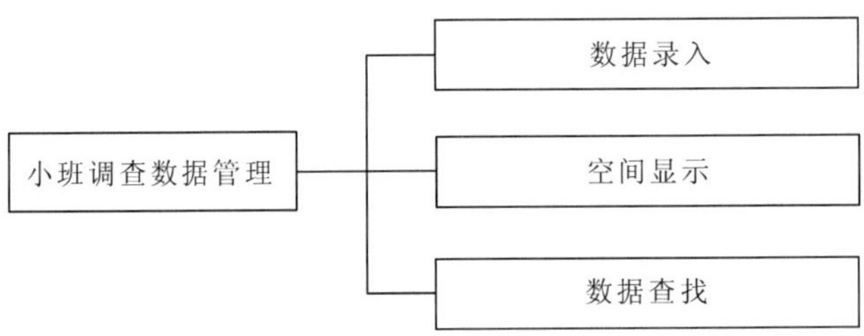

图 3-15　小班调查数据管理功能模块图

➢数据录入

主要用于将全省各地公益林固定监测小班调查的数据输入到固定小班调查数据库中。

➢空间显示

在空间地图上显示全省各固定小班的空间分布情况，并可以在地图上点击对应的固定小班位置，显示对应的属性信息。实现空间到属性和属性到空间的互查功能。

➢数据查找

用户可以根据固定小班调查数据特定因子的属性值，设置多个查询条件，进行调查数据的模糊查找，快速找出用户需要的小班调查数据。

3.2.7.3 专题调查数据管理

专题调查数据管理模块主要用于对生物多样性、城市森林环境、森林土壤、水土流失、森林气候、森林水文及水质变化等其他特定调查与监测的各项数据进行统一电子化管理，方便用户日后查找浏览和进一步处理。

➢数据录入

主要用于将全省各专题调查的数据输入到专题调查数据库中。专题调查数据内容包括生物量、生物多样性、城市森林环境、森林土壤、森林气候、森林水文及水质变化等。

➤数据查找

用户可以根据专题调查年份、专题调查类型等专题调查属性信息，利用模糊查找功能，快速找出对应的专题调查数据。

3.2.7.4 定位站数据管理

定位站数据管理模块主要用于对全省公益林生态定位研究网络所监测数据的管理。其功能如图3-16所示。

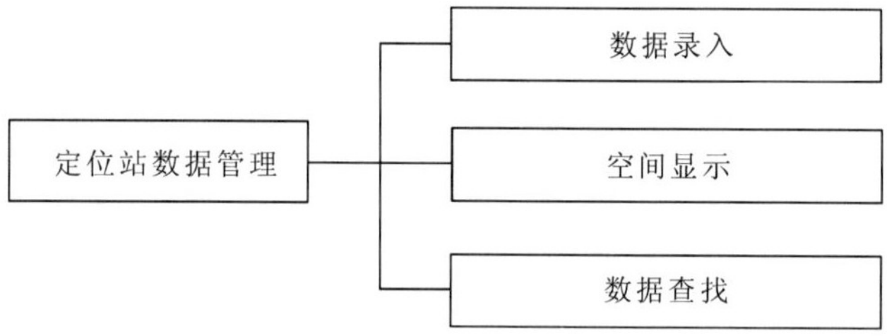

图3-16 定位站数据管理功能模块图

➤数据录入

分定位站基本数据的录入和定位站监测数据的录入。定位站基本数据的录入是将全省各定位站的登记数据输入到数据库中，主要内容包括建站时间、地理位置、负责人、设备情况等信息，并进行空间定位。

定位站监测数据的录入则要符合监测格式的要求，并与固定样地调查数据、固定小班调查数据共同构成完整的公益林地面调查数据。

➤空间显示

在地图上显示全省各定位站的空间分布情况，并可以在地图上点击对应的定位站位置，显示对应的属性信息。实现空间到属性和属性到空间的互查功能。

➤数据查找

用户可以根据建站年份、地理位置、监测日期等属性信息，利用模糊查找功能，快速找出对应的定位站数据。

3.2.7.5 遥感监测数据管理

遥感监测数据管理模块主要用于对遥感数据的管理。通过对遥感数据的分区域分类型依次编号，按年份排列等处理实现对遥感数据的统一管理。

➤数据录入

主要用于将全省各遥感监测数据以及相关信息保存到数据库中。主要内容包括遥感名称、遥感描述、监测时间等信息。

➤数据查找

用户可以根据遥感名称、监测时间等属性信息，利用模糊查找功能，快速找出对应的遥感监测数据。

➤历史数据查看和对比

用户可以通过遥感名称查询数据库中对应的历年遥感数据，显示历年的遥感数据信息，包括编号、名称、描述信息、存储时间、存储路径等，以及支持遥感数据的浏览功能。

3.2.7.6 影像图片数据管理

影像图片数据管理模块主要用于对影像图片资料的管理。通过对影像图片的分区域分类型依次编号，按年份排列等处理实现对影像图片的统一管理。

➢数据录入

主要用于将全省各地公益林影像图片资料数据以及相关信息保存到数据库中。主要内容包括影像图片资料名称、描述、拍摄时间等信息。

➢数据查找

用户可以根据影像图片资料名称、拍摄时间等属性信息，利用模糊查找功能，快速找出对应的影像图片数据。

➢数据查看和对比

用户可以通过影像图片名称查询数据库中对应的历年影像图片数据，显示历年的影像图片数据信息，包括编号、名称、描述信息、存储时间、存储路径等，以及支持图片的浏览和影像视频的播放功能。

3.2.8 档案管理

档案管理主要用于对公益林管理过程当中产生的各种档案信息的管理，利用统一文档管理格式对其进行分类汇总并保存，方便日后档案信息的查找和浏览。

3.2.8.1 档案类别管理

档案类别管理模块主要用于档案信息的分类管理，方便用户可以根据不同的档案类型分别存储在不同类别目录下，档案类别主要包括办法制度、面积管理、变更调整、林木采伐、资金管理、年度考核、年度公报、重大事件公益林宣传等。

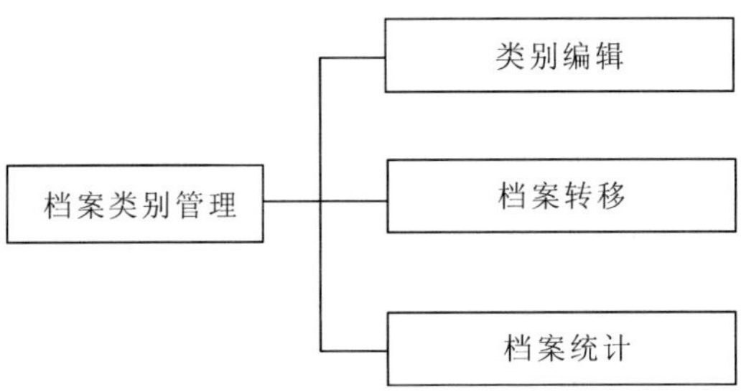

图 3-17 档案类别管理功能模块图

➢类别编辑

可以对现有的档案类别进行编辑，比如修改现有档案的档案类别名称、增加或者删除现有档案的类别等操作。

➢档案转移

档案的性质决定了档案数量总是不断增长的，正常情况下档案的退出永远跟不上档案增加的速度。由于档案数量的不断增加，客观上会产生对档案进行细分的需求，从而出现增加档案大类或重新编辑档案类别的操作。档案转移功能就是适应档案管理面临上述情况时，便于系统管理用户的再操作。档案转移功能可以将指定档案类别下的档案数据自动地转移到另外一个档案大类目录之下，从而实现对现有档案大类数据进行再次分类的要求。

➢档案统计

档案统计功能方便管理用户统计当前档案类别目录下的档案数量，给用户合理科学地划分档案类别，提高管理效率提供参考依据。

3.2.8.2 档案信息管理

档案信息管理管理模块主要用于对档案信息的管理，包括档案信息的添加、修改、删除等，以及档案信息的查找和浏览查看。其功能模块如图 3-18 所示。

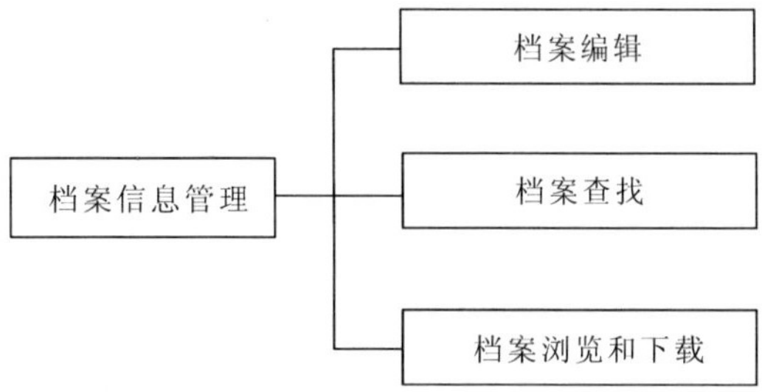

图 3-18 档案信息管理功能模块图

➢档案编辑

该功能主要用于档案信息的管理，包括新增档案数据，修改现有档案登记信息和删除无用的档案数据。

➢档案查找

可以根据档案的类别名称、登记年份、标题名称以及内容描述等档案登记信息进行档案的查找，方便用户快速定位到需要查看的档案数据。

➢档案浏览和下载

用户可以在线浏览档案的登记信息以及详细信息，如果需要对档案进一步处理，用户可以将指定需要下载的档案数据下载到本地机器中进行处理。

3.3 数据编码设计

3.3.1 编码类型

编码是指分类问题的一种形式化描述。如果分类问题解决得比较好，编码问题就变成了一个简单的用什么字符来表示的问题。目前常用的编码归纳起来有以下几种形式：

3.3.1.1 顺序码

以某种顺序形式编码。如以我国人口多少对城市进行编码，则北京 001，上海 002，天津 003，……在实际工作中，纯粹的顺序码是很少被使用的。这种编码优点是简单，易追加，在公益林信息管理系统中，乡镇和村使用的就是 2 位顺序码，但是该编码方式的缺点也是十分明显，其可识别性差，一般只有在一个元素量较少的集合中使用。

3.3.1.2 数字码

即以纯数字符号形式编码（严格地说顺序码也属此类）。数字码是在各类管理中最常用的一类编码形式。例如，我国目前使用的居民身份证就是采用一个 18 位的数字码，前

6位表示地区编码，中间8位表示出生年月日，最后4位表示顺序号和其他状态(性别等)。这种编码优点是易于校对，易于处理，缺点是不便记忆。在公益林信息管理系统中，小班号使用了18位数字码，前面6位用来表示县，最后6位用来表示小班和林班的顺序号，中间6位用于表示小班的乡镇和村所在地位置。

3.3.1.3　字符码

即以纯字符形式编码(英文、汉语拼音等)。这类编码常见于程序设计中的字段名、变量名编码。这种编码优点是可辅助记忆，缺点是校对不易，不易反映分类的结构。在公益林信息管理系统中，很多林业因子代码都是使用这种方法来实现的，例如，郁闭度(YBD)，坡度(PD)，坡向(PX)。

3.3.1.4　混合码

即以数字和字符混合形式编码。混合码是在各类管理中最常见的一类编码形式。例如GB. XXX表示国家标准的某类编码。这种编码的优点是易于识别，易于表现对象的系列性，缺点是不易校对。

3.3.2　编码设计

公益林管理信息复杂多样，内容丰富，需要将其按一定的规律进行分类和编码，才能对它们进行高效、有序的存贮、管理、检索与分析、输出与交换，以利于实现信息标准化、资源共享的应用要求。

与公益林有关的信息分类编码是实现对各种现状信息进行有效管理和使用的保障，包括信息分类和信息编码两个阶段。信息分类是将具有不同属性或特征的林业信息区别开来的过程，是编码的基础。分类方法则有两种：线分类法和面分类法。信息编码是将信息分类的结果用一种易于被计算机和人识别的符号体系表示出来的过程。编码的直接产物是代码。代码一般由数字、字符或数字字符混合组成。林业生产的基本现状图形信息和属性信息均应进行科学的分类和编码，相应生成图形分类编码、符号分类编码和属性分类编码。

3.3.2.1　编码原则

➢通用性

所编的专业代码既要符合人们的一般习惯，也要易于编写，适合计算机处理。

➢唯一性

对某一类地理特征，编码必须是独一无二的，不能重复。

➢标准化

对编码的长度、格式和码位的分配必须一致。

➢扩展性

系统编码应该留有充分余地，当代码增加或删除时，不致破坏原有的代码。

➢简易性

代码的标志应尽可能短，便于操作，查找迅速，既可以减少出错，减少工作量，又可缩短计算机处理时间和内、外存空间。

3.3.2.2　数据编码

根据数据编码设计的原则，本系统数据库都采用了一定意义的代码来编码，如：经营单位号(jydwid)采用了组合代码来编码，即“J ＋县ID＋乡ID＋村ID＋编号”。这样，一方面减少了数据库表的字段；另一方面，简化了对数据库的查询等操作。对于一些树状结构的编码，如：档案管理模块，要能对其进行添加、删除和修改，每一层用两位来表示，如：‘01 00 00’表示第一层的第一个文件夹，‘01 01 00’表示第二层的第一个文件夹。

3.3.2.3 时间戳

根据公益林管理的需求，林业部门经常要对各类数据进行备份、统计，而且要能对某一历史记录进行查询，了解某一时段内公益林管理的状况。然而，在传统的数据库系统中，只保存数据当前的记录而没有保存系统的历史数据，在系统中删除一条记录后，这条记录就被永久的删除了，而不能被恢复。这样导致两个后果：一是如果系统人员误删了这条记录，导致记录的丢失；二是删了这条记录后没有历史记录了，将会出现数据核对的困难。

基于传统数据库的这些缺陷，本系统引入了时间戳的概念，即在数据库中的修改都会保存原始记录。在每个数据库表中添加如表 3-1 字段：

表 3-1 数据库附加字段

字 段	描 述	数据类型
Inittime	初始化时间	datetime
Endtime	终止时间	datetime
Enable	是否激活	boolen

在字段 Inittime 中默认的时间是该记录生成的服务器的时间，而不是本地计算机的时间。这样，防止本地计算机时间的篡改而导致数据库的破坏。在字段 Endtime 中默认的时间是“2999－12－31”，在字段 Enable 中默认为“1”，即默认激活。

在系统访问数据库的操作中，保留数据库的原始记录，生成一条新的记录，从而解决了传统数据库系统中不能保存历史记录的缺点。

3.4 数据库设计

3.4.1 建库流程

数据库建设是地理信息管理系统的最实质性的内容，数据库建设工作流程包括资料收集、建库文档准备、图件预处理、图面检查、图形校正、属性数据编辑、录入、属性一致性检查、关系型属性数据库的建立、图层数据生成、矢量数据检查、拓扑处理和数据库建立等环节，数据库建设工作流程如图 3-19 所示。

3.4.2 库表结构

3.4.2.1 保护等级代码表的列清单

名 称	代 码	数据类型	字段说明
保护等级编号	baohudj_ id	varchar(3)	主键
保护等级名称	baohudj_ name	varchar(20)	
颜色	rgb	int(4)	允许空

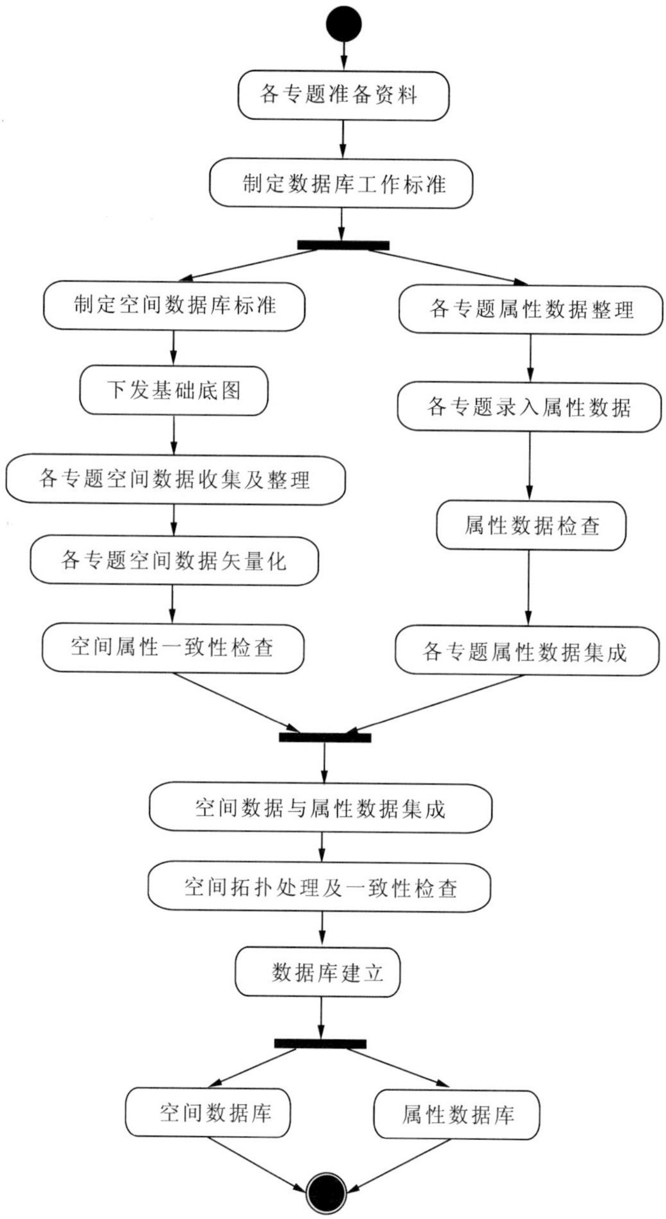

图 3-19　数据库建设工作流程

3.4.2.2　变动原因代码表的列清单

名　称	代　码	数据类型	字段说明
变动原因编号	biandongyy_ id	varchar(3)	主键
变动原因名称	biandongyy_ name	varchar(50)	
颜色	rgb	int(4)	允许空

3.4.2.3 地类代码表的列清单

名　称	代　码	数据类型	字段说明
地类编号	dilei_ id	varchar(3)	主键
地类名称	dilei_ name	varchar(20)	
地类大类编号	dileidl_ id	varchar(3)	
颜色	rgb	int(4)	允许空

3.4.2.4 地类大类表的列清单

名　称	代　码	数据类型	字段说明
地类大类编号	dileiDl_ id	varchar(3)	主键
地类大类名称	dileiDl_ name	varchar(50)	
颜色	rgb	int(4)	

3.4.2.5 地貌代码表的列清单

名　称	代　码	数据类型	字段说明
地貌编号	dimao_ id	varchar(3)	主键
地貌名称	dimao_ name	varchar(20)	
颜色	rgb	int(4)	允许空

3.4.2.6 二级林种代码表的列清单

名　称	代　码	数据类型	字段说明
二级林种编号	erjilz_ id	varchar(3)	主键
二级林种名称	erjilz_ name	varchar(50)	
林种编号	linzhong_ id	varchar(3)	
颜色	rgb	int(4)	允许空

3.4.2.7 工程类别代码表的列清单

名　称	代　码	数据类型	字段说明
工程类别编号	gongchenglb_ id	varchar(3)	主键
工程类别名称	gongchenglb_ name	varchar(20)	
颜色	rgb	int(4)	允许空

3.4.2.8 管护形式代码表的列清单

名　称	代　码	数据类型	字段说明
管护形式编号	guanhuxs_ id	varchar(3)	主键
管护形式名称	guanhuxs_ name	varchar(20)	
颜色	rgb	int(4)	允许空

3.4.2.9 经营措施代码表的列清单

名 称	代 码	数据类型	字段说明
经营措施编号	jingyingcs_ id	varchar(3)	主键
经营措施名称	jingyingcs_ name	varchar(20)	
颜色	rgb	int(4)	允许空

3.4.2.10 经营单位性质代码表的列清单

名 称	代 码	数据类型	字段说明
经营单位性质编号	jingyingdwxz_ id	varchar(3)	主键
经营单位性质名称	jingyingdwxz_ name	varchar(20)	
颜色	rgb	int(4)	允许空

3.4.2.11 经营类型代码表的列清单

名 称	代 码	数据类型	字段说明
经营类型编号	jingyinglx_ id	varchar(3)	主键
经营类型名称	jingyinglx_ name	varchar(20)	

3.4.2.12 林地权属代码表的列清单

名 称	代 码	数据类型	字段说明
林地权属编号	lindiqs_ id	varchar(3)	主键
林地权属名称	lindiqs_ name	varchar(10)	
颜色	rgb	int(4)	允许空

3.4.2.13 龄组代码表的列清单

名 称	代 码	数据类型	字段说明
龄组编号	lingzu_ id	varchar(3)	主键
龄组名称	lingzu_ name	varchar(20)	
颜色	rgb	int(4)	允许空

3.4.2.14 林木权属代码表的列清单

名 称	代 码	数据类型	字段说明
林木权属编号	linmuqs_ id	varchar(3)	主键
林木权属名称	linmuqs_ name	varchar(10)	
颜色	rgb	int(4)	允许空

3.4.2.15 林种代码表的列清单

名 称	代 码	数据类型	字段说明
林种编号	linzhong_ id	varchar(3)	主键
林种名称	linzhong_ name	varchar(20)	
颜色	rgb	int(4)	

3.4.2.16 坡位代码表的列清单

名 称	代 码	数据类型	字段说明
坡位编号	powei_ id	varchar(3)	主键
坡位名称	powei_ name	varchar(20)	
颜色	rgb	int(4)	允许空

3.4.2.17 起源代码表的列清单

名 称	代 码	数据类型	字段说明
起源编号	qiyuan_ id	varchar(3)	主键
起源名称	qiyuan_ name	varchar(10)	
颜色	rgb	int(4)	允许空

3.4.2.18 区划依据代码表的列清单

名 称	代 码	数据类型	字段说明
区划依据编号	quhuayj_ id	varchar(3)	主键
区划依据名称	quhuayj_ name	varchar(100)	
颜色	rgb	int(4)	允许空

3.4.2.19 群落结构代码表的列清单

名 称	代 码	数据类型	字段说明
群落结构编号	qunluojg_ id	varchar(3)	主键
群落结构名称	qunluojg_ name	varchar(20)	
颜色	rgb	int(4)	允许空

3.4.2.20 森林健康等级代码表的列清单

名 称	代 码	数据类型	字段说明
森林健康等级编号	senlinjkdj_ id	varchar(3)	主键
森林健康等级名称	senlinjkdj_ name	varchar(20)	
颜色	rgb	int(4)	允许空

3.4.2.21 生态功能等级代码表的列清单

名 称	代 码	数据类型	字段说明
生态功能等级编号	shengtaigndj_ id	varchar(3)	主键
生态功能等级名称	shengtaigndj_ name	varchar(50)	
颜色	rgb	int(4)	允许空

3.4.2.22 生态区位代码表的列清单

名 称	代 码	数据类型	字段说明
生态区位编号	shengtaiqw_ id	varchar(3)	主键
生态区位名称	shengtaiqw_ name	varchar(40)	
颜色	rgb	int(4)	允许空

3.4.2.23 事权等级代码表的列清单

名 称	代 码	数据类型	字段说明
事权等级编号	shiquandj_ id	varchar(3)	主键
事权等级名称	shiquandj_ name	varchar(20)	
颜色	rgb	int(4)	允许空

3.4.2.24 受灾情况代码表的列清单

名 称	代 码	数据类型	字段说明
受灾情况编号	shouzaiqk_ id	varchar(3)	主键
受灾情况名称	shouzaiqk_ name	varchar(20)	
颜色	rgb	int(4)	允许空

3.4.2.25 树种代码表的列清单

名 称	代 码	数据类型	字段说明
树种编号	shuzhong_ id	varchar(3)	主键
树种名称	shuzhong_ name	varchar(50)	
树种大类编号	shuzhongdl_ id	varchar(3)	
颜色	rgb	int(4)	

3.4.2.26 树种大类代码表的列清单

名 称	代 码	数据类型	字段说明
树种大类编号	shuzhongdl_ id	varchar(3)	主键
树种大类名称	shuzhongdl_ name	varchar(50)	
颜色	rgb	int(4)	

3.4.2.27 土壤厚度代码表的列清单

名　称	代　码	数据类型	字段说明
土壤厚度编号	turanghd_ id	varchar(3)	主键
土壤厚度名称	turanghd_ name	varchar(20)	
颜色	rgb	int(4)	允许空

3.4.2.28 植被盖度代码表的列清单

名　称	代　码	数据类型	字段说明
植被盖度编号	zhibeigd_ id	varchar(3)	主键
植被盖度名称	zhibeigd_ name	varchar(20)	
颜色	rgb	int(4)	允许空

3.4.2.29 补偿标准表的列清单

名　称	代　码	数据类型	字段说明
补偿标准编码	buchangbz_ id	int(4)	主键
林木权属编码	linmuqs_ id	varchar(3)	
补偿标准	buchangbz	numeric(9)	
补偿标准年份	buchangbz_ nf	int(4)	
备注	beizhu	varchar(50)	允许空

3.4.2.30 补偿资金表的列清单

名　称	代　码	数据类型	字段说明
经营单位编号	jingyingdw_ id	varchar(16)	
经营单位名称	经营单位	varchar(30)	
镇名称	镇名称	varchar(30)	
村名称	村名称	varchar(30)	
经营面积	经营面积	numeric(9)	允许空/默认为0
补偿面积	补偿面积	numeric(9)	允许空/默认为0
补偿标准	补偿标准	numeric(9)	允许空/默认为0
应发金额	应发金额	numeric(9)	允许空/默认为0
扣发金额	扣发金额	numeric(9)	允许空/默认为0
实发金额	实发金额	numeric(9)	允许空/默认为0
是否发放	是否发放	varchar(2)	允许空/默认为否
发放时间	发放时间	varchar(20)	允许空/默认为空
备注	备注	varchar(200)	允许空/默认为空
补偿年份	补偿年份	varchar(4)	

3.4.2.31 公益林村表的列清单

名 称	代 码	数据类型	字段说明
县代码	xian_ id	varchar(6)	主键
镇代码	zhen_ id	varchar(3)	主键
村代码	cun_ id	varchar(3)	主键
村名称	cun_ name	varchar(20)	
备注	beizhu	varchar(100)	允许空
初始化时间	inittime	datetime(8)	允许空
结束时间	endtime	datetime(8)	允许空
授权	enable	bit(1)	允许空
序列号	sorder	int(4)	允许空
操作者	caozuoz	varchar(10)	允许空

3.4.2.32 村管护组织表的列清单

名 称	代 码	数据类型	字段说明
村管护组织编号	cunguanhzz_ id	varchar(18)	主键
村管护组织名称	cunguanhzz_ name	varchar(50)	
县代码	xian_ id	varchar(6)	
镇代码	zhen_ id	varchar(3)	
村代码	cun_ id	varchar(3)	允许空
联系电话	lianxidh	varchar(15)	允许空
传真号码	chuanzhenhm	varchar(50)	允许空
地址	dizhi	varchar(50)	允许空
成立时间	chenglisj	varchar(10)	允许空
负责人	fuzer	varchar(20)	允许空
备注	beizhu	varchar(100)	允许空
初始化时间	inittime	datetime(8)	允许空
结束时间	endtime	datetime(8)	允许空
授权	enable	bit(1)	允许空
序列号	sorder	int(4)	允许空
操作者	caozuoz	varchar(10)	允许空

3.4.2.33 档案管理表的列清单

名 称	代 码	数据类型	字段说明
档案编号	dangan_ id	int(4)	主键
档案名称	dangan_ name	varchar(50)	
文件代码	danganlx_ id	int(4)	

（续）

名　称	代　码	数据类型	字段说明
编制时间	bianzhisj	datetime(8)	允许空
编制单位	bianzhidw	varchar(50)	允许空
保密等级	baomidj	varchar(20)	允许空
保管期限	baoguanqx	varchar(20)	允许空
档案详情类型	danganxqlx	varchar(20)	允许空
档案详情	danganxq	image(16)	允许空
备注	beizhu	varchar(50)	允许空

3.4.2.34　档案类型表的列清单

名　称	代　码	数据类型	字段说明
档案类型编号	danganlx_ id	int(4)	
档案类型名称	danganlx_ name	varchar(50)	
	parent_ id	int(4)	允许空

3.4.2.35　数据分析配置表的列清单

名　称	代　码	数据类型	字段说明
数据大类名称	data_ dl_ name	varchar(100)	
数据表简介	data_ tablename	varchar(100)	
字段名称	data_ name	varchar(50)	
类型编号	type_ id	varchar(2)	
权重	power	int(4)	
数据表代码	data_ table	varchar(50)	
数据表列代码	data_ column	varchar(50)	允许空

3.4.2.36　二类小班表的列清单

名　称	代　码	数据类型	字段说明
小班代码	xb_ id	varchar(20)	主键
二类小班代码	erleixb_ id	varchar(5)	主键
备注	beizhu	varchar(100)	允许空
初始化时间	inittime	datetime(8)	允许空
结束时间	endtime	datetime(8)	允许空
授权	enable	bit(1)	允许空
序列号	sorder	int(4)	允许空
操作者	caozuoz	varchar(10)	允许空

3.4.2.37 管护标准表的列清单

名 称	代 码	数据类型	字段说明
管护标准编码	guanhubz_ id	int(4)	主键
林木权属编号	linmuqs_ id	Varchar(3)	
管护标准值	guanhubz_ value	numeric(9)	默认为2
管护标准年份	guanhubz_ nf	int(4)	
备注	beizhu	varchar(50)	允许空

3.4.2.38 管护资金表的列清单

名 称	代 码	数据类型	字段说明
护林员代码	huliny_ id	varchar(21)	主键
护林员名称	护林员	varchar(30)	
镇名称	镇名称	varchar(30)	
村名称	村名称	varchar(20)	允许空
管护面积	管护面积	numeric(9)	默认为0
小班个数	小班个数	int(4)	默认为0
应发金额	应发金额	numeric(9)	默认为0
奖金	奖金	numeric(9)	默认为0
扣发金额	扣发金额	numeric(9)	默认为0
实发金额	实发金额	numeric(9)	默认为0
是否发放	是否发放	varchar(2)	默认为否
发放时间	发放时间	varchar(10)	允许空
备注	备注	varchar(200)	允许空
管护年份	管护年份	varchar(4)	主键

3.4.2.39 护林员表的列清单

名 称	代 码	数据类型	字段说明
护林员编号	huliny_ id	varchar(21)	主键
护林员名称	huliny_ name	varchar(50)	
县代码	xian_ id	varchar(6)	
镇代码	zhen_ id	varchar(3)	
村代码	cun_ id	varchar(3)	允许空
性别	xingbie	varchar(4)	允许空
出生日期	birthday	datetime(8)	允许空
是否结婚	shifoujh	varchar(4)	允许空
政治面貌	zhengzhimm	varchar(30)	允许空
学历	xueli	varchar(10)	允许空

（续）

名　称	代　码	数据类型	字段说明
身份证号	shenfenzh	varchar(18)	允许空
是否专职	shifouzz	varchar(4)	允许空
证件号	zhengjianh	varchar(50)	允许空
年薪	nianxin	varchar(20)	允许空
银行名称	yinhangmc	varchar(50)	允许空
银行账号	yinhangzh	varchar(50)	允许空
联系电话	lianxidh	varchar(15)	允许空
移动电话	yidongdh	varchar(20)	允许空
住址	zhuzhi	varchar(100)	允许空
照片	zhaopian	image(16)	允许空
备注	beizhu	varchar(500)	允许空
初始化时间	inittime	datetime(8)	允许空
结束时间	endtime	datetime(8)	允许空
授权	enable	bit(1)	允许空
序列号	sorder	int(4)	允许空
操作者	caozuoz	varchar(10)	允许空

3.4.2.40　护林员管护范围表的列清单

名　称	代　码	数据类型	字段说明
护林员编号	huliny_ id	varchar(21)	主键
小班代码	xb_ id	varchar(20)	主键
管护面积	guanhumj	numeric(9)	
备注	beizhu	varchar(100)	允许空
初始化时间	inittime	datetime(8)	允许空
结束时间	endtime	datetime(8)	允许空
授权	enable	bit(1)	允许空
序列号	sorder	int(4)	允许空
操作者	caozuoz	varchar(10)	允许空

3.4.2.41　经营单位表的列清单

名　称	代　码	数据类型	字段说明
经营单位编号	jingyingdw_ id	varchar(15)	主键
经营单位名称	jingyingdw_ name	varchar(50)	
经营单位类型编号	jingyinglx_ id	varchar(3)	
县代码	xian_ id	varchar(6)	
镇代码	zhen_ id	varchar(3)	

（续）

名　称	代　码	数据类型	字段说明
村代码	cun_ id	varchar(3)	
银行名称	yinhangmc	varchar(50)	允许空
银行账号	yinhangzh	varchar(50)	允许空
移动电话	yidongdh	varchar(50)	允许空
固定电话	gudingdh	varchar(30)	允许空
备注	beizhu	varchar(100)	允许空
初始化时间	inittime	datetime(8)	允许空
结束时间	endtime	datetime(8)	允许空
授权	enable	bit(1)	允许空
序列号	sorder	int(4)	允许空
操作者	caozuoz	varchar(10)	允许空

3.4.2.42　经营范围表的列清单

名　称	代　码	数据类型	字段说明
经营单位编号	jingyingdw_ id	varchar(15)	主键
小班代码	xb_ id	varchar(20)	主键
经营面积	jingyingmj	numeric(9)	默认为0
补偿面积	buchangmj	numeric(9)	默认为0
备注	beizhu	varchar(100)	允许空
初始化时间	inittime	datetime(8)	允许空
结束时间	endtime	datetime(8)	允许空
授权	enable	bit(1)	允许空
序列号	sorder	int(4)	允许空
操作者	caozuoz	varchar(10)	允许空

3.4.2.43　登陆日志表的列清单

名　称	代　码	数据类型	字段说明
日期编号	dataId	int(4)	主键
用户名	userName	varchar(100)	
用户类型	userType	varchar(50)	
服务器 IP	trueName	varchar(50)	
登陆日期	clientIP	varchar(50)	
退出日期	loginDateTime	datetime(8)	允许空

3.4.2.44　公共管护费用表的列清单

名　称	代　码	数据类型	字段说明
项目类别编号	id	varchar(16)	主键
项目类别名称编号	xiangmuMCId	int(4)	
县代码	xianId	varchar(6)	
单位名称	danweiMC	varchar(20)	允许空
使用年份	shiyongNF	Int(4)	允许空
用途	yongtu	Varchar(100)	允许空
数量	shuLiang	numeric(9)	允许空
计量单位	jiliangDW	varchar(20)	允许空
金额	jinE	decimal(9)	允许空
登记日期	dengjiRQ	Datetime(9)	
备注	beizhu	varchar(100)	允许空
初始化时间	inittime	datetime(8)	允许空
结束时间	endtime	datetime(8)	允许空
授权	enable	bit(1)	允许空
序列号	sorder	int(4)	允许空
操作者	caozuoz	varchar(10)	允许空

3.4.2.45　公共管护费用项目类别表的列清单

名　称	代　码	数据类型	字段说明
项目类别编号	id	int(4)	允许空
项目类别名称	name	varchar(50)	允许空

3.4.2.46　公共管护费用项目名称表的列清单

名　称	代　码	数据类型	字段说明
项目名称编号	id	int(4)	
项目名称	name	varchar(50)	允许空
项目类别编号	lbId	int(4)	

3.4.2.47　公益林县表的列清单

名　称	代　码	数据类型	字段说明
县代码	xian_ id	varchar(6)	主键
县名称	xian_ name	varchar(20)	

3.4.2.48 县监管范围表的列清单

名 称	代 码	数据类型	字段说明
县监管员编号	xianjiangy_ id	varchar(9)	主键
镇监管员编号	zhenjiangy_ id	varchar(12)	主键
备注	beizhu	varchar(100)	允许空
初始化时间	inittime	datetime(8)	允许空
结束时间	endtime	datetime(8)	允许空
授权	enable	bit(1)	允许空
序列号	sorder	int(4)	允许空
操作者	caozuoz	varchar(10)	允许空

3.4.2.49 县监管员表的列清单

名 称	代 码	数据类型	字段说明
县监管员编号	xianjiangy_ id	varchar(9)	主键
县监管员名称	xianjiangy_ name	varchar(50)	允许空
县代码	xian_ id	varchar(6)	允许空
性别	xingbie	varchar(4)	允许空
出生日期	birthday	datetime(8)	允许空
是否结婚	shifoujh	varchar(4)	允许空
政治面貌	zhengzhimm	varchar(30)	允许空
学历	xueli	varchar(10)	允许空
身份证号	shenfenzh	varchar(18)	允许空
年薪	nianxin	varchar(20)	允许空
银行名称	yinhangmc	varchar(50)	允许空
银行账户	yinhangzh	varchar(50)	允许空
联系电话	lianxidh	varchar(15)	允许空
移动电话	yidongdh	varchar(20)	允许空
住址	zhuzhi	varchar(100)	允许空
照片	zhaopian	image(16)	允许空
备注	beizhu	varchar(100)	允许空
初始化时间	inittime	datetime(8)	允许空
结束时间	endtime	datetime(8)	允许空
授权	enable	bit(1)	允许空
序列号	sorder	int(4)	允许空
操作者	caozuoz	varchar(10)	允许空

3.4.2.50 县领导小组成员表的列清单

名 称	代 码	数据类型	字段说明
县领导小组成员编号	xianlingdxzcy_ id	varchar(12)	主键
县领导小组成员名称	xianlingdxzcy_ name	varchar(50)	允许空
县代码	xian_ id	varchar(6)	
性别	xingbie	varchar(4)	允许空
是否结婚	shifoujh	varchar(4)	允许空
政治面貌	zhengzhimm	varchar(30)	允许空
学历	xueli	varchar(10)	允许空
职位	zhiwei	varchar(50)	允许空
出生日期	birthday	datetime(8)	允许空
联系电话	lianxidh	varchar(15)	允许空
移动电话	yidongdh	varchar(20)	允许空
住址	zhuzhi	varchar(100)	允许空
照片	zhaopian	image(16)	允许空
备注	beizhu	varchar(100)	允许空
开始时间	inittime	datetime(8)	允许空
结束时间	endtime	datetime(8)	允许空
授权	enable	bit(1)	允许空
序列号	sorder	int(4)	允许空
操作者	caozuoz	varchar(10)	允许空

3.4.2.51 公益林小班表的列清单

名 称	代 码	数据类型	字段说明
小班代码	xb_ id	varchar(20)	主键
县代码	xian_ id	varchar(6)	
镇代码	zhen_ id	varchar(3)	
村代码	cun_ id	varchar(3)	
图幅号	tufuh	varchar(20)	
插花代码	chahuadm	varchar(10)	允许空
林班代码	linban_ id	varchar(3)	
小班编号	xiaoban_ id	varchar(3)	
界定面积	jiedingmj	numeric(9)	
补偿面积	buchangmj	numeric(9)	默认为0
小地名	xiaodim	varchar(20)	允许空
林权证号	linquanzh	varchar(50)	
界定书号	jiedingsh	varchar(20)	允许空
地貌编号	dimao_ id	varchar(3)	

（续）

名　称	代　码	数据类型	字段说明
坡位编号	powei_ id	varchar(3)	
坡度	podu	numeric(9)	
海拔高度	haibagd	numeric(9)	
土壤厚度编号	turanghd_ id	varchar(3)	
植被高度编号	zhibeigd_ id	varchar(3)	
群落结构编号	qunluojg_ id	varchar(3)	
森林健康等级编号	senlinjkdj_ id	varchar(3)	
生态功能等级编号	shengtaigndj_ id	varchar(3)	
受灾情况编号	shouzaiqk_ id	varchar(3)	
事权等级编号	shiquandj_ id	varchar(3)	
保护等级编号	baohudj_ id	varchar(3)	
区划依据编号	quhuayj_ id	varchar(3)	
生态区位编号	shengtaiqw_ id	varchar(3)	
生态区位描述	shengtaiqwms	varchar(100)	允许空
工程类别编号	gongchenglb_ id	varchar(3)	
经营措施编号	jingyingcs_ id	varchar(3)	
经营单位性质编号	jingyingdwxz_ id	varchar(3)	
管护形式编号	guanhuxs_ id	varchar(3)	
调查者	diaochaZ	varchar(50)	允许空
调查日期	diaochaRQ	datetime(8)	允许空
备注	beizhu	varchar(100)	允许空
开始时间	inittime	datetime(8)	允许空
结束时间	endtime	datetime(8)	允许空
授权	enable	bit(1)	允许空
序列号	sorder	int(4)	允许空
操作者	caozuoz	varchar(10)	允许空
二类小班代码	erleixb_ id	varchar(100)	允许空
旧编号	oldID	varchar(20)	允许空

3.4.2.52　公益林细班表的列清单

名　称	代　码	数据类型	字段说明
细班代码	xib_ id	varchar(22)	主键
小班代码	xb_ id	varchar(20)	
细班号	xiban_ id	varchar(3)	
细班面积	xibanmj	numeric(9)	
林地权属编号	lindiqs_ id	varchar(3)	

（续）

名　称	代　码	数据类型	字段说明
林木权属编号	linmuqs_ id	varchar(3)	
地类编号	dilei_ id	varchar(3)	
林种编号	linzhong_ id	varchar(3)	
二级林种编号	erjilz_ id	varchar(3)	
起源编号	qiyuan_ id	varchar(3)	
树种组成	shuzhongzc	varchar(50)	
龄组编号	lingzu_ id	varchar(3)	
平均蓄积	pingjunxj	numeric(9)	
平均树高	pingjunsg	numeric(9)	
郁闭度	yubid	numeric(9)	
疏密度	shumid	numeric(9)	
每亩蓄积	meimuxj	numeric(9)	
每亩株树	meimuzs	numeric(9)	
补偿面积	buchangmj	numeric(9)	
变动年份	biandongnf	varchar(10)	
变动原因	biandongyy	varchar(100)	允许空
备注	beizhu	varchar(200)	允许空
初始化时间	inittime	datetime(8)	允许空
结束时间	endtime	datetime(8)	允许空
授权	enable	bit(1)	允许空
序列号	sorder	int(4)	允许空
操作者	caozuoz	varchar(10)	允许空

3.4.2.53　用户表的列清单

名　称	代　码	数据类型	字段说明
用户名称	yonghu_ name	varchar(10)	
用户组编号	yonghuz_ id	int(4)	
用户密码	yonghumm	varchar(100)	允许空
用户签名	yonghuqm	varchar(20)	允许空
联系电话	lianxidh	varchar(20)	允许空
备注	beizhu	varchar(100)	允许空
初始化时间	inittime	datetime(8)	允许空
结束时间	endtime	datetime(8)	允许空
授权	enable	bit(1)	允许空
序列号	sorder	int(4)	允许空
操作者	caozuoz	varchar(10)	允许空

3.4.2.54 用户组表的列清单

名 称	代 码	数据类型	字段说明
用户组编号	yonghuz_ id	int(4)	主键
用户组名称	yonghuz_ name	varchar(20)	
描述	miaoshu	varchar(100)	允许空
备注	beizhu	varchar(100)	允许空
初始化时间	inittime	datetime(8)	允许空
结束时间	endtime	datetime(8)	允许空
授权	enable	bit(1)	允许空
序列号	sorder	int(4)	允许空
操作者	caozuoz	varchar(10)	允许空

3.4.2.55 公益林镇表的列清单

名 称	代 码	数据类型	字段说明
县代码	xian_ id	varchar(6)	主键
镇代码	zhen_ id	varchar(3)	主键
镇名称	zhen_ name	varchar(20)	
备注	beizhu	varchar(100)	允许空
栅格图名称	rasterName	varchar(200)	允许空
初始化时间	inittime	datetime(8)	允许空
结束时间	endtime	datetime(8)	允许空
授权	enable	bit(1)	允许空
序列号	sorder	int(4)	允许空
操作者	caozuoz	varchar(10)	允许空

3.4.2.56 镇监管范围表的列清单

名 称	代 码	数据类型	字段说明
镇监管员编号	zhenjiangy_ id	varchar(12)	主键
村管护组织编号	huliny_ id	varchar(21)	主键
备注	beizhu	varchar(100)	允许空
初始化时间	inittime	datetime(8)	允许空
结束时间	endtime	datetime(8)	允许空
授权	enable	bit(1)	允许空
序列号	sorder	int(4)	允许空
操作者	caozuoz	varchar(10)	允许空

3.4.2.57 镇监管员表的列清单

名　称	代　码	数据类型	字段说明
镇监管员编号	zhenjiangy_ id	varchar(12)	主键
镇监管员名称	zhenjiangy_ name	varchar(50)	允许空
县代码	xian_ id	varchar(6)	
镇代码	zhen_ id	varchar(3)	
性别	xingbie	varchar(4)	允许空
出生日期	birthday	datetime(8)	允许空
是否结婚	shifoujh	varchar(4)	允许空
政治面貌	zhengzhimm	varchar(30)	允许空
学历	xueli	varchar(10)	允许空
身份证号	shenfenzh	varchar(18)	允许空
年薪	nianxin	varchar(20)	允许空
银行名称	yinhangmc	varchar(50)	允许空
银行账户	yinhangzh	varchar(50)	允许空
联系电话	lianxidh	varchar(15)	允许空
移动电话	yidongdh	varchar(20)	允许空
住址	zhuzhi	varchar(100)	允许空
照片	zhaopian	image(16)	允许空
备注	beizhu	varchar(100)	允许空
初始化时间	inittime	datetime(8)	允许空
结束时间	endtime	datetime(8)	允许空
授权	enable	bit(1)	允许空
序列号	sorder	int(4)	允许空
操作者	caozuoz	varchar(10)	允许空

3.4.2.58 镇领导小组成员表的列清单

名　称	代　码	数据类型	字段说明
镇领导小组成员编号	zhenlingdxzcy_ id	varchar(15)	主键
镇领导小组成员名称	zhenlingdxzcy_ name	varchar(50)	允许空
县代码	xian_ id	varchar(6)	
镇代码	zhen_ id	varchar(3)	
性别	xingbie	varchar(4)	允许空
是否结婚	shifoujh	varchar(4)	允许空
政治面貌	zhengzhimm	varchar(30)	允许空
学历	xueli	varchar(10)	允许空
职位	zhiwei	varchar(50)	允许空
出生日期	birthday	datetime(8)	允许空

（续）

名　称	代　码	数据类型	字段说明
联系电话	lianxidh	varchar(15)	允许空
移动电话	yidongdh	varchar(20)	允许空
住址	zhuzhi	varchar(100)	允许空
照片	zhaopian	image(16)	允许空
备注	beizhu	varchar(100)	允许空
初始化时间	inittime	datetime(8)	允许空
结束时间	endtime	datetime(8)	允许空
授权	enable	bit(1)	允许空
序列号	sorder	int(4)	允许空
操作者	caozuoz	varchar(10)	允许空

3.4.2.59　资金监测表的列清单

名　称	代　码	数据类型	字段说明
流水号	liushui_ id	int(4)	
县代码	xian_ id	varchar(6)	
镇代码	zhen_ id	varchar(3)	
检查级别	jianchajb	varchar(10)	
单位名称	danweimc	varchar(40)	
下拨资金总额	xiabozjze	numeric(9)	允许空
是否按规定管理资金	shifouagdglzj	char(2)	允许空
补偿费总额	buchangjze	numeric(9)	允许空
补偿费使用不规范总额	buchangjsybgfze	numeric(9)	允许空
管护费总额	guanfufze	numeric(9)	允许空
管护费使用不规范总额	guanfufsybgfze	numeric(9)	允许空
公共管护费用总额	sanxiangfyze	numeric(9)	允许空
公共管护费用使用不规范总额	sanxiangfysybgfze	numeric(9)	允许空
管理费总额	guanlifze	numeric(9)	允许空
管理费使用不规范总额	guanlifsybgfze	numeric(9)	允许空
其他资金总额	qitazjze	numeric(9)	允许空
其他资金使用不规范总额	qitazjsybgfze	numeric(9)	允许空
统计员	tongjiy	varchar(10)	允许空
监察员	jianchay	varchar(10)	允许空
监察日期	jiancharq	datetime(8)	允许空
备注	beizhu	varchar(50)	允许空
初始化时间	inittime	datetime(8)	允许空
结束时间	endtime	datetime(8)	允许空

（续）

名　称	代　码	数据类型	字段说明
授权	enable	bit(1)	允许空
序列号	sorder	int(4)	允许空
操作者	caozuoz	varchar(10)	允许空

3.4.2.60　历史小班表的列清单

名　称	代　码	数据类型	字段说明
序号	id	int(4)	
小班编号	小班编号	varchar(20)	
县名称	县名称	varchar(20)	允许空
镇名称	镇名称	varchar(20)	允许空
村名称	村名称	varchar(20)	允许空
插花代码	插花代码	varchar(10)	允许空
图幅号	图幅号	varchar(50)	允许空
林班号	林班号	varchar(3)	允许空
小班号	小班号	varchar(3)	允许空
二类小班号	二类小班号	varchar(200)	允许空
界定面积	界定面积	numeric(9)	允许空
补偿面积	补偿面积	numeric(9)	允许空
小地名	小地名	varchar(20)	允许空
林权证号	林权证号	varchar(50)	允许空
界定书号	界定书号	varchar(50)	允许空
地貌	地貌	varchar(50)	允许空
坡位	坡位	varchar(50)	允许空
坡度	坡度	numeric(9)	允许空
海拔高度	海拔高度	numeric(9)	允许空
土壤厚度	土壤厚度	varchar(20)	允许空
植被盖度	植被盖度	varchar(20)	允许空
群落结构	群落结构	varchar(20)	允许空
森林健康等级	森林健康等级	varchar(20)	允许空
生态功能等级	生态功能等级	varchar(50)	允许空
受灾情况	受灾情况	varchar(20)	允许空
事权等级	事权等级	varchar(20)	允许空
保护等级	保护等级	varchar(20)	允许空
区划依据	区划依据	varchar(200)	允许空
生态区位	生态区位	varchar(40)	允许空
生态区位描述	生态区位描述	varchar(200)	允许空

（续）

名　称	代　码	数据类型	字段说明
工程类别	工程类别	varchar(20)	允许空
经营措施	经营措施	varchar(50)	允许空
经营单位性质	经营单位性质	varchar(50)	允许空
管护形式	管护形式	varchar(20)	允许空
护林员	护林员	varchar(50)	允许空
镇监管员	镇监管员	varchar(50)	允许空
经营户	经营户	varchar(50)	允许空
调查者	调查者	varchar(50)	允许空
调查日期	调查日期	datetime(8)	允许空
备注	备注	varchar(200)	允许空
年份	年份	int(4)	允许空

3.4.2.61　历史细班表的列清单

名　称	代　码	数据类型	字段说明
序号	id	int(4)	主键
小班编号	xbid	varchar(20)	
细班号	细班号	varchar(3)	允许空
细班面积	细班面积	numeric(9)	允许空
林地权属	林地权属	varchar(50)	允许空
林木权属	林木权属	varchar(50)	允许空
地类	地类	varchar(50)	允许空
林种	林种	varchar(50)	允许空
二级林种	二级林种	varchar(50)	允许空
起源	起源	varchar(50)	允许空
树种组成	树种组成	varchar(200)	允许空
龄组	龄组	varchar(30)	允许空
平均胸径	平均胸径	numeric(9)	允许空
平均树高	平均树高	numeric(9)	允许空
郁闭度	郁闭度	numeric(9)	允许空
疏密度	疏密度	numeric(9)	允许空
每亩蓄积	每亩蓄积	numeric(9)	允许空
每亩株数	每亩株数	numeric(9)	允许空
变动年份	变动年份	varchar(6)	允许空
变动原因	变动原因	varchar(100)	允许空
补偿面积	补偿面积	numeric(9)	允许空
备注	备注	varchar(200)	允许空

（续）

名　称	代　码	数据类型	字段说明
年份	年份	int(4)	允许空

3.4.2.62　公益林按事权等级分布表的列清单

名　称	代　码	数据类型	字段说明
序号	序号	varchar(3)	
类别	类别	varchar(4)	
乡镇	乡镇	varchar(20)	允许空
土地总面积	土地总面积	numeric(9)	允许空
林地用地面积	林地用地面积	numeric(9)	允许空
公益林面积	公益林面积	numeric(17)	允许空
小计	小计	numeric(17)	允许空
国家级	国家级	numeric(17)	允许空
省级	省级	numeric(17)	允许空
市级	市级	numeric(17)	允许空
县级	县级	numeric(17)	允许空
其他	其他	numeric(17)	允许空
时间	时间	int(4)	允许空

3.4.2.63　重点公益林按地类分布表的列清单

名　称	代　码	数据类型	字段说明
序号	序号	varchar(6)	允许空
类别	类别	varchar(4)	
乡镇	乡镇	varchar(20)	允许空
重点公益林面积合计	重点公益林面积合计	numeric(17)	允许空
有林地	有林地	numeric(17)	允许空
疏林地	疏林地	numeric(17)	允许空
灌木林地	灌木林地	numeric(17)	允许空
未成林地	未成林地	numeric(17)	允许空
无林地	无林地	numeric(17)	允许空
其他	其他	numeric(17)	允许空
时间	时间	int(4)	允许空

3.4.2.64 重点公益林按林种分布表的列清单

名 称	代 码	数据类型	字段说明
序号	序号	varchar(6)	允许空
类别	类别	varchar(4)	
乡镇	乡镇	varchar(20)	允许空
重点公益林面积合计	重点公益林面积合计	numeric(17)	允许空
防护林小计	防护林小计	numeric(17)	允许空
水源涵养林	水源涵养林	numeric(17)	允许空
水土保持林	水土保持林	numeric(17)	允许空
防风固沙林	防风固沙林	numeric(17)	允许空
农田牧场防护林	农田牧场防护林	numeric(17)	允许空
护岸林	护岸林	numeric(17)	允许空
护路林	护路林	numeric(17)	允许空
特用林小计	特用林小计	numeric(17)	允许空
国防林	国防林	numeric(17)	允许空
实验林	实验林	numeric(17)	允许空
母树林	母树林	numeric(17)	允许空
环保林	环保林	numeric(17)	允许空
风景林	风景林	numeric(17)	允许空
名胜林	名胜林	numeric(17)	允许空
自然保护区林	自然保护区林	numeric(17)	允许空
其他	其他	numeric(17)	允许空
时间	时间	int(4)	允许空

3.4.2.65 重点公益林按生态区位分布表的列清单

名 称	代 码	数据类型	字段说明
序号	序号	varchar(3)	
类别	类别	varchar(4)	
乡镇	乡镇	varchar(20)	允许空
重点公益林面积	重点公益林面积	numeric(17)	允许空
国家 1	国家 1	numeric(17)	允许空
国家 2	国家 2	numeric(17)	允许空
国家 3	国家 3	numeric(17)	允许空
国家 4	国家 4	numeric(17)	允许空
国家 5	国家 5	numeric(17)	允许空
国家其他	国家其他	numeric(17)	允许空
省级 1	省级 1	numeric(17)	允许空
省级 2	省级 2	numeric(17)	允许空

（续）

名　称	代　码	数据类型	字段说明
省级 3	省级 3	numeric(17)	允许空
省级 4	省级 4	numeric(17)	允许空
省级 5	省级 5	numeric(17)	允许空
省级 6	省级 6	numeric(17)	允许空
省级 7	省级 7	numeric(17)	允许空
省级 8	省级 8	numeric(17)	允许空
省级 9	省级 9	numeric(17)	允许空
省级其他	省级其他	numeric(17)	允许空
时间	时间	int(4)	允许空

3.4.2.66　重点公益林按经营者权属分布表的列清单

名　称	代　码	数据类型	字段说明
序号	序号	varchar(6)	允许空
类别	类别	varchar(8)	
乡镇	乡镇	varchar(20)	允许空
全部小计面积小计	全部小计面积小计	numeric(17)	允许空
全部小计单位小计	全部小计单位小计	int(4)	
全部国有面积	全部国有面积	numeric(17)	允许空
全部国有单位数	全部国有单位数	int(4)	
全部集体统管面积	全部集体统管面积	numeric(17)	允许空
全部_ 村数	全部_ 村数	int(4)	
全部个体面积	全部个体面积	numeric(17)	允许空
全部_ 户数	全部_ 户数	int(4)	
全部其他面积	全部其他面积	numeric(17)	允许空
全部_ 个数	全部_ 个数	int(4)	
国家小计面积小计	国家小计面积小计	numeric(17)	允许空
国家小计单位小计	国家小计单位小计	int(4)	
国家国有面积	国家国有面积	numeric(17)	允许空
国家国有单位数	国家国有单位数	int(4)	
国家集体统管面积	国家集体统管面积	numeric(17)	允许空
国家_ 村数	国家_ 村数	int(4)	
国家个体面积	国家个体面积	numeric(17)	允许空
国家_ 户数	国家_ 户数	int(4)	
国家其他面积	国家其他面积	numeric(17)	允许空
国家_ 个数	国家_ 个数	int(4)	
省级小计面积小计	省级小计面积小计	numeric(17)	允许空

（续）

名　称	代　码	数据类型	字段说明
省级小计单位小计	省级小计单位小计	int(4)	
省级国有面积	省级国有面积	numeric(17)	允许空
省级国有单位数	省级国有单位数	int(4)	
省级集体统管面积	省级集体统管面积	numeric(17)	允许空
省级_ 村数	省级_ 村数	int(4)	
省级个体面积	省级个体面积	numeric(17)	允许空
省级_ 户数	省级_ 户数	int(4)	
省级其他面积	省级其他面积	numeric(17)	允许空
省级_ 个数	省级_ 个数	int(4)	
时间	时间	int(4)	允许空

3.4.2.67　重点公益林按建成情况统计表的列清单

名　称	代　码	数据类型	字段说明
序号	序号	varchar(3)	
类别	类别	varchar(4)	
乡镇	乡镇	varchar(20)	允许空
重点公益林面积	重点公益林面积	numeric(17)	允许空
合计建成面积	合计建成面积	numeric(17)	允许空
合计建成比例	合计建成比例	decimal(5)	
国家建设面积	国家建设面积	numeric(17)	允许空
国家建成面积	国家建成面积	numeric(17)	允许空
国家建成比例	国家建成比例	decimal(5)	
省级建设面积	省级建设面积	numeric(17)	允许空
省级建成面积	省级建成面积	numeric(17)	允许空
省级建成比例	省级建成比例	decimal(5)	
时间	时间	int(4)	允许空

3.4.2.68　重点公益林建成小班预览表的列清单

名　称	代　码	数据类型	字段说明
小班编号	小班编号	varchar(20)	允许空
县名称	县名称	varchar(20)	允许空
镇名称	镇名称	varchar(20)	允许空
村名称	村名称	varchar(20)	允许空
插花代码	插花代码	varchar(10)	允许空
图幅号	图幅号	varchar(20)	允许空
林班号	林班号	varchar(3)	允许空

（续）

名　称	代　码	数据类型	字段说明
小班号	小班号	varchar(3)	允许空
二类小班号	二类小班号	varchar(100)	允许空
界定面积	界定面积	numeric(9)	允许空
补偿面积	补偿面积	numeric(9)	允许空
小地名	小地名	varchar(20)	允许空
林权证号	林权证号	varchar(50)	允许空
界定书号	界定书号	varchar(20)	允许空
地貌	地貌	varchar(20)	允许空
坡位	坡位	varchar(20)	允许空
坡度	坡度	numeric(9)	允许空
海拔高度	海拔高度	numeric(9)	允许空
土壤厚度	土壤厚度	varchar(20)	允许空
植被盖度	植被盖度	varchar(20)	允许空
群落结构	群落结构	varchar(20)	允许空
森林健康等级	森林健康等级	varchar(20)	允许空
生态功能等级	生态功能等级	varchar(50)	允许空
受灾情况	受灾情况	varchar(20)	允许空
事权等级	事权等级	varchar(20)	允许空
保护等级	保护等级	varchar(20)	允许空
区划依据	区划依据	varchar(100)	允许空
生态区位	生态区位	varchar(40)	允许空
生态区位描述	生态区位描述	varchar(100)	允许空
工程类别	工程类别	varchar(20)	允许空
经营措施	经营措施	varchar(20)	允许空
经营单位性质	经营单位性质	varchar(20)	允许空
管护形式	管护形式	varchar(20)	允许空
小班备注	小班备注	varchar(100)	允许空
细班号	细班号	varchar(3)	允许空
细班面积	细班面积	numeric(9)	允许空
林地权属	林地权属	varchar(10)	允许空
林木权属	林木权属	varchar(10)	允许空
地类	地类	varchar(20)	允许空
林种	林种	varchar(20)	允许空
二级林种	二级林种	varchar(50)	允许空
起源	起源	varchar(10)	允许空
树种组成	树种组成	varchar(200)	允许空

（续）

名　称	代　码	数据类型	字段说明
龄组	龄组	varchar(20)	允许空
平均胸径	平均胸径	numeric(9)	允许空
平均树高	平均树高	numeric(9)	允许空
郁闭度	郁闭度	numeric(9)	允许空
疏密度	疏密度	numeric(9)	允许空
每亩蓄积	每亩蓄积	numeric(9)	允许空
每亩株数	每亩株数	numeric(9)	允许空
细班补偿面积	细班补偿面积	numeric(9)	允许空
变动年份	变动年份	varchar(10)	允许空
变动原因	变动原因	varchar(50)	允许空
细班备注	细班备注	varchar(200)	允许空
时间	时间	int(4)	允许空

3.4.2.69　重点公益林资源结构汇总表的列清单

名　称	代　码	数据类型	字段说明
序号	序号	int(4)	
权属	权属	varchar(50)	允许空
地类	地类	varchar(50)	允许空
合计	合计	int(4)	允许空
水源涵养林	水源涵养林	int(4)	允许空
防风固沙林	防风固沙林	int(4)	允许空
水土保持林	水土保持林	int(4)	允许空
护岸林	护岸林	int(4)	允许空
自然保护区林	自然保护区林	int(4)	允许空
国防林	国防林	int(4)	允许空
其他	其他	int(4)	允许空
时间	时间	int(4)	允许空

3.4.2.70　国家级重点公益林区域分布情况表的列清单

名　称	代　码	数据类型	字段说明
序号	序号	varchar(3)	
生态区位	生态区位	varchar(40)	
合计	合计	numeric(17)	允许空
有林地	有林地	numeric(17)	允许空
疏林地	疏林地	numeric(17)	允许空
灌木林地	灌木林地	numeric(17)	允许空

（续）

名 称	代 码	数据类型	字段说明
未成地	未成地	numeric(17)	允许空
宜林地	宜林地	numeric(17)	允许空
苗圃地	苗圃地	numeric(17)	允许空
其他	其他	numeric(17)	允许空
时间	时间	int(4)	允许空

3.4.2.71 省级重点公益林区域分布情况表的列清单

名 称	代 码	数据类型	字段说明
序号	序号	varchar(3)	
生态区位	生态区位	varchar(40)	
合计	合计	numeric(17)	允许空
有林地	有林地	numeric(17)	允许空
疏林地	疏林地	numeric(17)	允许空
灌木林地	灌木林地	numeric(17)	允许空
未成林地	未成林地	numeric(17)	允许空
宜林地	宜林地	numeric(17)	允许空
苗圃地	苗圃地	numeric(17)	允许空
其他	其他	numeric(17)	允许空
时间	时间	int(4)	允许空

3.4.2.72 国家级重点公益林面积权属及资金明细表的列清单

名 称	代 码	数据类型	字段说明
序号	序号	varchar(3)	允许空
经营单位属性	经营单位属性	varchar(20)	允许空
面积	面积	numeric(17)	
资金	资金	numeric(17)	
面积1	面积1	numeric(17)	
资金1	资金1	numeric(17)	
面积2	面积2	numeric(17)	
资金2	资金2	numeric(17)	
面积3	面积3	numeric(17)	
资金3	资金3	numeric(17)	
面积4	面积4	numeric(17)	
资金4	资金4	numeric(17)	
面积5	面积5	numeric(17)	
资金5	资金5	numeric(17)	

（续）

名　称	代　码	数据类型	字段说明
面积 6	面积 6	numeric(17)	
资金 6	资金 6	numeric(17)	
面积 7	面积 7	numeric(17)	
资金 7	资金 7	numeric(17)	
面积 8	面积 8	numeric(17)	
资金 8	资金 8	numeric(17)	
面积 9	面积 9	numeric(17)	
资金 9	资金 9	numeric(17)	
面积 10	面积 10	numeric(17)	
资金 10	资金 10	numeric(17)	
面积 11	面积 11	numeric(17)	
资金 11	资金 11	numeric(17)	
面积 12	面积 12	numeric(17)	
资金 12	资金 12	numeric(17)	
时间	时间	int(4)	允许空

3.4.2.73　省级重点公益林面积权属及资金明细表的列清单

名　称	代　码	数据类型	字段说明
序号	序号	varchar(3)	允许空
经营单位属性	经营单位属性	varchar(20)	允许空
面积	面积	numeric(17)	
资金	资金	numeric(17)	
面积 1	面积 1	numeric(17)	
资金 1	资金 1	numeric(17)	
面积 2	面积 2	numeric(17)	
资金 2	资金 2	numeric(17)	
面积 3	面积 3	numeric(17)	
资金 3	资金 3	numeric(17)	
面积 4	面积 4	numeric(17)	
资金 4	资金 4	numeric(17)	
面积 5	面积 5	numeric(17)	
资金 5	资金 5	numeric(17)	
面积 6	面积 6	numeric(17)	
资金 6	资金 6	numeric(17)	
面积 7	面积 7	numeric(17)	
资金 7	资金 7	numeric(17)	

（续）

名　称	代　码	数据类型	字段说明
面积 8	面积 8	numeric(17)	
资金 8	资金 8	numeric(17)	
面积 9	面积 9	numeric(17)	
资金 9	资金 9	numeric(17)	
面积 10	面积 10	numeric(17)	
资金 10	资金 10	numeric(17)	
时间	时间	int(4)	允许空

3.4.2.74　重点公益林资源结构及林地面积汇总表的列清单

名　称	代　码	数据类型	字段说明
序号	序号	int(4)	
权属	权属	varchar(50)	允许空
地类	地类	varchar(50)	允许空
林地总面积	林地总面积	int(4)	允许空
合计	合计	int(4)	允许空
水源涵养林	水源涵养林	int(4)	允许空
防风固沙林	防风固沙林	int(4)	允许空
水土保持林	水土保持林	int(4)	允许空
护岸林	护岸林	int(4)	允许空
自然保护区林	自然保护区林	int(4)	允许空
国防林	国防林	int(4)	允许空
其他	其他	int(4)	允许空
时间	时间	int(4)	允许空

3.4.2.75　国家级重点公益林面积权属及资金详细汇总表的列清单

名　称	代　码	数据类型	字段说明
序号	序号	varchar(7)	
单位性质	单位性质	varchar(20)	允许空
单位名称	单位名称	varchar(20)	允许空
面积	面积	numeric(17)	允许空
资金	资金	numeric(17)	允许空
面积 1	面积 1	numeric(17)	允许空
资金 1	资金 1	numeric(17)	允许空
面积 2	面积 2	numeric(17)	允许空
资金 2	资金 2	numeric(17)	允许空
面积 3	面积 3	numeric(17)	允许空

（续）

名　称	代　码	数据类型	字段说明
资金 3	资金 3	numeric(17)	允许空
面积 4	面积 4	numeric(17)	允许空
资金 4	资金 4	numeric(17)	允许空
面积 5	面积 5	numeric(17)	允许空
资金 5	资金 5	numeric(17)	允许空
面积 6	面积 6	numeric(17)	允许空
资金 6	资金 6	numeric(17)	允许空
面积 7	面积 7	numeric(17)	允许空
资金 7	资金 7	numeric(17)	允许空
面积 8	面积 8	numeric(17)	允许空
资金 8	资金 8	numeric(17)	允许空
面积 9	面积 9	numeric(17)	允许空
资金 9	资金 9	numeric(17)	允许空
面积 10	面积 10	numeric(17)	允许空
资金 10	资金 10	numeric(17)	允许空
面积 11	面积 11	numeric(17)	允许空
资金 11	资金 11	numeric(17)	允许空
面积 12	面积 12	numeric(17)	允许空
资金 12	资金 12	numeric(17)	允许空
时间	时间	int(4)	允许空

3.4.2.76　省级重点公益林面积权属及资金详细汇总表的列清单

名　称	代　码	数据类型	字段说明
序号	序号	varchar(7)	
单位性质	单位性质	varchar(20)	允许空
单位名称	单位名称	varchar(20)	允许空
面积	面积	numeric(17)	允许空
资金	资金	numeric(17)	允许空
面积 1	面积 1	numeric(17)	允许空
资金 1	资金 1	numeric(17)	允许空
面积 2	面积 2	numeric(17)	允许空
资金 2	资金 2	numeric(17)	允许空
面积 3	面积 3	numeric(17)	允许空
资金 3	资金 3	numeric(17)	允许空
面积 4	面积 4	numeric(17)	允许空
资金 4	资金 4	numeric(17)	允许空

（续）

名　称	代　码	数据类型	字段说明
面积5	面积5	numeric(17)	允许空
资金5	资金5	numeric(17)	允许空
面积6	面积6	numeric(17)	允许空
资金6	资金6	numeric(17)	允许空
面积7	面积7	numeric(17)	允许空
资金7	资金7	numeric(17)	允许空
面积8	面积8	numeric(17)	允许空
资金8	资金8	numeric(17)	允许空
面积9	面积9	numeric(17)	允许空
资金9	资金9	numeric(17)	允许空
面积10	面积10	numeric(17)	允许空
资金10	资金10	numeric(17)	允许空
时间	时间	int(4)	允许空

3.4.2.77　重点公益林信息汇总表的列清单

名　称	代　码	数据类型	字段说明
序号	序号	varchar(6)	
镇名称	镇名称	varchar(50)	
村名称	村名称	varchar(50)	
护林员数	护林员数	int(4)	允许空
经营单位数	经营单位数	int(4)	允许空
小班数量	小班数量	int(4)	允许空
小班面积	小班面积	numeric(9)	允许空
管护面积	管护面积	numeric(9)	允许空
经营面积	经营面积	numeric(9)	允许空
补偿面积	补偿面积	numeric(9)	允许空
时间	时间	int(4)	允许空

3.4.2.78　管护信息汇总表的列清单

名　称	代　码	数据类型	字段说明
序号	序号	varchar(3)	
镇名称	镇名称	varchar(20)	
镇监管员数	镇监管员数	int(4)	
村管护组织数	村管护组织数	int(4)	
护林员数	护林员数	int(4)	
小班面积	小班面积	numeric(17)	

（续）

名　称	代　码	数据类型	字段说明
管护面积	管护面积	numeric(17)	
时间	时间	int(4)	允许空

3.4.2.79　乡镇监管员监管清册表的列清单

名　称	代　码	数据类型	字段说明
序号	序号	varchar(50)	允许空
镇名称	镇名称	varchar(20)	允许空
镇监管员名	镇监管员名	varchar(50)	
性别	性别	varchar(4)	允许空
年龄	年龄	int(4)	允许空
政治面貌	政治面貌	nvarchar(60)	允许空
学历	学历	varchar(10)	允许空
联系电话	联系电话	varchar(15)	允许空
银行账号	银行账号	varchar(50)	允许空
监管村管护组织	监管村管护组织	int(4)	
监管面积	监管面积	numeric(17)	
县监管员	县监管员	varchar(10)	允许空
时间	时间	int(4)	允许空

3.4.2.80　护林员管护清册表的列清单

名　称	代　码	数据类型	字段说明
序号	序号	varchar(50)	允许空
镇名称	镇名称	varchar(20)	
村名称	村名称	varchar(20)	
护林员名	护林员名	varchar(50)	
性别	性别	varchar(4)	允许空
政治面貌	政治面貌	nvarchar(60)	允许空
联系电话	联系电话	varchar(15)	允许空
移动电话	移动电话	varchar(20)	允许空
镇监管员	镇监管员	varchar(200)	允许空
小班数量	小班数量	int(4)	
管护面积	管护面积	numeric(17)	
时间	时间	int(4)	允许空

3.4.2.81 经营信息汇总表的列清单

名 称	代 码	数据类型	字段说明
序号	序号	varchar(3)	
镇名称	镇名称	varchar(20)	允许空
经营单位数	经营单位数	int(4)	允许空
其中集体	其中集体	int(4)	允许空
其中个体	其中个体	int(4)	允许空
小班面积	小班面积	numeric(17)	允许空
经营面积	经营面积	numeric(17)	允许空
补偿面积	补偿面积	numeric(17)	允许空
时间	时间	int(4)	允许空

3.4.2.82 经营单位经营清册表的列清单

名 称	代 码	数据类型	字段说明
序号	序号	varchar(50)	允许空
镇名称	镇名称	varchar(20)	
村名称	村名称	varchar(20)	
经营单位名称	经营单位名称	varchar(50)	
经营类型	经营类型	varchar(20)	允许空
联系电话	联系电话	varchar(30)	允许空
移动电话	移动电话	varchar(50)	允许空
银行账号	银行账号	varchar(50)	允许空
经营面积	经营面积	numeric(17)	允许空
补偿面积	补偿面积	numeric(17)	允许空
时间	时间	int(4)	允许空

3.4.2.83 补偿资金发放清册表的列清单

名 称	代 码	数据类型	字段说明
序号	序号	int(4)	允许空
镇代码	镇代码	varchar(3)	允许空
镇名称	镇名称	varchar(20)	允许空
村名称	村名称	varchar(20)	允许空
单位名称	单位名称	varchar(50)	允许空
银行名称	银行名称	varchar(50)	允许空
银行账号	银行账号	varchar(50)	允许空
经营面积	经营面积	numeric(9)	允许空
补偿面积	补偿面积	numeric(9)	允许空

（续）

名 称	代 码	数据类型	字段说明
补偿资金	补偿资金	numeric(9)	允许空
补偿标准	补偿标准	numeric(9)	允许空
时间	时间	int(4)	允许空

3.4.2.84 重点公益林事权等级分析图表的列清单

名 称	代 码	数据类型	字段说明
序号	序号	int(4)	主键
事权等级	事权等级	varchar(50)	允许空
合计	合计	numeric(9)	允许空
国家级	国家级	numeric(9)	允许空
省级	省级	numeric(9)	允许空
市级	市级	numeric(9)	允许空
县级	县级	numeric(9)	允许空
时间	时间	int(4)	允许空

3.4.2.85 重点公益林林木权属分布分析图表的列清单

名 称	代 码	数据类型	字段说明
序号	序号	int(4)	主键
林木权属	林木权属	varchar(50)	允许空
合计	合计	numeric(9)	允许空
国有	国有	numeric(9)	允许空
集体	集体	numeric(9)	允许空
个人	个人	numeric(9)	允许空
其他	其他	numeric(9)	允许空
时间	时间	int(4)	允许空

3.4.2.86 国家级重点公益林生态区位分布分析图表的列清单

名 称	代 码	数据类型	字段说明
序号	序号	int(4)	主键
生态区位	生态区位	varchar(50)	允许空
总计	总计	numeric(9)	允许空
江河源头	江河源头	numeric(9)	允许空
江河两岸	江河两岸	numeric(9)	允许空
国家级自然保护区	国家级自然保护区	numeric(9)	允许空
湿地	湿地	numeric(9)	允许空

（续）

名　称	代　码	数据类型	字段说明
大型水库库区	大型水库库区	numeric(9)	允许空
水土流失严重地区	水土流失严重地区	numeric(9)	允许空
沿海防护林基干林区	沿海防护林基干林区	numeric(9)	允许空
其他	其他	numeric(9)	允许空
时间	时间	int(4)	允许空

3.4.2.87　省级重点公益林生态区位分布分析图表的列清单

名　称	代　码	数据类型	字段说明
序号	序号	int(4)	主键
生态区位	生态区位	varchar(50)	允许空
总计	总计	numeric(9)	允许空
省级自然保护区	省级自然保护区	numeric(9)	允许空
自然与人文遗产地	自然与人文遗产地	numeric(9)	允许空
城镇周边	城镇周边	numeric(9)	允许空
河流源头及两岸	河流源头及两岸	numeric(9)	允许空
干线两侧	干线两侧	numeric(9)	允许空
26°以上生态脆弱区	26°以上生态脆弱区	numeric(9)	允许空
100 万 m^3 以上的水库湖泊	100 万 m^3 以上的水库湖泊	numeric(9)	允许空
沿海岛屿	沿海岛屿	numeric(9)	允许空
森林公园、风景名胜区	森林公园、风景名胜区	numeric(9)	允许空
其他省级区位	其他省级区位	numeric(9)	允许空
时间	时间	int(4)	允许空

3.4.2.88　重点公益林林种分布分析图表的列清单

名　称	代　码	数据类型	字段说明
序号	序号	int(4)	主键
林种	林种	varchar(50)	允许空
合计	合计	numeric(9)	允许空
水源涵养林	水源涵养林	numeric(9)	允许空
水土保持林	水土保持林	numeric(9)	允许空
防风固沙林	防风固沙林	numeric(9)	允许空
自然保护区林	自然保护区林	numeric(9)	允许空
国防林	国防林	numeric(9)	允许空
其他	其他	numeric(9)	允许空
时间	时间	int(4)	允许空

3.4.2.89 重点公益林森林类型分布分析图表的列清单

名 称	代 码	数据类型	字段说明
序号	序号	int(4)	主键
森林类型	森林类型	varchar(50)	允许空
合计	合计	numeric(9)	允许空
阔叶林	阔叶林	numeric(9)	允许空
混交林	混交林	numeric(9)	允许空
针叶林	针叶林	numeric(9)	允许空
竹林	竹林	numeric(9)	允许空
其他	其他	numeric(9)	允许空
时间	时间	int(4)	允许空

3.4.2.90 重点公益林森林郁闭度结构分析图表的列清单

名 称	代 码	数据类型	字段说明
序号	序号	int(4)	主键
郁闭度	郁闭度	varchar(50)	允许空
合计	合计	numeric(9)	允许空
[<0.30]	[<0.30]	numeric(9)	允许空
[0.30-0.49]	[0.30-0.49]	numeric(9)	允许空
[0.50-0.69]	[0.50-0.69]	numeric(9)	允许空
[0.70-0.89]	[0.70-0.89]	numeric(9)	允许空
[>=0.9]	[>=0.9]	numeric(9)	允许空
时间	时间	int(4)	允许空

3.4.2.91 重点公益林森林年龄结构分布分析图表的列清单

名 称	代 码	数据类型	字段说明
序号	序号	int(4)	主键
年龄结构	年龄结构	varchar(50)	允许空
合计	合计	numeric(9)	允许空
幼龄林	幼龄林	numeric(9)	允许空
中龄林	中龄林	numeric(9)	允许空
近熟林	近熟林	numeric(9)	允许空
成熟林	成熟林	numeric(9)	允许空
过熟林	过熟林	numeric(9)	允许空
时间	时间	int(4)	允许空

3.4.2.92 管理费用的列清单

名 称	代 码	数据类型	字段说明
编号	id	varchar(16)	主键
实施单位	shishiDW	varchar(100)	允许空
项目名称	shishiDW	varchar(200)	允许空
时间	shiJian	datetime(8)	允许空
金额	jinE	decimal(9)	允许空
使用年度	shiyongND	int(4)	允许空
实施效果	shishiXG	varchar(50)	允许空
备注	beiZhu	varchar(100)	允许空

3.4.2.93 小班图片的列清单

名 称	代 码	数据类型	字段说明
小班编号	id	varchar(18)	允许空
图片编号	id	varchar(23)	允许空
图片名称	name	varchar(50)	允许空
图片详情	detail	varchar(500)	允许空
年份	nianFen	int(4)	允许空
图片	image	image(16)	允许空
备注	beizhu	varchar(100)	允许空

3.4.3 建库规范

3.4.3.1 数据分类编码和命名规范

所有数据库都必须按照相应的信息分类标准及编码系统进行数据分类、编码和命名，表明地理要素空间特征的字段要严格按照地理信息标准与规范进行分类与编码命名。

3.4.3.2 数据集合、表格结构和字段规范

所有数据库都必须按照相应的信息分类标准进行分类，按照数字林业数据库的结构体系，遵循制定的标准建立各专项数据集合和表，定义表结构和字段，并确定其间的逻辑和关联关系及关键字段。

3.4.3.3 地理信息规范

地理信息数据表示格式与规范是数据库建设的重要组成部分，统一的空间定位框架是为各种数据信息输入、输出和匹配处理提供共同的地理空间数据坐标基础。

采用的比例尺、投影方式、数据精度等必须统一到一种坐标体系中，以便在同一基础上作进一步工作。

3.4.3.4 数据格式规范

建立统一的数据转换标准(包括矢量数据、栅格数据、统计数据等的标准格式)和规范进行数据处理、分析与应用。制定统一的数据标准格式，各数据库在对数据进行改造时

利用转换工具把所有数据转换成标准格式。

3.4.4 数据库结构

公益林数据库结构主要包括：行政区域基本信息、护林员基本信息、小班基本信息、细班基本信息、管护基本信息、监管范围等基本数据表。

图 3-20 为公益林信息管理系统数据库表之间的核心结构图，省略了属性表依赖的各种字典表和空间数据图层。

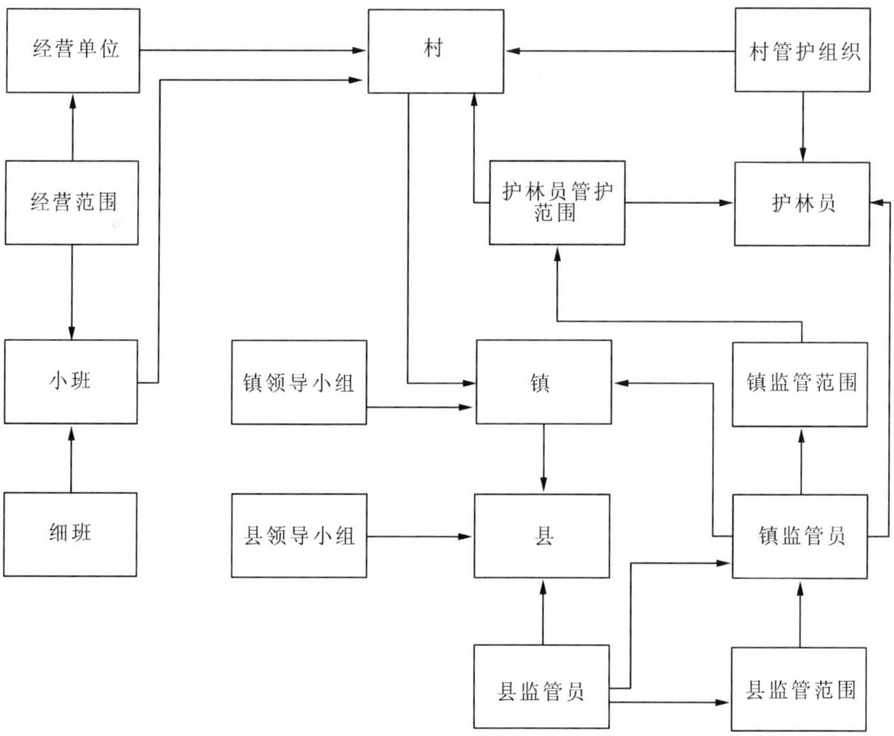

图 3-20 公益林信息管理系统核心结构图

3.5 界面设计

用户界面是系统与用户之间的接口，也是控制和选择信息输入输出的主要途径。用户界面设计坚持友好、简便、实用和易于操作的原则，尽量避免过于繁琐和花哨。

➢启动封面设计

软件启动封面是一个 580 ×410 的 JPG 图片文件，图片文件上显示公益林信息管理系统名称、开发者、版本号以及适用的范围，除此之外还包括单位名称、单位 LOGO 以及版权声明等相关信息。

➢总体界面框架

界面总体框架设计尽量简洁明快，少用无谓的装饰。尽量考虑节省屏幕空间，各种分辨率的大小，缩放时的状态和原则，并且为将来设计的按钮、菜单、标签、滚动条及状态栏预留位置。设计中将整体色彩组合进行合理搭配，将软件商标放在显著位置，主菜单放在左边或上边，滚动条放在右边，状态栏放在下边，以符合视觉流程和用户使用心理。

公益林信息管理系统功能界面上部分为软件标题、菜单和功能模块工具按钮；左边为行政区域结构树形显示、地图图层结构和报表结构；下面为软件运行状态、登录信息等；中间的核心区域为数据展示区和公益林分布图。

➢软件按钮设计

软件按钮设计遵循交互性，具有多种状态效果：点击时状态；鼠标放在上面但未点击的状态；点击前鼠标未放在上面时的状态；点击后鼠标未放在上面时的状态；不能点击时状态；独立自动变化的状态。按钮应具备简洁的图示效果，应能够让使用者产生功能关联反应，群组内按钮应该风格统一，功能差异大的按钮应该有所区别。系统统一采用标准 . NET 按钮控件，按钮的主题跟随系统主题的变化一起变化。

➢菜单设计

菜单设计一般有选中状态和未选中状态，左边应为名称，右边应为快捷键，如果有下级菜单应该有下级箭头符号，不同功能区间应该用线条分割，同时系统的菜单设计时避免了菜单嵌套层次过多的问题，菜单设计最多为三级。将同一类的功能尽力放到了一个菜单下面，工具栏上的所有功能都可以在菜单中找到。

➢工具栏设计

工具栏是系统使用的快捷入口，工具栏中的工具按钮应至少具有选中和未选中两种状态，工具栏的按钮由工具名称和图标组成，图标在上文字在下。工具栏按照功能进行归类摆放，同类功能的工具放在邻近位置，不同类型的工具用分隔符进行分割。工具按钮的图标统一使用 16×16 的图标文件，图标设计色彩为 64 色，图标设计是方寸艺术，每个图标都能尽量形象地表示该工具的功能。

➢滚动条及状态栏设计

滚动条主要是为了对区域性空间的固定大小中内容量的变换进行设计，具有上下箭头、滚动标等，有些还有翻页标，这样可以使得在放大状态下，还能够全面清晰地显示公益林分布图。状态栏是对软件当前状态地显示和提示，文字颜色醒目清楚。

4

SYSTEM DEVELOPMENT

系统开发

系统开发在这里指的是对系统设计的实现过程，主要的任务是系统的编码与测试维护。本章主要介绍了公益林信息管理系统开发过程中的一些关键技术，如数据存储模式、专题图及统计报表定制、程序编码等。

公益林信息管理系统的开发是一个复杂的系统工程，它涉及计算机处理技术、系统理论、组织结构、管理功能、管理知识等各方面的问题，要受到多方面条件的制约。一个完整的开发策略其实包括了系统的需求分析、系统的可行性研究、系统的结构设计、系统的编码实现、系统的测试与维护全过程。这里所指的系统开发，主要是系统的编码与测试维护阶段，将设计的系统付诸实施。购置、安装、调试计算机等设备，编写程序，调试程序，进行系统运行所需数据的准备，对相关人员进行培训，数据文件转换，系统调试。

编码是将设计转换为机器可识别的形式，测试过程主要考虑软件的内部逻辑，每当程序码生成，程序的测试便已开始，测试就是要保证给定输入应产生与期望结果一致的输出。这一阶段完成后得到的主要文档为系统源程序代码，测试记录，用户手册等。

系统运行和维护阶段的主要任务是进行系统的日常运行管理，根据一定的规格对系统进行必要的修改，改善系统的运行结果，以适应外部环境的变化及用户要求新增的功能。

4.1 系统开发技术思路

林业部门信息化建设经过多年的发展，已经取得了长足的进步，目前在浙江省内，基本上所有的县级林业部门都已经有专门的计算机用于林业资源的管理，内部都已经建设了局域网，有些县市还有专门的服务器，因此，林业部门现有的计算机网络基础及软、硬件配置为公益林信息管理系统的开发与应用提供了良好的支撑。公益林信息管理系统的开发技术思路是：充分应用测绘部门提供的基础地理框架和基础地理信息，以森林资源二类调查成果和公益林区划界定成果为基础，应用 SQL server 管理关系型数据库，建立本系统的空间数据库系统；并通过 TCP/IP 协议，实现网络平台上数据传输和信息共享，为公益林管理提供数据支持。其技术框架如图 4-1 所示。

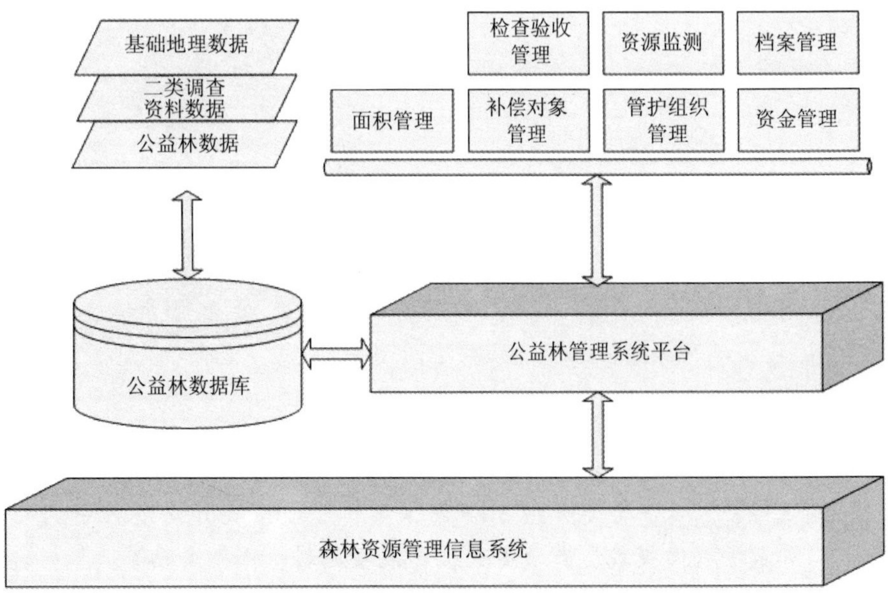

图 4-1 系统开发技术思路

在地理空间数据库的基础上，采用 C/S 技术，结合 ArcGIS 在地理信息系统方面的强大功能，开发系统各项功能，实现多用户管理，满足多用户同时访问空间数据和其他属性数据的要求，及时分析公益林管理信息的空间分布状况，准确将公益林管理落实到山头地块。

在地理信息系统技术和遥感技术支持下，全面提升系统的空间信息管理能力、分析能力和应用价值。

4.2 系统开发环境

通过分析比较目前我国市场上的主要相关产品，总结我国多套林业信息系统选型和换型经验，分析公益林管理信息系统建设的需求，提出公益林信息管理系统的平台选型方案。

4.2.1 硬件平台

硬件平台是保证公益林信息管理系统正常运行的物质基础，县级系统采用 C/S 结构，主要包括服务器和客户端。总体而言对硬件平台的要求不高，大多数县局单位的电脑基本可满足。

4.2.1.1 服务端

●服务器内存 1024MB 以上。

●服务器硬盘 160G 以上。

●服务器 CPU 频率 1.8MHz 以上。

●服务器显卡独立，缓存 64M 以上。

●服务器网卡两块以上，分别用于内网和外网。

4.2.1.2 客户端

●客户端的内存 512MB 以上。

●客户端硬盘 40G 以上。

●客户端 CPU 频率 1.8MHz 以上。

●客户端显卡独立，缓存 32M 以上。

4.2.2 操作系统

在目前的电脑上大多数都是运行 Windows 操作系统，公益林信息管理系统适合于运行在 Microsoft Windows 中文版本下，客户端可以使用 Windows 2000，Windows XP 或是更高版本的操作系统下，服务端使用 Windows 2000 或者 Windows 2003。

4.2.3 数据库

商业化的用于存储数据的数据库有很多种，如：Access，SQL Server，Oracle 等等。各类数据库都有自己的优势和缺陷，上面三个数据库都有出色的管理信息系统及数据库的开发工具。但是结合公益林系统的实际情况，主要考虑数据的更新频率和数据增量，本系统选用了 SQL Server 2000/2005 数据库。其主要原因如下：

第一，Internet 集成。SQL Server 2000/2005 数据库引擎提供完整的 XML 支持。它还

具有构成最大的 Web 站点的数据存储组件所需的可伸缩性、可用性和安全功能。SQL Server 2000/2005 程序设计模型与 Windows DNA 构架集成，用以开发 Web 应用程序，并且 SQL Server 2000/2005 支持 English Query 和 Microsoft 搜索服务等功能，在 Web 应用程序中包含了用户友好的查询和强大的搜索功能。公益林系统用于对公众发布的信息都是通过 B/S 实现的，因此 internet 集成显得比较重要。

第二，可伸缩性和可用性。同一个数据库引擎可以在不同的平台上使用，从运行 Windows XP 的便携式电脑，到运行 Windows2003 数据中心版的大型多处理器服务器。SQL Server 2000/2005 企业版支持联合服务器、索引视图和大型内存支持等功能，使其得以升级到最大 Web 站点所需的性能级别。保证公益林信息管理系统具有良好的扩展空间，以适应新的业务和管理模式。

第三，企业级数据库功能。SQL Server 2000/2005 关系数据库引擎支持当今苛刻的数据处理环境所需的功能。数据库引擎充分保护数据完整性，同时将管理上千个并发修改数据库的用户的开销减到最小。SQL Server 2000/2005 分布式查询使您得以引用来自不同数据源的数据，就像这些数据是 SQL Server 2000/2005 数据库的一部分，同时分布式事务支持充分保护任何分布式数据更新的完整性。

第四，易于安装、部署和使用。SQL Server 2000/2005 中包括一系列管理和开发工具，这些工具可改进在多个站点上安装、部署、管理和使用 SQL Server 的过程。SQL Server 2000/2005 还支持基于标准的、与 Windows DNA 集成的程序设计模型，使 SQL Server 数据库和数据仓库的使用成为生成强大的可伸缩系统的无缝部分。这些功能使你得以快速交付 SQL Server 应用程序，使客户只需最少的安装和管理即可实现这些应用程序。公益林信息管理系统主要的使用单位是县级林业部门，并非 IT 专业人士，其计算机操作能力有限，因此快速部署、安装是系统的首要考虑问题。

第五，数据仓库。SQL Server 2000/2005 中包括析取和分析汇总数据以进行联机分析处理(OLAP)的工具。SQL Server 中还包括一些工具，可用来直观地设计数据库并通过 English Query 来分析数据。公益林信息管理系统的两个主要功能，一是资源和数据的管理，还有一个是分析功能，依托 SQL Server 强大的数据分析功能，有利于对公益林数据的分析和管理。

4.2.4 空间数据引擎

空间数据引擎是 GIS 系统的一个主要部分，目前主流的商业 GIS 软件都针对客户的二次开发提供了空间数据引擎，ArcSDE 是 ArcGIS 软件提供的关系数据库之间的 GIS 通道。它允许用户在多种数据管理系统中管理地理信息，并使所有的 ArcGIS 应用程序都能够使用这些数据。本系统的空间数据通过 ArcSDE 进行管理。

ArcSDE 是多用户 ArcGIS 系统的一个关键部件。它为 DBMS 提供了一个开放的接口，允许 ArcGIS 在多种数据库平台上管理地理信息，包括 Oracle，Oracle with Spatial/Locator，Microsoft SQL Server，IBM DB2，和 Informix。公益林信息管理系统的县级系统操作人员涉及到相关的几个部门，在统一的数据集上进行无差错的操作，尤其是对图形数据的更新和编辑，需要有 ArcSDE 控件来支持。

公益林信息管理系统需要能够有一个可以被大量用户同步访问并编辑的大型数据库，

ArcSDE 提供了必要的功能。通过 ArcSDE 可以在 DBMS 中管理一个共享的、多用户的空间数据库。下面列出了 ArcSDE 的具体功能(表 4-1)：

表 4-1 ArcSDE 功能表

高性能的 DBMS 通道	ArcSDE 是多种 DBMS 的通道。它本身并非一个关系数据库或数据存储模型。它是一个能在多种 DBMS 平台上提供高级的、高性能的 GIS 数据管理的接口
开放的 DBMS 支持	ArcSDE 允许在多种 DBMS 中管理地理信息：Oracle，Oracle with Spatial or Locator，Microsoft SQL Server，Informix，以及 IBM DB2
多用户	ArcSDE 为用户提供大型空间数据库支持，并且支持多用户编辑
连续、可伸缩的数据库	ArcSDE 可以支持海量的空间数据库和任意数量的用户，直至 DBMS 的上限
GIS 工作流和长事务处理	GIS 中的数据管理工作流，例如多用户编辑、历史数据管理、check - out/check - in 以及松散耦合的数据复制等都依赖于长事务处理和版本管理。ArcSDE 为 DBMS 提供了这种支持
丰富的地理信息数据模型	ArcSDE 保证了存储于 DBMS 中的矢量和栅格几何数据的高度完整性。这些数据包括：矢量和栅格几何图形、支持 x，y，z 和 x，y，z，m 的坐标、曲线、立体、多行栅格、拓扑、网络、注记、元数据、空间处理模型、地图、图层，等等
灵活的配置	ArcSDE 通道可以让用户在客户端应用程序内或跨网络、跨计算机地对应用服务器进行多种多层结构的配置方案。ArcSDE 支持 Windows，UNIX，Linux 等多种操作系统

ArcSDE 能够让同样功能在所有的 DBMS 上得到实现。尽管所有的关系数据库都支持 SQL，并能使用相似的方法处理简单的 SQL，但是不同数据库的数据库服务器实现细节却有着显著的差别。这些差别包括性能和索引、支持的数据类型、集成管理工具和复杂查询的执行；还包括在 DBMS 中对空间数据类型的支持。标准的 SQL 并不支持空间数据。ISO SQL/MM Spatial 和 OGC 的简单要素 SQL 规范扩展了 SQL，并且为不同的矢量数据定义了标准的 SQL 支持。DB2 和 Informix 直接支持这些 SQL 类型。Oracle 使用的是自己的标准，其空间类型系统是核心数据库系统上的一个独立的可选扩展。而微软的 SQL Server 不提供空间类型的支持。ArcSDE 不但灵活地支持了每个 DBMS 提供的独特功能，而且能为底层 DBMS 提供它们所不具备的功能的支持。

ArcSDE 是为了解决 DBMS 的多样性和复杂性而存在的。ArcSDE 的体系结构给用户提供了巨大的灵活性。它允许用户能够自由地选择 DBMS 来存储空间数据。

4.2.5 软件开发工具

公益林信息管理系统的开发过程中，以 . NET 和 ARCGIS 作为基本的开发工具。

. NET(即 Visual C#. NET)是给开发人员的一个专门开发工具。Microsoft 在正式场合把 C#描述为一种简单、现代、面向对象、类型非常安全、派生于 C 和 C + + 的编程语言。它是派生于 C、C + + 和 JAVA。这种描述在技术上是非常准确的，但是没有涉及该语言的真正特点。从语法上看，C#非常类似于 C + + 和 Java，许多关键的都是相同，C#也使用类似于 C + + 和 Java 的块结构，并用括号‘{}’来标记代码块结构，用分号分割各行语句。C#包括以下的一些特性：

①支持面向对象编程，包括接口和继承、虚函数和运算符重载的处理。

②定义完整和一致的基本类型集。

③内置支持自动生成的 XML 文档说明。

④自动清理动态分配的内存。

⑤可以使用用户定义的特性来标记。这个可以用于文档说明，对编译有一定的影响(例如，把方法记为只在调式时编译)。

⑥具有对 .NET 基本类型库的完全访问权，并易于访问 Windows API。

⑦可以使用指针和直接内存访问。

⑧支持 VB 风格属性和事件。

⑨可以改变编译器选项，可以把程序编译为可执行文件或 .net 组件库，该组件库可以用于 ActiveX 控件(COM 组件)相同的方式由其他代码相同。

⑩C#可以用于编写 ASP. NET 动态 Web 页面和 XML Web 服务。

C#语言本身非常类似于 Java，但其实有一些改进，因为 Java 并不是为应用于 .net 环境而设计的。但是还要指出 C#的两个局限性。①该语言并不适合用于编写时间紧迫或性能非常高的代码，例如一个要运行 1000 次的循环，并在不需要这些循环时，立即清理它们所占用的资源。②C#缺乏性能极高的应用程序所需要的关键功能，包括保证在代码的特定地方运行的内联函数和析构函数。

ArcGIS 是一套由共享 GIS 组件组成的通用组件库，这些组件被称为 ArcObjectsTM。ArcObjects 包含了大量的可编程组件，从细粒度的对象(例如，单个的几何对象)到粗粒度的对象(例如与现有 ArcMap 文档交互的地图对象)涉及面极广，这些对象为开发者集成了全面的 GIS 功能。每一个使用 ArcObjects 建成的 ArcGIS 产品都为开发者提供了一个应用开发的容器，包括桌面 GIS(ArcGIS Desktop)，嵌入式 GIS(ArcGIS Engine)以及服务端 GIS(ArcGIS Server)。

AE(ArcGIS Engine) 将一组核心 ArcObjects 组装在一起，它是 ArcGIS 软件产品的底层组件，用来构建 GIS 和应用系统，可使用户将 ArcObjects 功能嵌入到自己的用户界面中。所有的 ArcGIS 9.3 应用程序都在 AE 的架构下执行。使用 AE，开发者可以将动态地图制作及 GIS 能力新增至现有应用程序、或建立他们自己的独特制图程序。AE 提供所有在 ArcGIS 应用程序之外的 ArcGIS 功能，是一组界定良好的跨平台、跨语言组件。AE 应用程序使用者可以执行范围广泛的空间或属性查询，检视制作地图及浏览空间功能。这些应用程序不需要 ArcGIS Desktop 即可单独执行。AE 支援数种不同的 API；编程人员在开发的过程中可以选择自己喜欢的且最熟悉的开发语言，AE 支持 JAVA，COM，.NET，及 VC + +语言等，具有制图空间查询以及地理处理的工具。AE 以及它所有相关的组件及控制项目都可适用于多种平台。所支持的平台有：Microsoft Windows (2000，XP，2003)，Solaris (2.8，2.9)，Linux (Redhat 7.3)，HP – UX (11.11) 及 IBM AIX (5.1)。

4.3 数据存储模式

由于森林资源具有动态性和地域性，因此，公益林管理系统中存在着大量的空间信息。如卫星遥感图像、航空摄影图像、地形图和公益林分布等专题地图载体所表达的信息。因此公益林管理系统必须依赖于地理信息系统的支持以实现数据采集、转换、组织、存储、加工、分析与应用。

4.3.1 分布式数据存储

浙江省林业厅存储了全省各个县所有公益林的地图数据和属性数据，各县只存储自己所属县的公益林的地图数据和属性数据。为了便于省林业厅及时、准确地掌握公益林数据的变动，通过数据同步和数据上报来实现。

数据同步：县公益林数据发生变动时，会有要求提示同步到省公益林数据库。

数据上报：每年由省林业厅发布数据上报格式与规范，县林业局将符合上报要求的数据通过互联网上报到省林业厅。

4.3.2 分层数据存储模式

为满足公益林全面管理的需要，系统运行必须具备相应的图形数据、图像数据和属性数据，但同时又要考虑到各县数据的差异，部分县图形数据暂时无法入库的实际情况，系统采用图形、图像数据和属性数据分开存储、处理的模式，保证图形、图像数据和属性数据可以单独入库，降低系统对数据的依赖程度，以增强系统处理数据的灵活性。系统开发充分考虑多源数据的获取以及综合分析与利用，以增强系统数据采集和使用外部数据的能力。

空间数据和属性数据的存储采用大型的 SQL Server 2005 / 2008 数据库，空间数据的访问使用空间数据引擎 SDE，属性数据的操作采用标准的 SQL 规范。基于网络的空间及属性数据访问如图 4-2 所示。

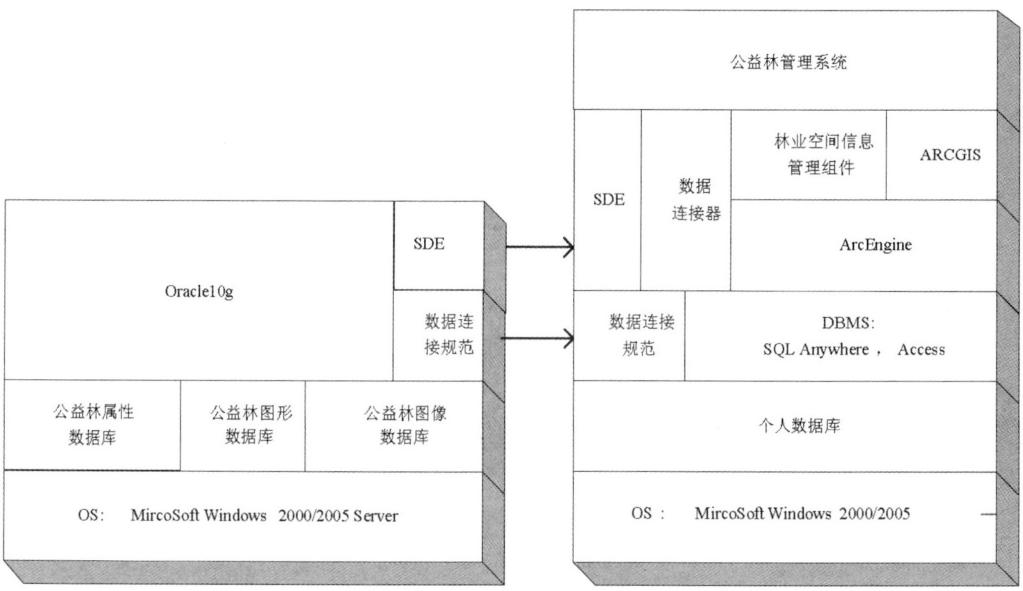

图 4-2 数据访问图

为了增加系统的灵活性，采用属性数据和图形数据分开存储的模式，使图形数据和属性数据可以分别进行编辑、修改，图形处理时需要标注属性数据，图面查询时需要分析统计其对应的属性数据，如何保证图形和属性处理的同步也就成为系统实现的关键技术之一。

系统通过在图形数据初始化的同时输入对应的空间标识，既保证了属性数据和图形数据分开存储，又保证数据关联处理的各种需求。

在建立基于地理空间信息技术的公益林动态管理模型的基础上，实现空间数据和属性数据的集成与关联管理。公益林动态管理模型在地理空间信息技术基础上将公益林建设各环节的管理落实到小班地块，以实现公益林建设从规划、计划、实施、检查验收到统计分析，内容涉及公益林建设的面积管理、资金管理、补偿对象管理、管护组织管理、资源监测、档案管理等各环节、全过程的规范化、信息化、动态化。在数据组织上，采用以县、乡(镇、林场)、村、小班为多级数据管理，避免由于采用图幅管理方式所带来的大量地物(如县、乡、村边界和小班等)被图幅线人为分割开的现象，也避免图幅分割所带来的处理过程复杂和小班的完整性被破坏的缺陷。

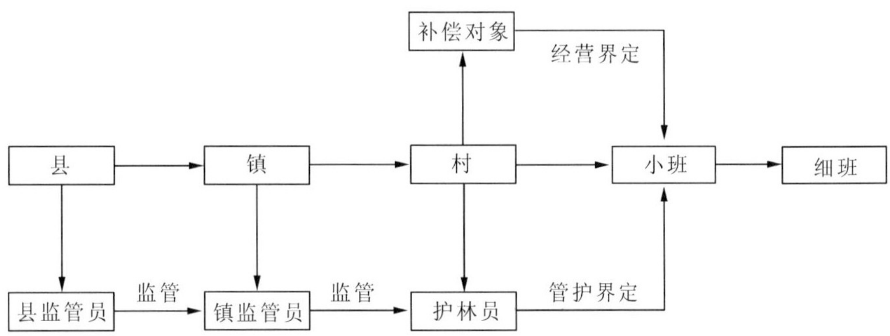

图 4-3　树形结构逐级索引

本系统中含有大量图形、图像数据，如何从全县整体数据快速定位到山头地块进行相应的业务处理，是系统需要解决的关键技术之一。系统采用树形结构逐级索引技术，通过对县界、乡界、村界、林班和小班逐级索引定位，以实现图形操作范围的快速定位，为相关业务的高效处理奠定了基础。

4.3.3　时态数据存储模式

GIS 是对地理空间数据及其相关的应用数据进行管理和分析的计算机系统。现实世界的数据既是空间相关的也是时间相关的，在资源管理、环境监测、抢险救灾、交通管理等许多领域，由于相关数据随着时间变化，因此 GIS 所描述的地理世界也是随时间连续变化的。传统的 GIS 仅仅关注空间数据的表达并不注重时间概念，因此仅仅反映了地理世界在某个“时间横断面”。对于随时间缓慢变化、且并无需考虑历史过程的地理实体，传统的静态 GIS 可以用“数据更新”来反映其随时间的缓慢变化。但就一般而言，地理实体有可能随时间快速变化，并且其变化历史也是需要考虑的，如地籍变更、海岸线变化、环境变化和交通信息变化等。

现有的 GIS 基本上不是专门为处理数据的时间动态性而设计的，这些系统仅仅描述了数据的一个时间横断面，如果用“数据更新”来反映对象随时间变化则忽略了地理实体随时间变化的过程，即变化历史，这就限制了利用历史数据进行时间维上的回归和预测。有鉴于此，有必要从地理实体的时态特性上来研究构建 GIS，这是 GIS 的一个新的研究领域，即时态 GIS(Temporal Geographical Information System，TGIS)。理论上，一个完善的时态 GIS 应该能提供完善的时序分析功能，高效地回答与时间相关的各类问题，具有时间与空间两方面的信息处理能力，时态 GIS 因此成为 GIS 研究和应用的一个普遍关注的新领域。

时态 GIS 是能够处理时间因素、可跟踪和分析空间信息随时间变化的地理信息系统。时态 GIS 把构成空间、属性两要素拓宽为空间、时间、属性三要素，不仅可以描述和表达某一时刻空间实体的分布和形状，也可描述和表达时空变化及进行动态空间模拟。时态 GIS 具有以下的功能：

4.3.3.1 档案功能

时态 GIS 记载了研究区域随时间的演变，即尽可能完全存储区域中有关的目标数据，以及在现实世界和在数据库中的变化。

4.3.3.2 分析功能

具有分析功能是信息系统区别于数据库的主要特点之一。我们已熟知 GIS 的分析功能，尤其是空间分析功能，如缓冲区分析、叠置分析、空间集合分析、网络分析等。分析常与统计相关，考察特定组合的数据模式、个性和相互关系，并可验证人们假设的模型。但静态的 GIS 忽略了变化，所以忽略了过程。而时态 GIS 具有以变化作为特定参考的分析能力，可以考察到数据中的倾向性，通过认识过程的存在和作用预测未来。

4.3.3.3 更新功能

为了保持 GIS 数据的现势性，延长服务期，数据更新是非常重要的。据权威估计，在 GIS 的寿命里，数据更新的费用将达到系统初始建立费用的 80%。对于现今开发和已经投入运行的 GIS，多数的更新方法还只是简单地用新数据更换旧数据，当系统的数据库容量增长到很庞大时，这就成为严重问题。时态 GIS 则在设计阶段就考虑到一个合理的更新机制，将新旧数据组装在统一的时空结构中。过期数据是不被覆盖或删除的，而是被作为有用的资源存储。

4.3.3.4 显示功能

这是 GIS 描述自身状态和向用户报道有关结论的主要方式。静态 GIS 用图和表回答用户关于“何处”、“怎样”的询问；时态 GIS 则还有回答有关“何时”的问题，以反映地理过程和状态的变化。

4.3.3.5 其他功能

时态 GIS 能检核新旧数据的逻辑一致性，并能够集成不同来源、不同时空分辨率和精度的数据。时态 GIS 还能预定义某些时空临界状态，并能辨识或预报它们，激发预定义系统响应或通知用户采取合适的行动。

公益林信息管理系统的目的就是将日常地籍管理工作计算机化，目前现有的公益林信息管理系统大都仅仅能反应公益林现状，而不能在公益林发生变更后，通过增加新值或用新值代替旧值来维持公益林数据信息的现势性，因此无法跟踪公益林的变化过程，也无法正确恢复评价某一历史时刻的公益林现状。现有 GIS 软件一般都不具有时态的功能，对于历史数据通常的做法是每隔一段时间对信息系统所生成的所有数据进行备份，这样做造成数据冗余，恢复某一历史的数据过于复杂，而且几乎不可能连续查询某一公益林地块的历史变化过程。因此研究开发实用的时态数据模型变得十分紧迫，具有很实用的价值，本系统的开发充分应用了时态 GIS 的技术。

4.4 专题图和统计报表的定制

公益林信息管理系统是在地理信息系统的基础上支持林业专题图的制作、编制数字图形。不仅可以通过传统印刷方式生产纸质林业专题图，还可以通过数字处理、空间运算和与其他数字图形联合操作生成多种图形产品。

数据综合汇总统计是公益林建设成果量化的必要手段。系统建立超级汇总制度；实现空间信息多级备份；建立计算机网络，连接各级管理部门，支持远程信息数字传输，为提高信息时效性和综合信息管理能力，及时掌握管理情况提供依据。

4.4.1 数据组织管理模型

数据的组织管理模型是决定系统性能、可操作性、可维护性的重要技术问题。公益林信息管理系统与普通的信息管理系统有重要的区别，其主要表现在：公益林信息管理系统不仅要处理大量的属性数据，还要处理大量的空间数据，如对公益林小班，不仅要对其属性信息进行管理，还要对其相应的空间数据进行管理。这些数据不仅要求其具有空间相对位置的拓扑描述，更注重具体位置的精确表示和完整性的表达；公益林管理的基本模式是以市(县)、乡镇(林场)、村、小班来管理的，与测量上的传统的图幅管理不仅在表现形式上不同，最主要的是在数据的组织管理模式上也不同。

数据的组织管理模型的选择，在很大程度上是根据对公益林管理业务的熟悉和深刻理解。因此，公益林信息管理系统不仅是 GIS、MIS 的简单结合，更是这两大核心技术的融合。基于公益林信息管理系统的特殊性，数据组织管理模型采用区片、无缝数据组织管理模型，也就是以市(县)、乡镇(林场)、村、小班为多级单位进行数据组织，并实现数据之间的无缝管理。同时对空间数据与属性数据采用一体化管理模式。采用这些方式进行数据管理，简化了日常公益林管理业务流程，符合 GIS 的发展趋势，系统应用更具灵活性。

公益林信息管理系统的数组组织方式按照以市(县)、乡镇(林场)、村、小班为多级单位来进行，与传统按照图幅来进行数据管理的方式相比较，按照这种方式组织数据可避免地物(如县、乡、村边界、小班，各种地物等)被图幅线人为分割的现象，有利于数据的采集处理，同时也符合林业部门业务管理的要求。另外，在处理具体的公益林管理业务中，也不需要跨图幅的边界和小班的处理，避免由于被图幅分割所带来的处理过程复杂、小班完整性的破坏等因素。

由于公益林管理信息内容大多与空间数据相关，并且贯穿在整个公益林管理业务中，属性数据与空间数据的一体化管理为系统的应用带来极大的方便，是信息的查询、统计、分析可基于任一空间数据或任一属性数据上。同时这种属性数据与空间数据的相关的一体化管理。属性数据与空间数据的一体化管理，为数据的管理提供了方便，也使数据的冗余度最小。

4.4.2 系统数据流程图

公益林信息管理系统依据公益林属性因子的分布生成专题图。定制专题图的数据流程如图 4-5 所示。

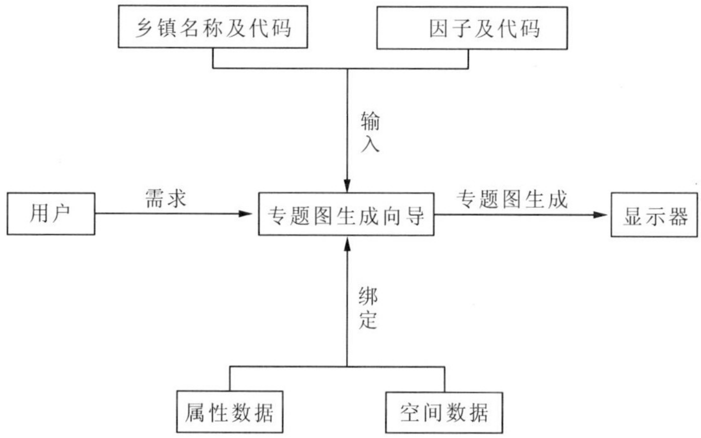

图 4-5　定制专题图的数据流程

依据公益林管理的实际需要，系统设计出二十多套固定格式报表，极大方便用户的需求，同时系统还可完成复杂管理信息的自定义制表，报表统计的数据流程如图 4-6。

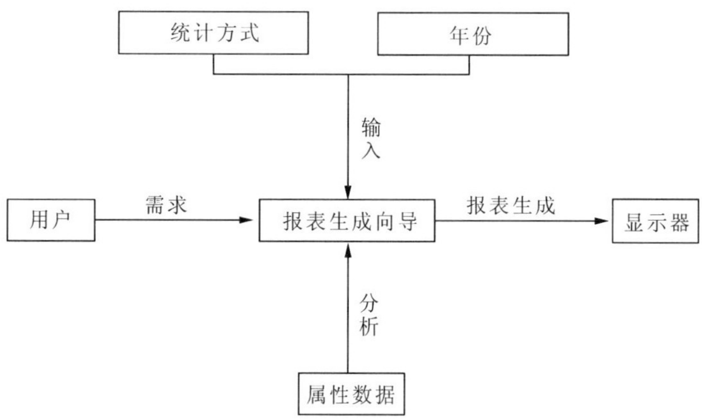

图 4-6　报表统计流程

4.5　程序编码

程序编码的任务是将软件的详细设计转换成用程序设计语言实现的程序代码。因此，程序设计语言的性能和设计风格对于程序设计的效能和质量有着直接的关系。

从设计到编码的转换基本上是人的活动，因此语言的性能对程序员的心理影响，将对转换产生重大影响。程序员总是希望选择简单易学、使用方便的语言，以减少程序出错率，提高软件可靠性。

从软件工程观点，程序设计语言的特性应着重考虑软件开发项目的需要。为此，对公益林信息管理系统程序编码有如下性能要求：

➢详细设计应能直接翻译成代码程序

把设计变为程序的难易程度，反映了程序设计语言与设计说明相接近的程度。所选择的程序设计语言是否具有结构化的构造，复杂的数据结构，专门的输入/输出能力，直接影响到从详细设计变换到代码程序的难易程度，以及特定软件开发项目的可实现性。

➢源程序应具有可移植性

对源程序不做修改或少做修改就可以实现处理机上的移植或编译程序上的移植；即使程序的运行环境改变(例如，改用一个新版本的操作系统)，源程序也不用改变；源程序的许多模块可以不做修改或少做修改就能集成为功能性的各种软件包，以适应不同的需要。为改善软件的可移植性，主要是使语言标准化。在开发软件时，严格地遵守 ISO 或 ANSI、GB 的标准，而不去理会特定编译器提供的非标准特性。

➢尽可能应用代码生成的自动工具

有效的软件开发工具是缩短编码时间，改善源代码质量的关键因素。使用带有各种有效的自动化工具的“软件开发环境”，支持从设计到源代码的翻译等各项工作，保证软件开发获得成功。

➢可维护性

源程序的可读性，语言自身的文档化特性(涉及标识符的允许长度、标号命名、数据类型的丰富程度、控制结构的规定等)是影响可维护性的重要因素。

在公益林信息管理系统计划阶段，极少考虑程序语言的技术特性。但在选定资源时，要规划将要使用的支撑工具，就要确定一个具体的编译器或者确定一个程序设计环境。通过对公益林信息管理系统仔细地分析和比较，选择一种功能强而又适用的语言，对成功地实现从软件设计到编码的转换，提高软件的质量，改善软件的可测试性和可维护性是至关重要的。

本系统使用 C#进行开发和设计，系统代码在 Visual studio 2008 集成开发环境中开发完成，后台数据库使用 SQL Server 2000。

系统按照层次分为三个部分，即数据访问层、逻辑控制层和界面展示层。本系统的所有数据库实体对象操作都放在 Mode 命名空间下，负责所有数据对应表实体的数据操作功能，每个类都包含实体的属性以及操作的数据库的所有方法，实体的实例化通过调用类的静态函数方式生成。

系统的界面层使用模块化的方式进行开发，每个功能模块都由独立的一个 dll 文件组成，主要系统功能模块的升级和变动，只需要升级指定的 dll 文件即可，不需要对原有的所有文件进行升级，从而保证了系统的灵活性。

系统主要的 dll 文件功能说明如表 4-2。

表 4-2　系统主要的 dll 文件功能说明

dll 文件名	功能说明
CodeLib	代码管理功能
CommonLib	公共类库(日志记录、类型转换、系统参数等)
DangAnLib	档案管理操作功能

（续）

dll 文件名	功能说明
FundsLib	资金管理功能(管护资金、补偿资金、管理费用、三项费用)
GISLib	地图相关管理功能
Model	实体操作类，负责与数据库交互
Operator	经营单位管理功能模块
Organization	管护组织管理功能模块
OthersLib	登录、权限验证、数据同步、数据备份、系统配置等
Region	行政地理区域管理功能模块
ReportLib	报表管理模块
StandardLib	标准管理模块，包括补偿标准、管护标准等
UserLib	用户管理功能模块
XiaobanLib	小班面积管理功能模块

在公益林信息管理系统的开发编码过程中，程序代码的编写都应遵循统一的代码设计规范，本次系统开发中的开发编码主要有以下几点：

➢文件的命名规则

文件的命名采用 Pascal 的命名规则，无特殊情况，文件的扩展名小写。

文件的扩展名使用统一而且通用的扩展名，如 C#类使用扩展名：. cs

例如：XiaobanInfo. cs

Department. cs

➢类的命名规则

类的名字必须是有意义的，且与类实现的功能或业务逻辑相关的名字。

除接口类的其他所有类(包括普通类、抽象类等)都采用 Pascal 命名法，且主类的名字与文件名一致。

接口类有自己特殊的命名规则：类的前缀为“I”，后面连接 Pascal 命名法所起的有意义的名字。同样，类名与文件名相同，如：IFormatable。

➢方法的命名规则

按照 C#语言本身的原始特征，方法的命名采用 Pascal 命名规则。另外，方法的命名说明的是“什么”，而不是“如何”；我们采用的方法的名称都有一定的意义，在能够表达意思的前提下，尽量短，以避免冗长。如：WriteToFile( )。

➢常量

所有的常量都是大写字母组成，如果常量有几个单词组成，单词之间用下划线“_ ”进行连接，如：private const string USER_ NAME = “abc”；

➢变量

变量在定义的时候，需要根据变量的数据类型添加不同的前缀(前缀全部小写)，但没有区分其作用域。变量的命名规则也采用 Pascal 命名规范。如：

private stringXiaobanName = “”；

C#中各常用的变量的前缀如表 4-3 所示。

表 4-3 C#中各常用的变量的前缀

类型	含义	缩写	举例
bool	真/假	is	isOverFlow
byte	8 位无符号整数类型	byt	bytCount
char	字符类型	chr	chrFlag
decimal	金融计算所用的数字类型	dec	decAmount
double	双精度浮点类型	dbl	dblAmount
float	单精度浮点类型	flt	fltAmount
int	整形	int	intCount
long	长整形	lng	lngWeight
sbyte	8 位有符号整数	sbt	sbtCount
short	短整形	sht	shtAmount
string	字符型	str	strName
uint	无符号整型	uit	uitCount
ulong	无符号长整形	ulg	ulgCount
ushort	无符号短整形	ust	ustCount

➢参数

在方法定义中的形参，采用 Pascal 命名方法，而不是根据数据类型来添加前缀，作为调用方法时传递的实参，则采用上面变量的命名规则，使用数据类型前缀 + Pascal 命名方法。

如：

```
void SetName(String Name)
{
    ……
}
```

调用的时候，采用如下的方式调用：

```
string strName = "abc";
SetName(strName);
```

➢代码格式

代码的格式包括缩进、换行、空行、空格等，在不影响编码编译效率的前提下，规定如下：

①空格、空行不做严格的固定，以使代码清晰为基本原则。空行是不影响程序的运行，但可以使代码看起来清晰，增加可读性，因此可以适当的多用。

②代码的缩进使用 tab 键进行控制，tab 键的大小设置为 4 个空格。每个层次都要进行缩进。

③换行原则是不要使某一行代码特别长，在不产生严重歧义或增加阅读难度的情况下，尽量控制在 120 列之内，以方便代码的打印。另外，换行的原则是，在逗号后，操作符前换行，换行与首行要保持一个单位的缩进。

例如：

```
string strSql = "SELECT ID, NAME, SEX, BIRTHDAY,"
 + "BELONGCLASSID, BELONGGRADEID "
 + "FROM STUDENTINFO";
```

④{、}必须单独在一行上，且上下对齐。

⑤if，while，do，try－catch－finally 等语句后必须有{}，即使里面只有一条语句或为空，且遵循{、}单独成行的原则。

➢注释

养成良好的代码注释习惯，通常注释要占实际代码总行数的1/3，同时，要在编写代码前或编写代码的同时进行代码的注释，不要事后补写注释。

注释分为多行注释和单行注释，我们的原则是：在类和方法的前面，要写多行注释，在定义类的全局变量/常量，以及方法的内部，使用单行注释。注释的前面与代码之间要有空行。

即使是单行注释，我们都是单独一行，不在语句的后面使用注释，当然，在变量定义的后面使用注释也是允许的。

另外，在编写注释的时候，使用 C#自己的注释风格，即在类的前面和方法的前面使用"///"进行注释。注释还包括多人修改同一个文件时如何注释，版本发行后如何注释等。具体看对应的 Source。如果是在已经发行版本的基础上添加、修改、删除代码，则需要将原先的代码注释掉，而不是直接删除掉，然后添加自己的代码。如：

添加新代码的注释：

```
//add by [姓名] yyyyMMdd ?
xxx
// ¬ add by [姓名] yyyyMMdd
```

修改代码的注释：

```
//update by [姓名] yyyyMMdd ?
// xxx
yyy
//¬ update by [姓名] yyyyMMdd
```

删除代码的注释：

```
//delete by [姓名] yyyyMMdd ?
//xxx
//¬ delete by [姓名] yyyyMMdd
```

➢声明

每行只定义一个声明，多个声明要分多行来定义。使用如下的定义形式：

```
int intAge;
int intWeight;
```

声明的位置：

变量在块的开始的地方集中进行声明，不会导致何时用到何时临时定义（临时变量除外，如控制循环变量等）。

4.6 软件测试

软件测试就是利用测试工具按照测试方案和流程对产品进行功能和性能测试，甚至根据需要编写不同的测试工具，设计和维护测试系统，对测试方案可能出现的问题进行分析和评估。执行测试用例后，需要跟踪故障，以确保开发的产品适合需求。

使用人工或者自动手段来运行或测试某个系统的过程，其目的在于检验它是否满足规定的需求或弄清预期结果与实际结果之间的差别。公益林信息管理系统测试过程中遵循了以下几个原则：

➢系统开发人员避免测试自己的程序

公益林信息管理系统开发小组避免测试自己开发的功能模块，由独立于开发组和客户的第三方测试组来进行软件测试。但这并不是说程序员不能测试自己的程序，而且更加鼓励程序员进行调试，因为测试由别人来进行可能会更加有效、客观，并且容易成功，而允许程序员自己调试也会更加有效和更有针对性。

➢尽早不断地进行软件测试

把软件测试贯穿到整个软件开发的过程中，而不仅仅把软件测试看作是其过程中的一个独立阶段。因为在软件开发的每一环节都有可能产生意想不到的问题，其影响因素有很多，比如软件本身的抽象性和复杂性、软件所涉及问题的复杂性、软件开发各个阶段工作的多样性，以及各层次工作人员的配合关系等。所以在公益林信息管理系统测试过程中，始终坚持软件开发各阶段的技术评审，把错误克服在早期，从而减少成本，提高软件质量。

➢正确选择测试用例

第一，测试用例由测试输入数据和预期输出结果这两部分组成；第二，在设计测试用例时，不仅考虑合理的输入条件，更注意不合理的输入条件。因为公益林信息管理系统投入实际推广和使用中，客户往往不遵守正常的使用方法，甚至进行了一些大量的意外输入导致软件不能做出适当的反应，就很容易产生一系列的问题，轻则输出错误的结果，重则瘫痪失效！因此，在公益林信息管理系统测试过程中，开发或测试人员常用一些不合理的输入条件来检验系统的健壮性，力求能够在软件发布之前发现更多的鲜为人知的软件缺陷。

➢充分重视软件测试中的群集现象

不要以为发现几个错误并且解决这些问题之后，就不需要测试了。反而这里是错误群集的地方，对这段程序要重点测试，以提高测试投资的效益。在公益林信息管理系统开发过程中，软件是以模块化的方式进行分工开发和测试完成的，由于开发人员的水平和经验不同，编写的程序代码质量也有所差异。因此，充分重视软件测试中的群集现象有助于我们找出更多的未知错误，以提高软件的运行稳定性。

➢严格执行测试计划

公益林信息管理系统完成开发后，软件测试部门会根据系统功能制定详细的软件测试计划，测试人员严格按照测试计划进行分工测试，排除测试的随意性，以避免发生疏漏或者重复无效的工作。完成测试后，进行全面仔细地检查测试结果，并对测试结果等文档资料进行妥善保存。

在遵循以上五个原则的基础上，完成并通过内部测试后，开发部门将最新的软件程序打包发布试用版本，并安装在数据处理部门(对数据处理和录入工作的部门)进行安装试用，使软件在非技术部门进行整体测试，收集软件试用人员的测试结果，并统一对测试出来的问题进行修改，主要问题包括安装简便性问题、界面设计问题、操作简便性问题、运行效率问题以及运行时错误等。

完成通过数据处理部门的试用过程后，软件开发部门最终将程序打包发布客户试用版本，提供给各级林业局进行为期 30 天的试用测试，并收集各林业局使用者的使用情况以及软件的运行情况，主要包括界面设计合理性、操作简便性、系统稳定性和运行效率等问题进行试用测试，最后根据用户的实际使用情况和建议完善软件系统。

通过在全省各县(市、区)安装公益林信息管理系统，并进行长期运行，系统运行稳定，使用单位反映良好，很大程度上提高了林业管理部门的工作效率。

5

SYSTEM USE 系统使用

本章全面详细地介绍了系统的安装和使用方法。为了用户更方便地使用本系统，从公益林管理业务各功能模块出发，根据信息数据的输入、数据的查询、数据的分析、数据的编辑、数据的输出等管理流程进行介绍。

5.1 系统管理

5.1.1 系统安装

5.1.1.1 NET Framework 安装

第 1 步：点击运行 . NET Framework 2.0 的安装包，如下图所示：

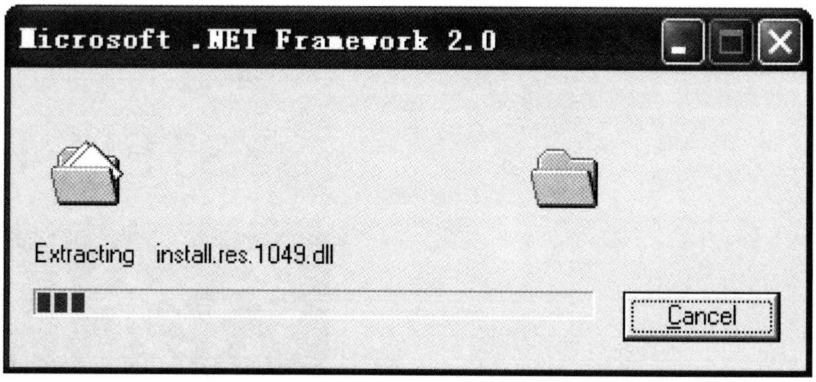

第 2 步：进度读取后，自动跳转至安装界面，如下图所示：

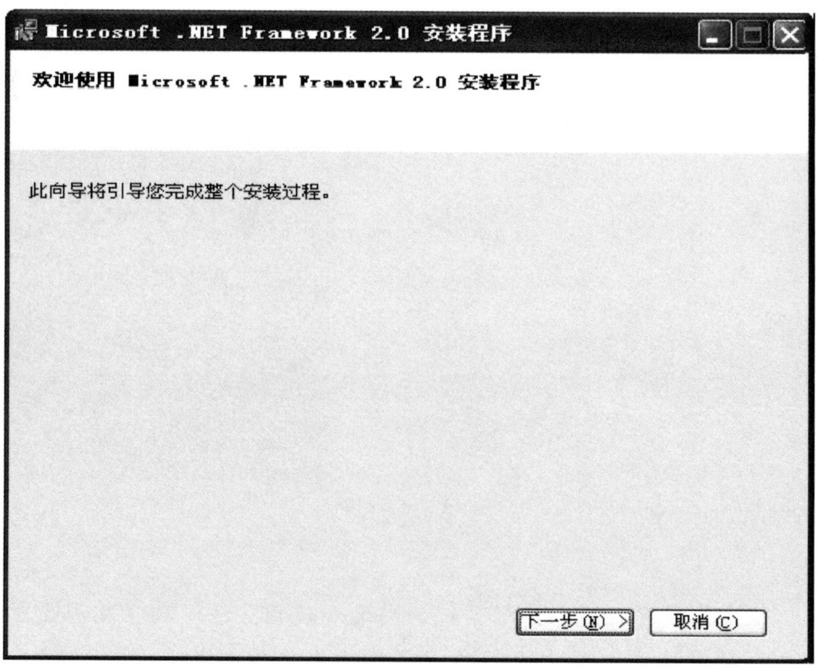

第 3 步：点击运行到【下一步】，出现如下图所示：

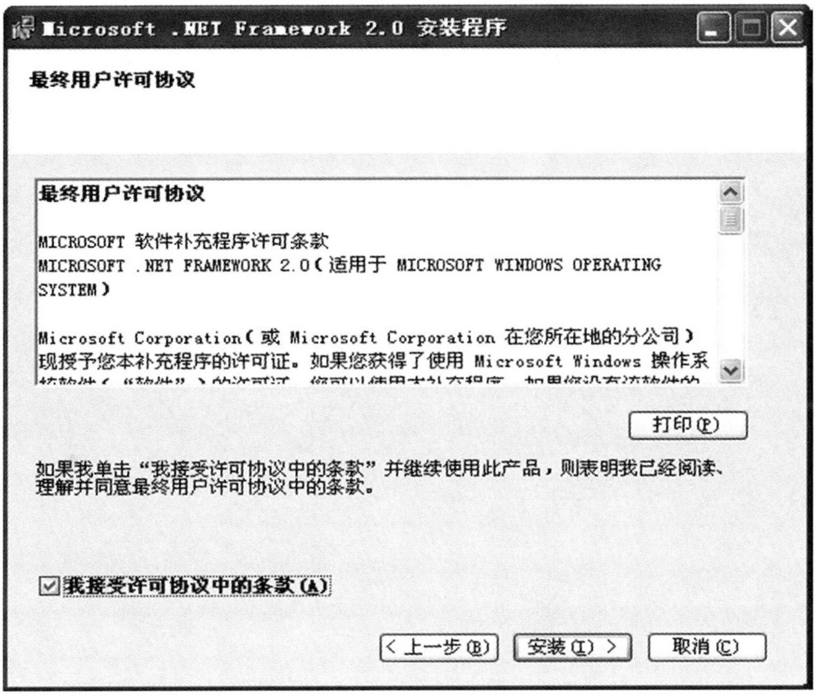

第 4 步：选择【我接受许可协议中的条款(A)】，并点击【安装】按钮进行安装，如下图所示：

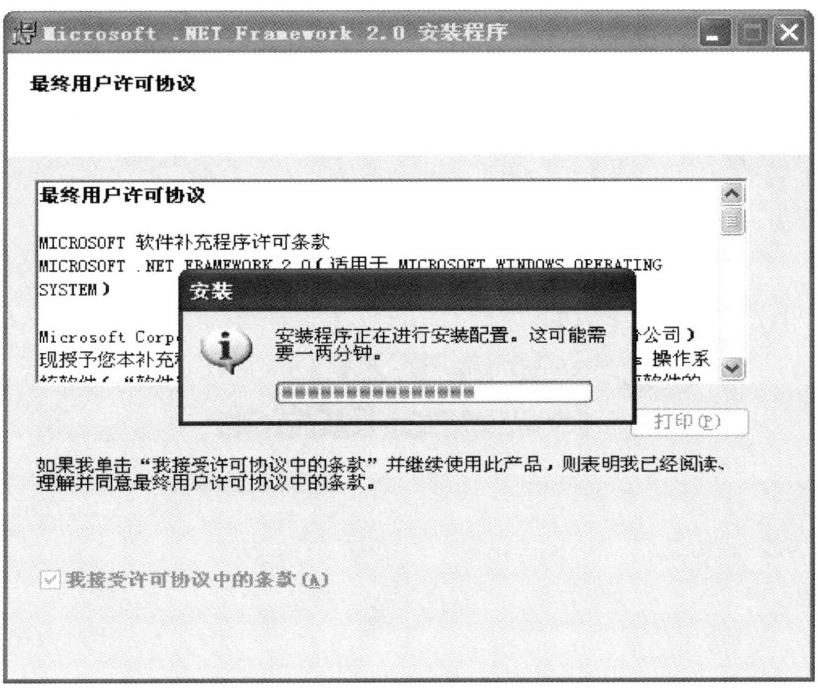

第5步：等待一段时间跳出如下界面，即完成.NET Framework 2.0 的安装，如下图所示：

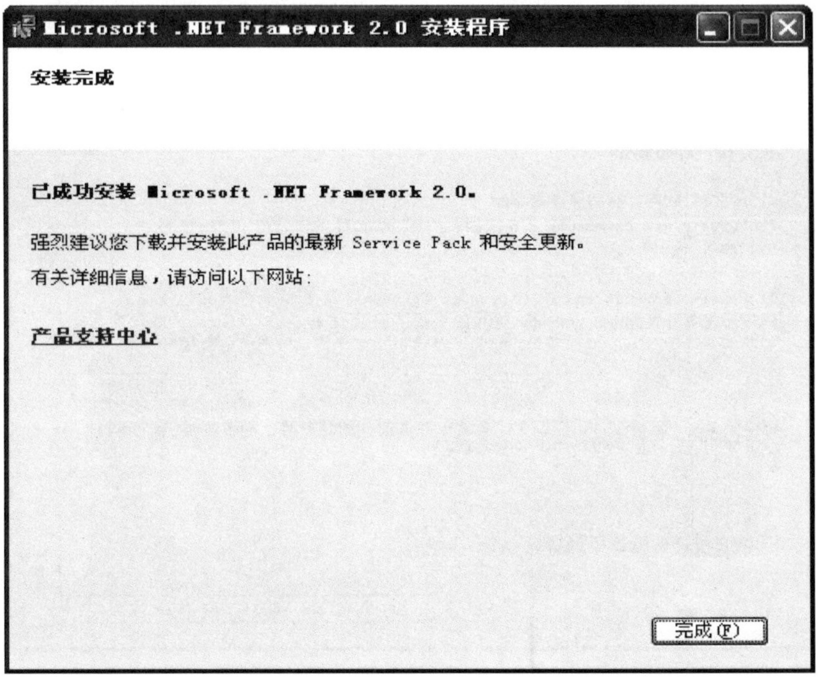

5.1.1.2 SQL Server 2000 安装

第1步：点击运行 SQL Server 2000 的安装包，会出现安装程序的启动画面，如下图所示：

第 2 步：选择【安装 SQL Server 2000 组件】，进入如下图所示的界面：

第 3 步：在这里选择【安装数据库服务器】，进入如下图所示的界面：

第 4 步：单击【下一步】按钮，进入到【计算机名】对话框，如下图所示：

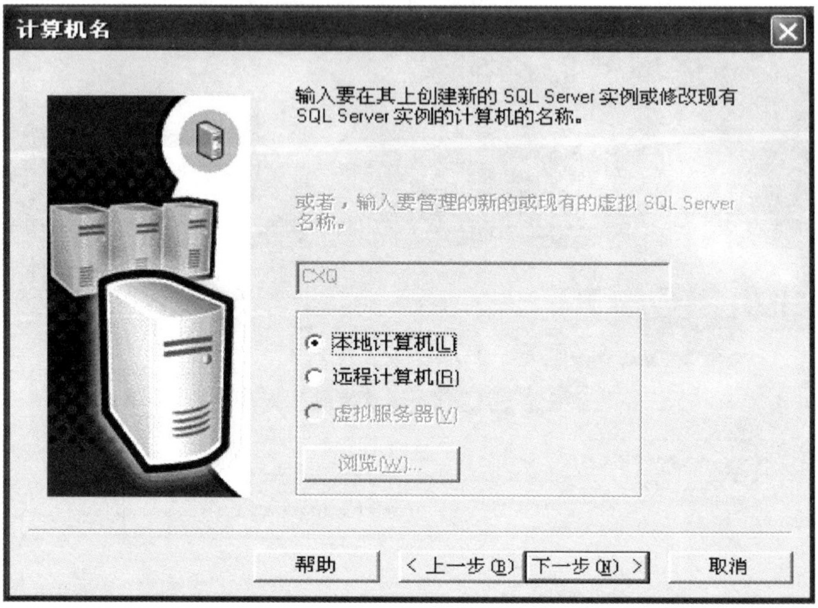

第 5 步：在该对话框中有如下几个选项：

【本地计算机】：表示安装在本地计算机上。也是安装程序的默认选项，选中该选项时，本地的计算机名称显示在上面的文本框中。

【远程计算机】：如需远程安装，则选择“远程计算机”选项，然后通过键入计算机名或者单击“浏览”按钮找到待安装 SQL Server 的远程计算机名，从远程安装 SQL Server。

【虚拟服务器】：表示安装虚拟计算机中。该选项仅当在 Windows NT 或 Windows 2000 企业操作系统上检测到“Microsoft 群集服务”中才可用。

在这里一般保持默认设置，单击【下一步】按钮，进入【安装选择】对话框。如下图所示：

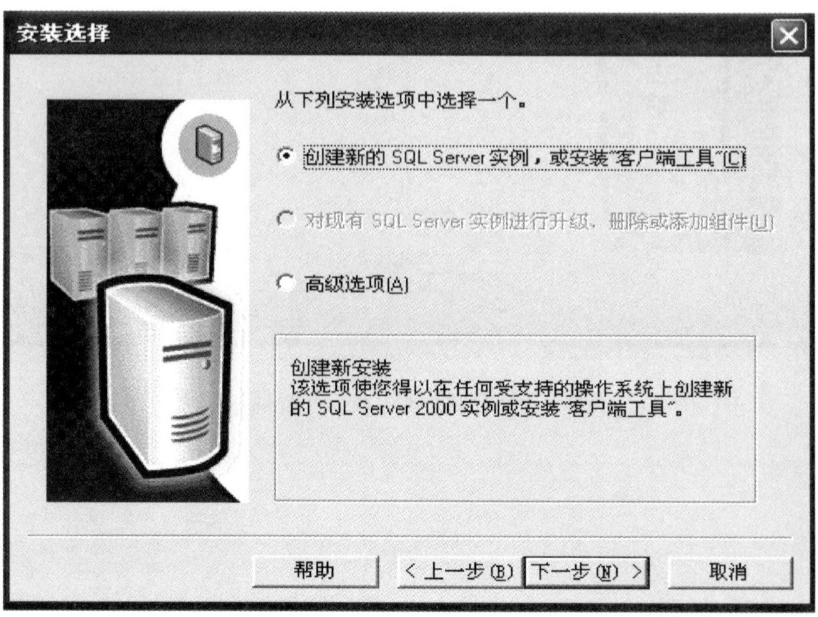

第 6 步：选择【创建 SQL Server 新实例或安装客户端工具】选项，然后单击【下一步】按钮。进入到【用户信息】对话框，如下图所示：

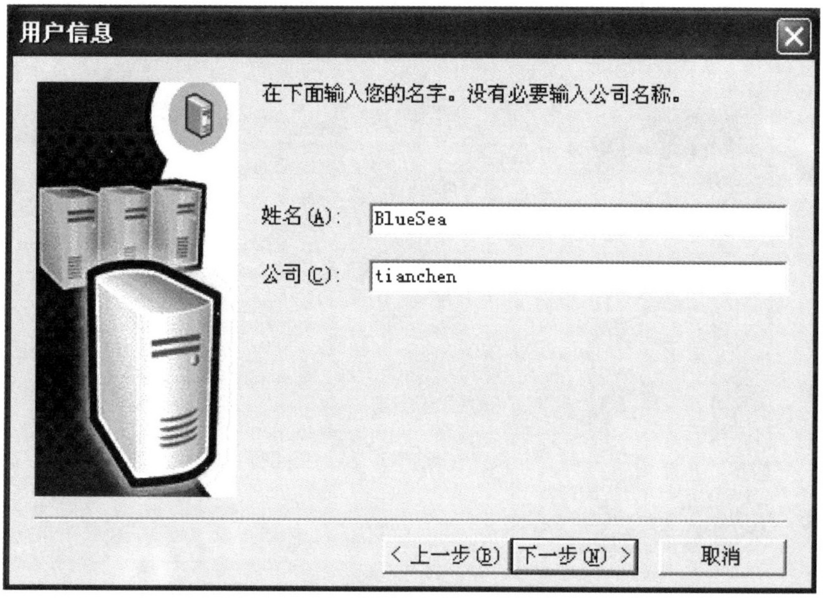

第 7 步：输入用户信息，单击【下一步】按钮，进入到【软件许可协议】对话框，单击【是】按钮，进入到【安装定义】对话框，如下图所示：

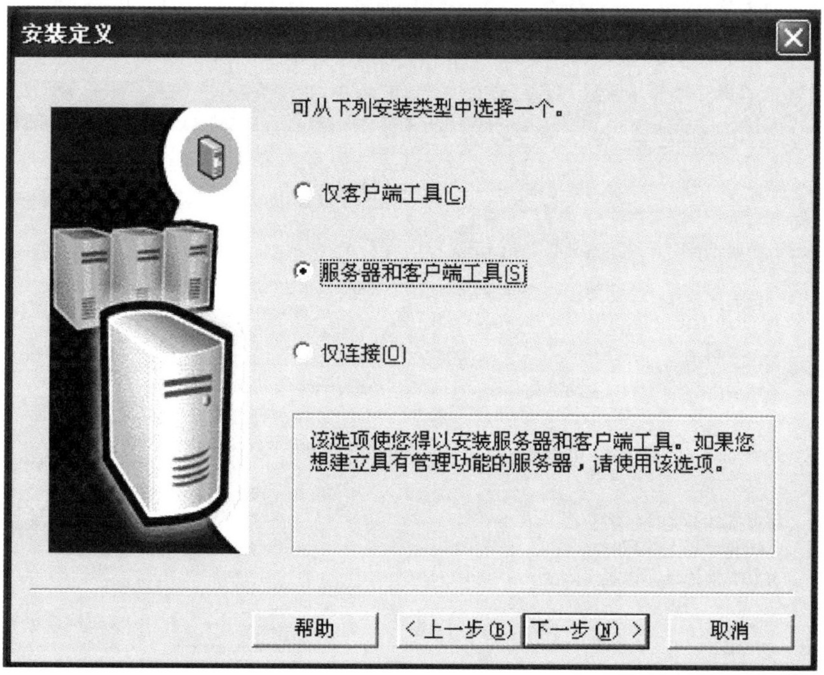

第 8 步：在【安装定义】对话框中，选择【服务器和客户端工具】选项。单击【下一步】按钮，进入到【实例名】对话框，如下图所示：

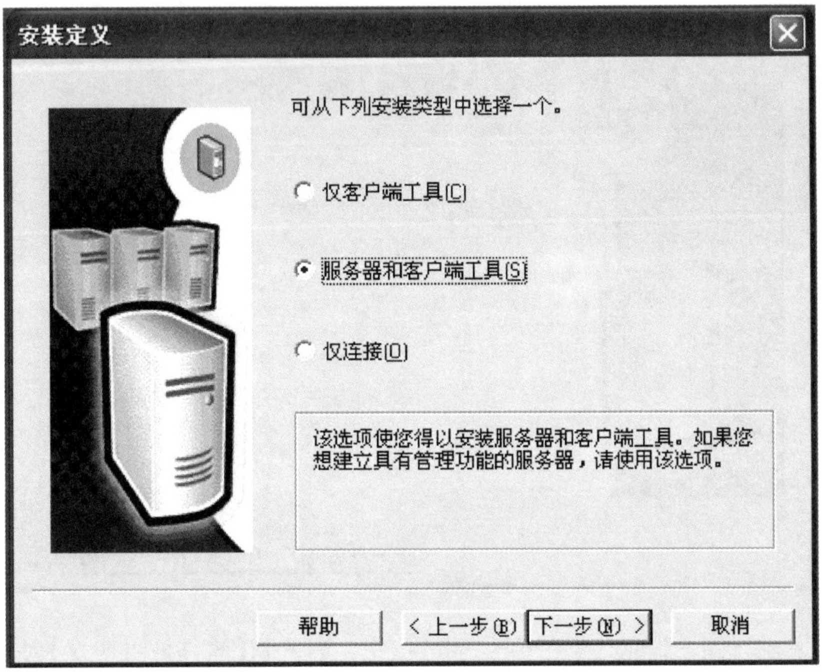

第 9 步：在【实例名】对话框中一般选择【默认】，单击【下一步】进入到【安装类型】对话框，如下图所示：

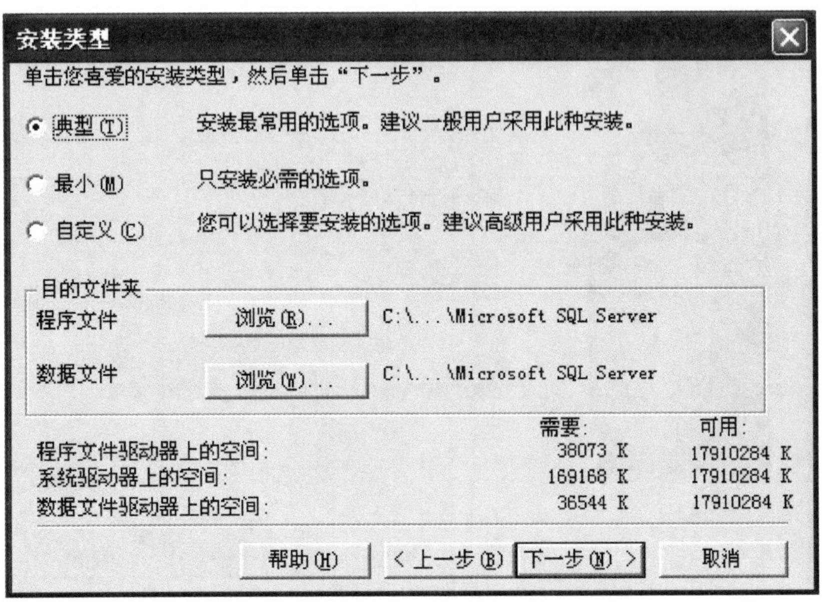

第 10 步：在【安装类型】对话框中，选择【典型】选项，在目的文件夹中选择程序文件和数据文件的存放位置。单击【下一步】按钮，进入到【服务账号】对话框，如下图所示：

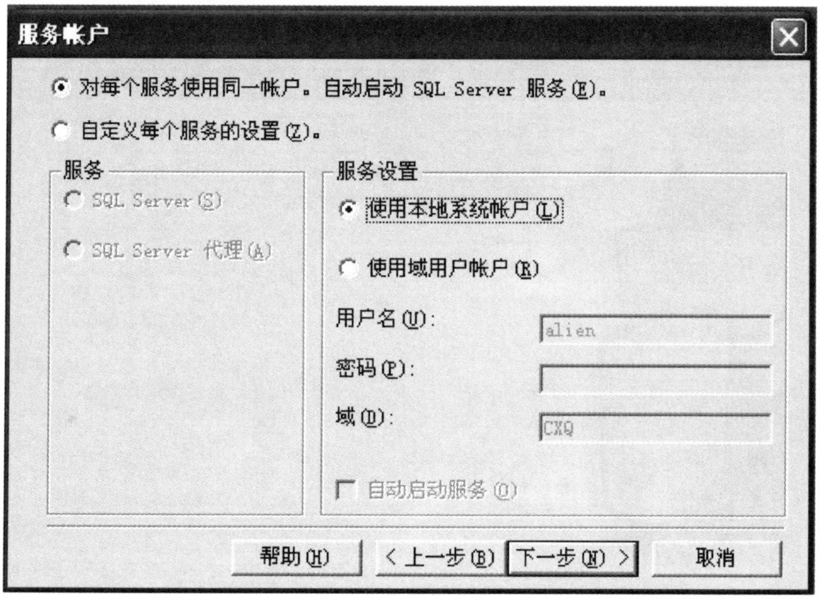

第 11 步：这里接受默认设置，单击【下一步】按钮，进入到【身份证模式】对话框，如下图所示：

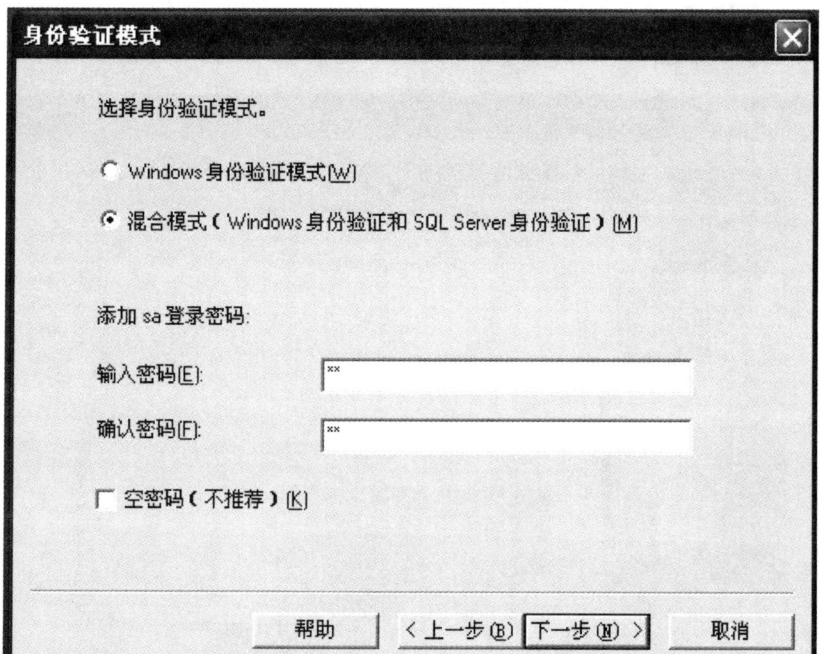

第 12 步：为了数据的安全性，一般选择【混合模式】，并输入数据库的登入密码，输入 sa(请记住该密码)。单击【下一步】按钮，进入到【开始复制文件】对话框，如下图所示：

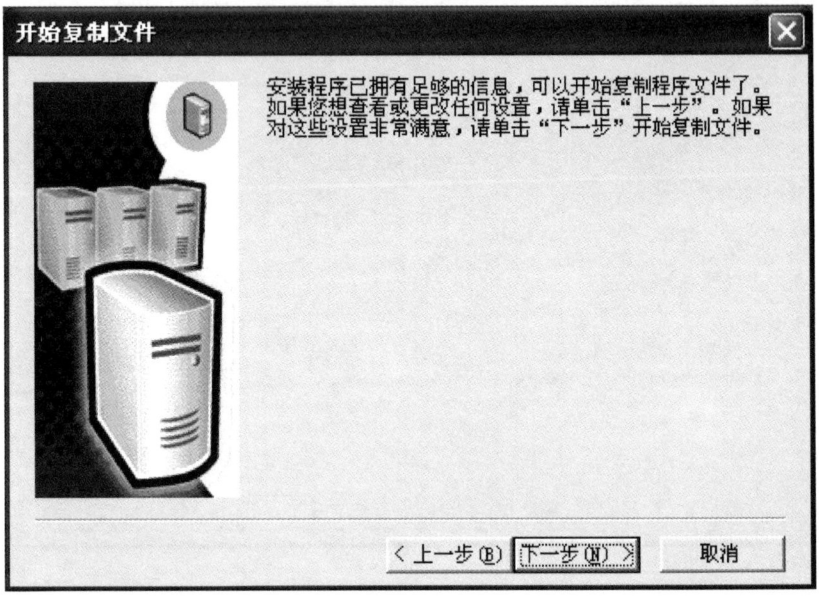

第 13 步：单击【下一步】按钮开始复制文件，全部文件复制完成后弹出【完成】对话框，选择【是，我想现在启动计算机】选项，然后单击【完成】按钮。重新启动计算机后，SQL Server 即完成安装。

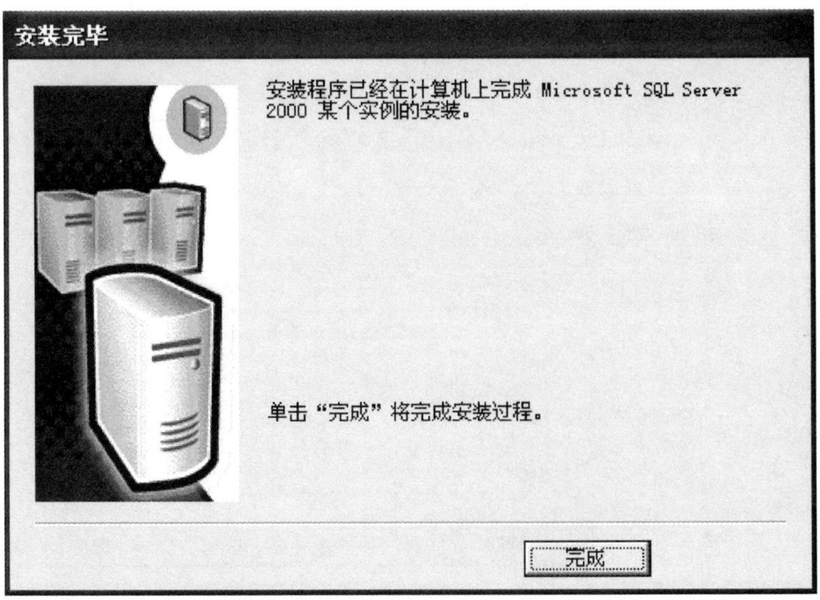

5.1.1.3 ArcGIS Engine 安装

第 1 步：点击运行 ArcEngine 的安装包，出现如下图所示：

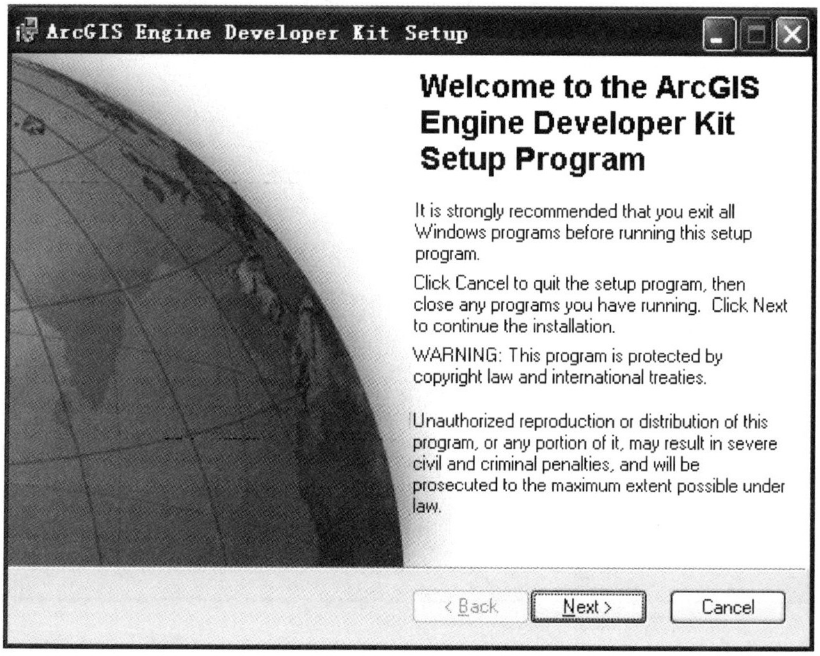

第 2 步：点击【Next】进入下一步：

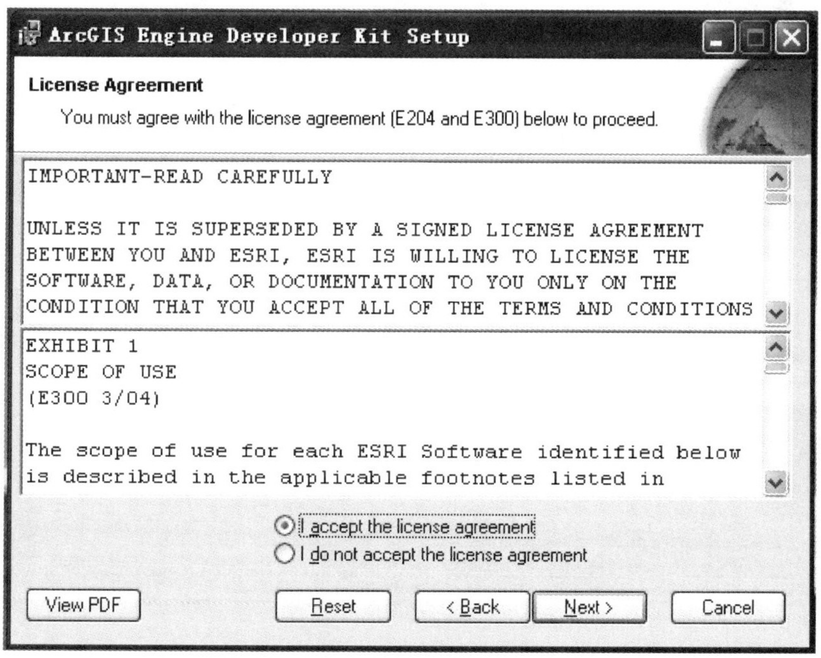

第 3 步：选择【I accept the license agreement】按钮。再点击【Next】进入下一步：

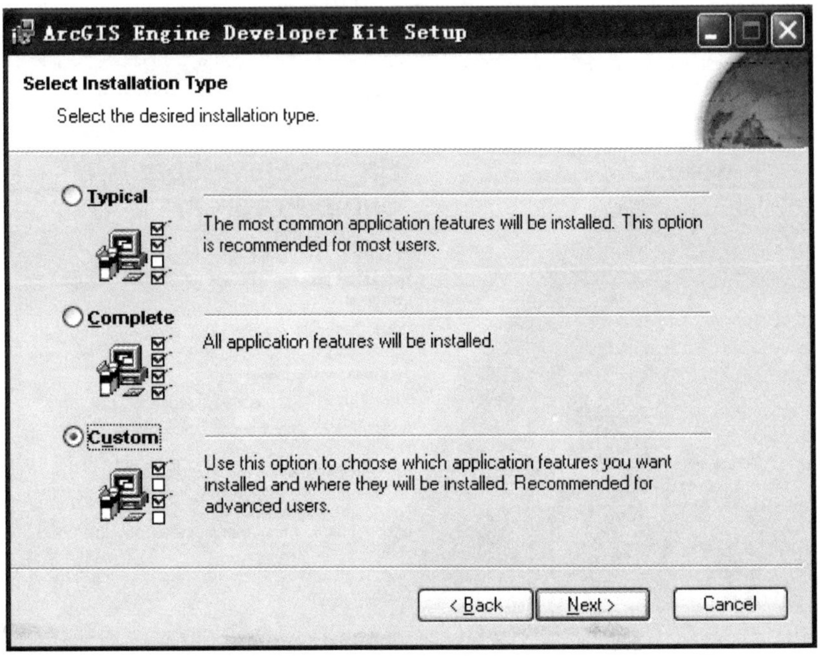

第 4 步：选择【Custom】安装，按【Next】继续：

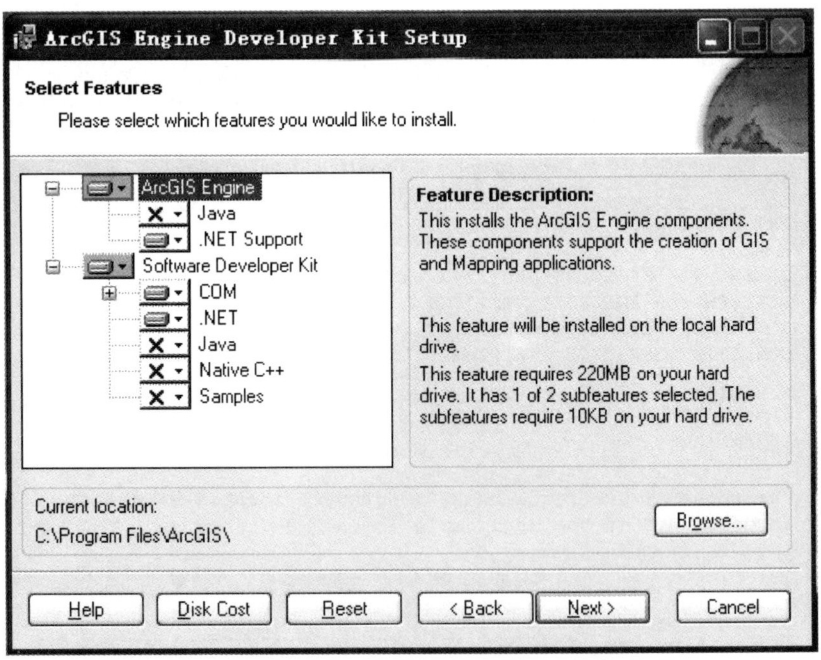

第 5 步：选择 ArcGIS Engine 为【. NET Support】、【Software Developer Kit】为【COM】和【. NET】再点【Browse...】选择文件安装的路径。点击【Next】完成安装。

第 6 步：以下四步将对安装软件进行注册，点击上图的【Register Now】。

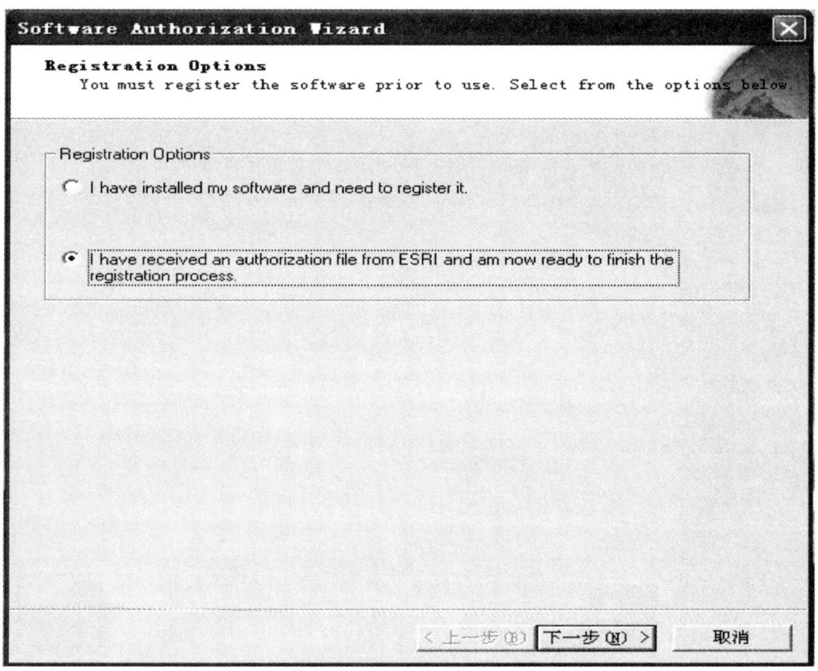

第 7 步： 选择【Registration Options.】中的【I have received an authorization from ESRI and am now ready to finish the registration process.】，点【下一步】继续。

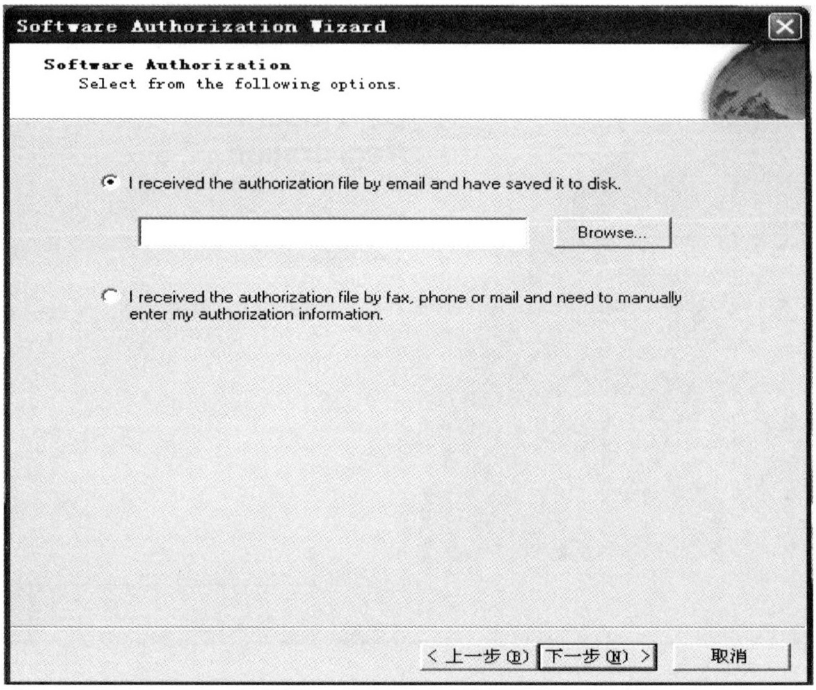

第 8 步： 点【Browse...】选择 license 文件(.ecp)进行注册。

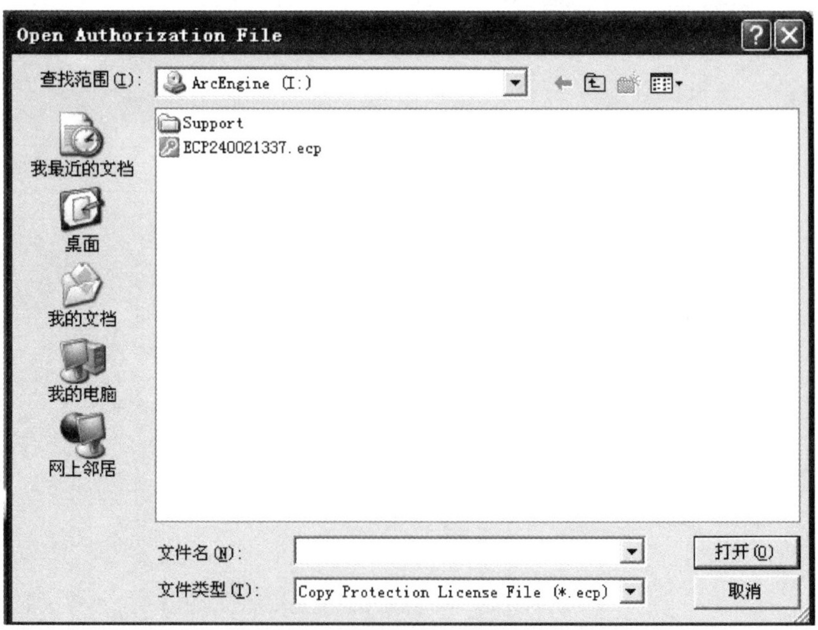

第 **9** 步：选择注册文件后，点击【下一步】。

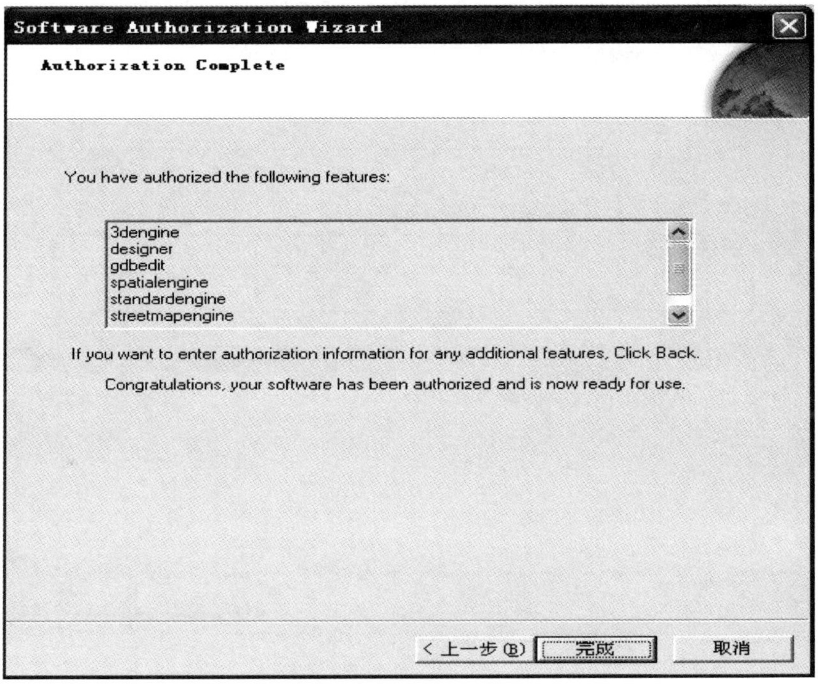

第 **10** 步：点击【完成】按钮，完成 ArcEngine 的安装。

5.1.2.4　系统运行配置

➢公益林系统配置

第 **1** 步：运行配置程序，进行数据库配置，如下图①区。

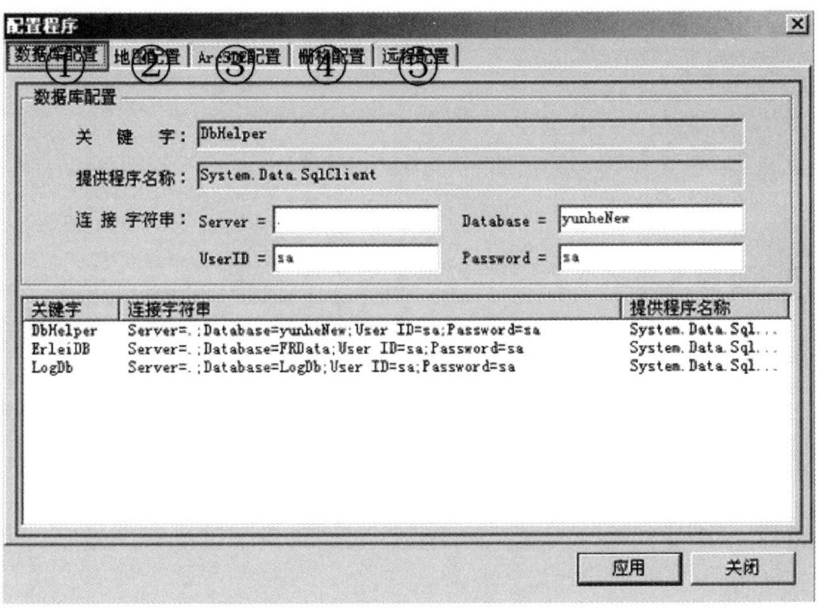

第 2 步：选择【DbHelper】连接字段，在连接字符串设置，其他数据库服务器【Server】、数据库名称【Database】及连接数据库的用户【UserID】和密码【Password】。

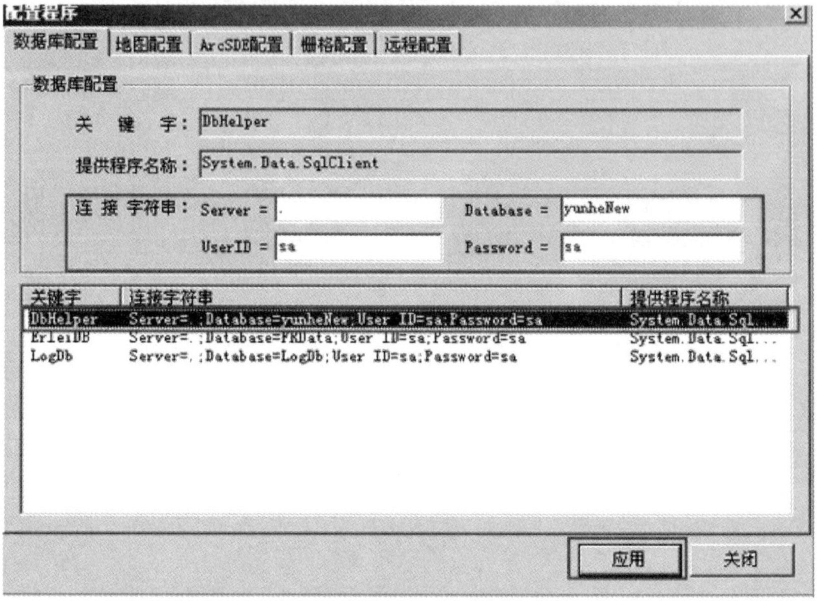

第 3 步：完成设置后，单击【应用】完成数据库配置。

第 4 步：地图配置，如下图所示。

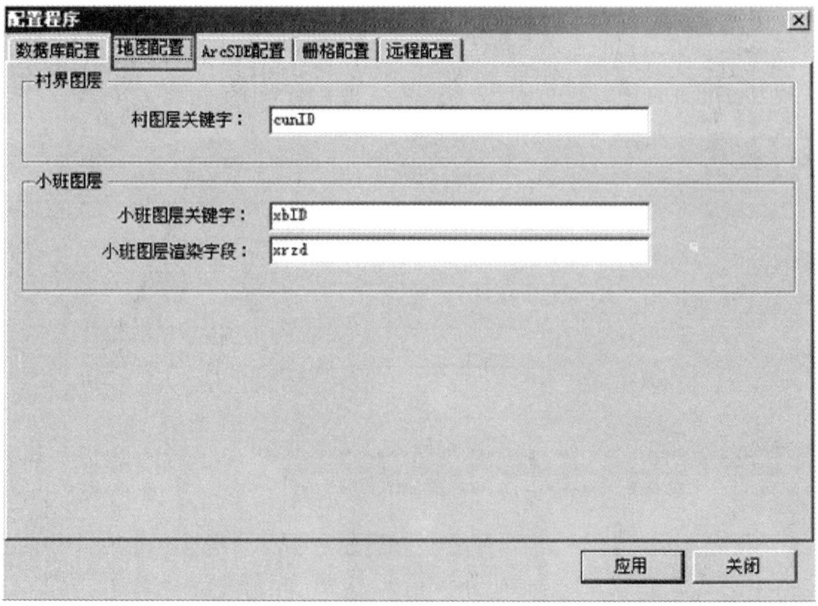

第 5 步：该配置都以默认为主，完成修改村层关键字及小班关键字，单击【应用】即可。

第 6 步：ArcSDE 配置，如下图所示。

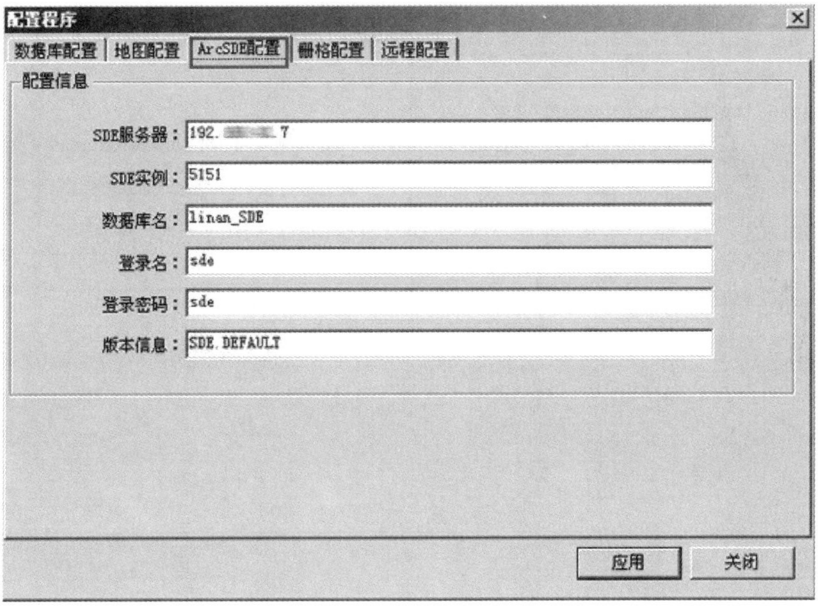

第 7 步：设置完 ArcSDE 的属性信息，单击【应用】即可。

第 8 步：栅格配置，如下图所示。

第 9 步：双击【栅格数据名称】，修改内容，点击【应用】完成栅格配置。

第 10 步：远程配置，如下图所示。

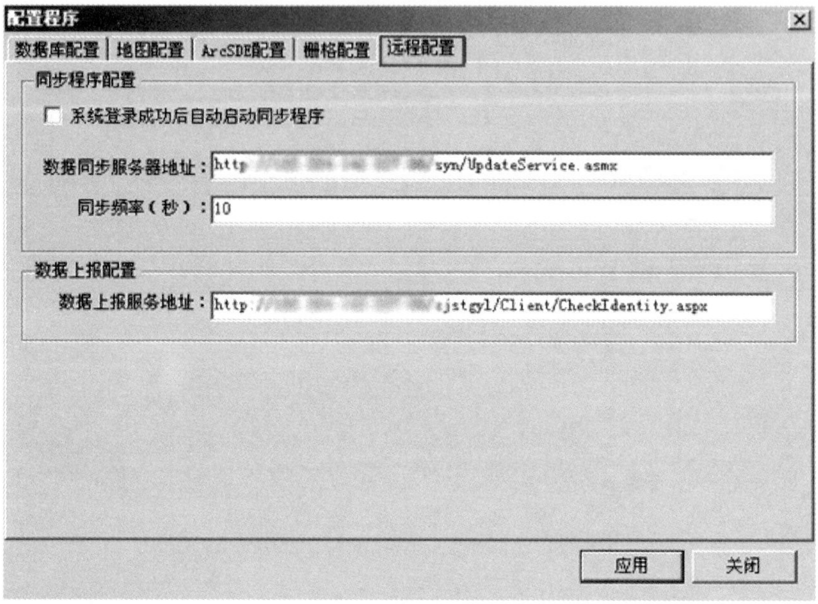

第 11 步：设置远程配置信息。单击【应用】完成对远程配置的操作。

➢护林员考勤系统配置

第 1 步：运行护林员考勤系统配置文件，显示如下：

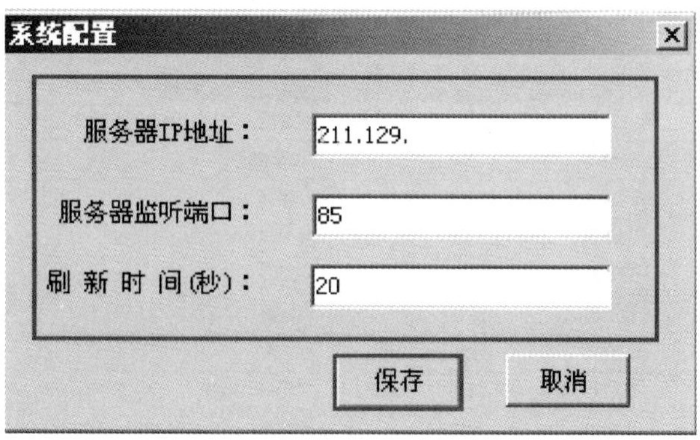

第 2 步：填充正确的【服务器 IP 地址】、【服务器监听端口】和【刷新时间】等属性。单击【保存】即完成护林员考勤系统的配置。

5.1.2 系统登录

首先我们通过桌面或者开始菜单的【 图标】来启动本软件。

系统登陆界面，提示输入用户名密码，点【登录】这样就可以进入系统。

5.1.3 用户管理

进入系统后，点击工具栏中的权限或者菜单栏中的文件子菜单中的用户权限，单出用户管理界面如下如图所示。

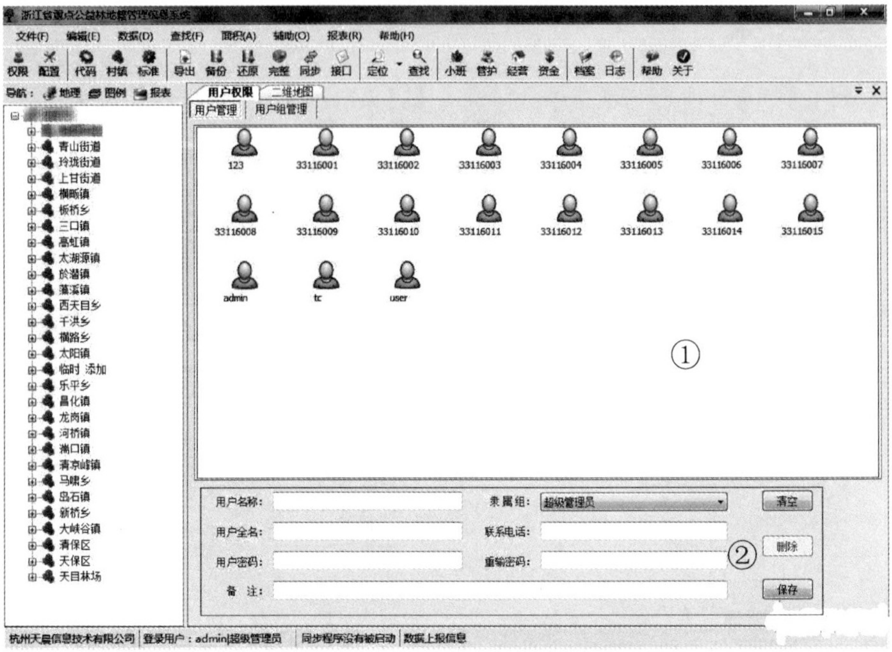

其中如上图①区为用户显示区域，如上图②区为用户属性栏。

5.1.3.1 新增用户

第 1 步：右击用户显示区域，单击【新建】，如下图所示；

第 2 步：在用户属性面板中填充对应用户信息，单击【保存】完成用户添加。

5.1.3.2 编辑用户

第 1 步：用户显示区域单击选择用户图标，用户属性面板显示出该用户的属性信息，如下图所示；

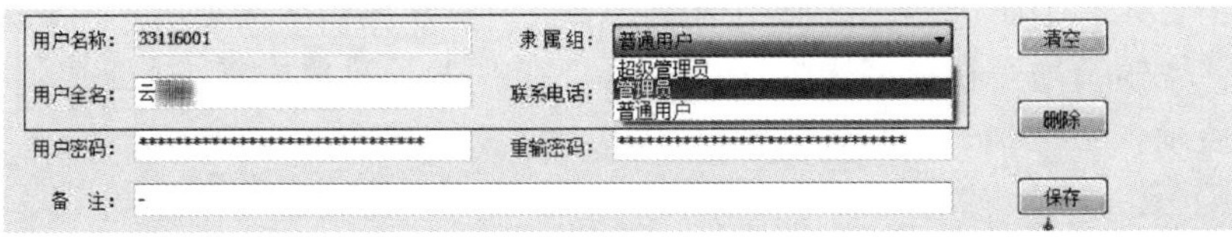

第 2 步：可对用户的基本属性及用户权限进行修改，修改后单击【保存】即可。

5.1.3.3 修改密码

第 1 步：用户显示区域单击选择用户图标，用户属性面板显示出该用户的属性信息，如下图所示：

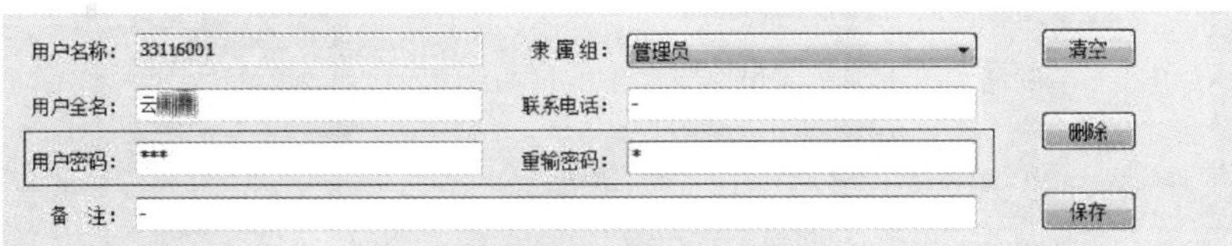

第 2 步：在【用户密码】直接修改，在【重输密码】中进行确定，单击【保存】即可。

5.1.4 代码管理

5.1.4.1 行政代码管理

行政代码查看

第 1 步：点击工具栏中的【村镇】或者菜单栏中的【编辑】子菜单中的【村镇编辑】，弹出村镇管理界面如下如图所示：

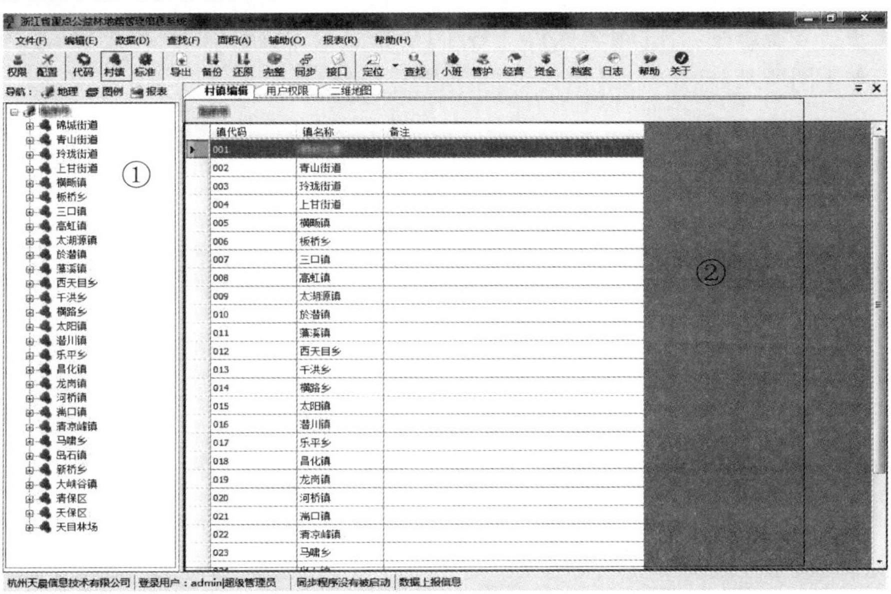

第 2 步： 如上图所示①区域为行政树，用于村镇定位，在村镇编辑中将解释。

第 3 步： 如上图②为村镇编辑界面。下面介绍村镇编辑。

➢行政代码编辑

第 1 步： 首先在上图所示①区域中选择县节点，村镇编辑界面中所有乡镇的信息。

第 2 步： 乡镇新增：村镇编辑界面中右击，在右击子菜单中点击【新建】，弹出新建界面如下图所示：

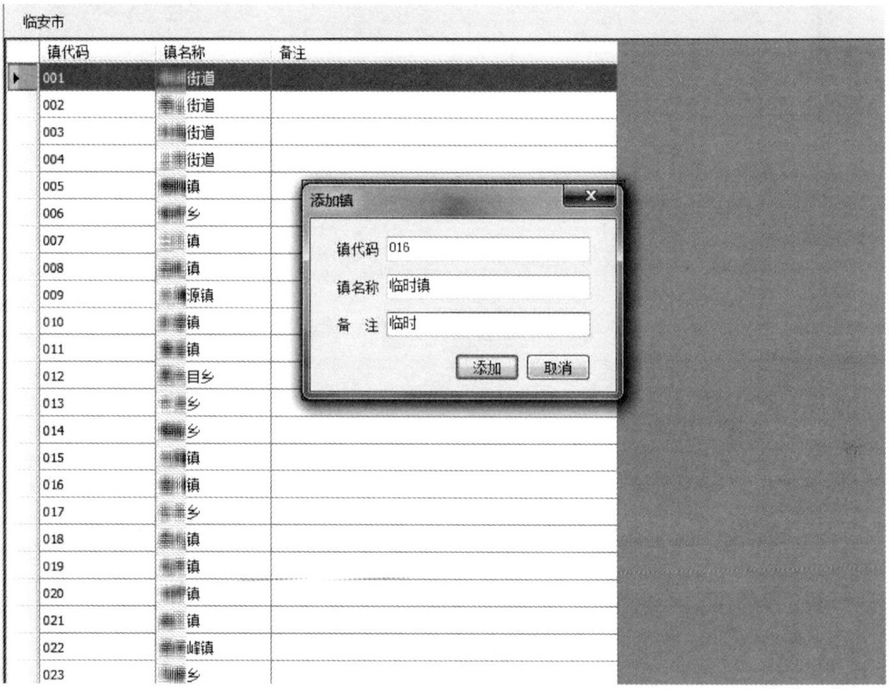

第 3 步： 填充对应的镇代码，镇名称及备注等信息，单击【添加】完成乡镇新增。

第 4 步： 乡镇修改：在【镇名称】、【备注】中信息双击或者右击【修改】，表格进入编辑状态，如下图所示（注意：如【镇代码】是不能进行修改的）：

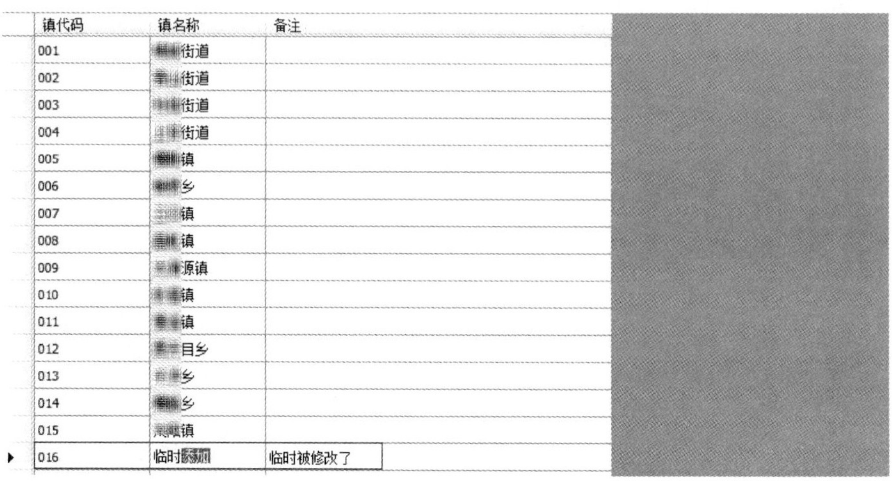

第 5 步：修改后回车即可完成保存。

第 6 步：乡镇删除：选中将删除的乡镇右击【删除】，再【确定】后完成删除。

第 7 步：村编辑：必须在行政树中选择所在镇节点，村镇编辑界面中该镇下所有村的信息，选择村节点将定位到村的信息，如下图所示：

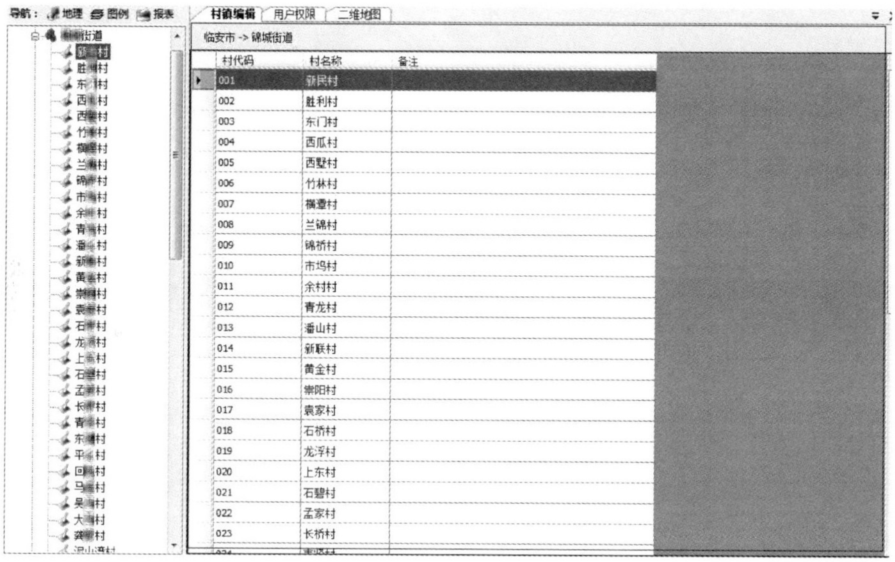

5.1.4.2 小班代码管理

➤小班代码查看

第 1 步：点击工具栏中的【代码】或者菜单栏中的【编辑】子菜单中的【代码编辑】，弹出代码管理界面如下如图所示：

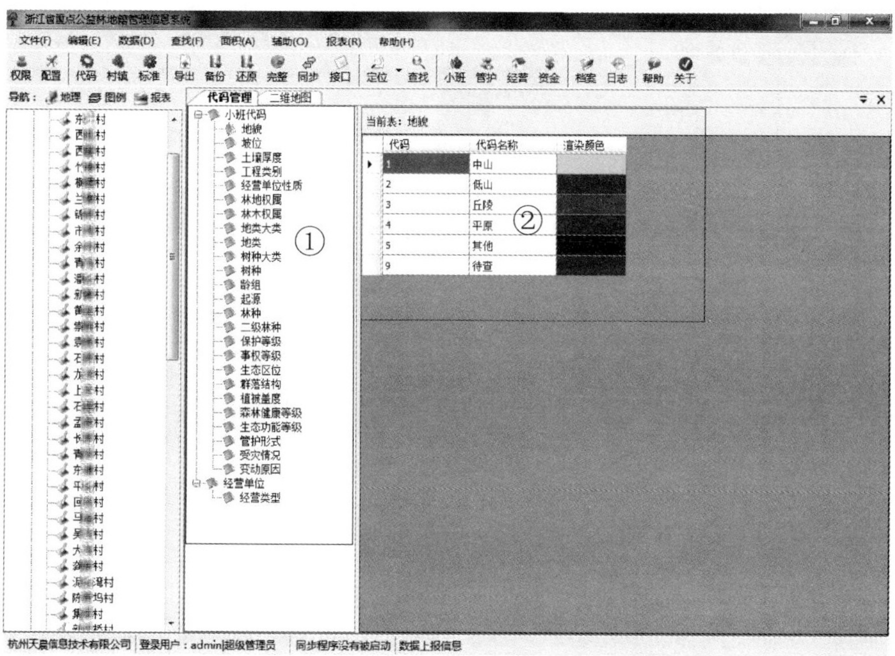

第 2 步： 如上图所示①区域为代码定位树，用于代码定位。

第 3 步： 如上图②区域为代码编辑界面。

➢小班代码编辑

第 1 步： 代码编辑界面中右击，在右击子菜单中点击【新建】，弹出新建界面如下图所示：

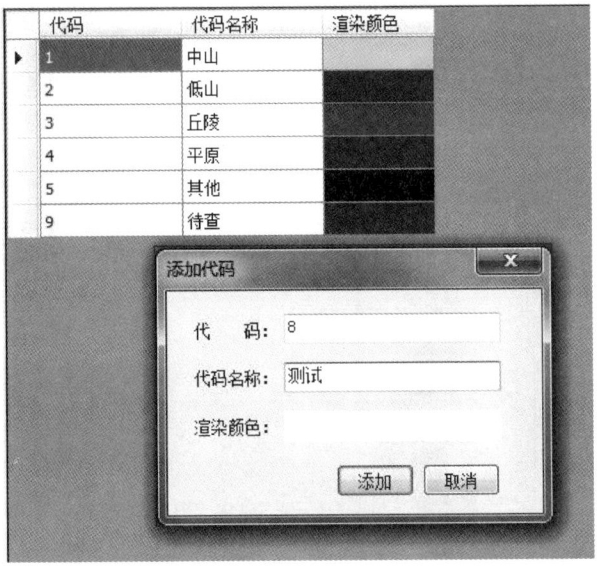

第 2 步： 填充地面的代码和代码名称，再单击【渲染颜色】的白色区域，弹出颜色调试面板，如下图所示：

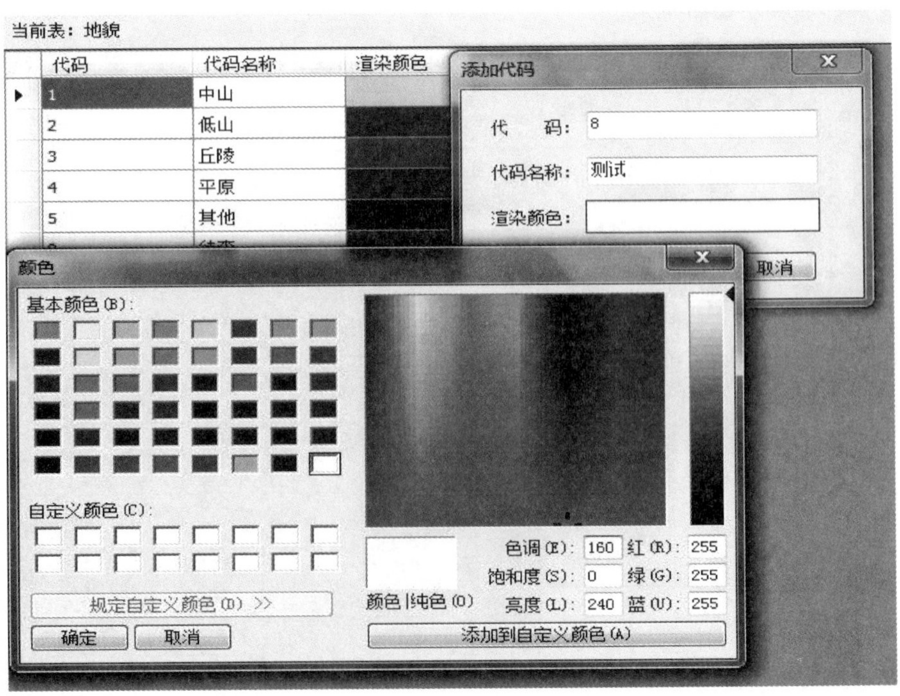

第 3 步：选择颜色，单击【确定】，在添加代码中单击【确定】，完成地貌代码新增。

第 4 步：选择修改字段信息栏，双击或者右击修改，进入编辑状态，进行信息修改后回车即完成对信息修改。

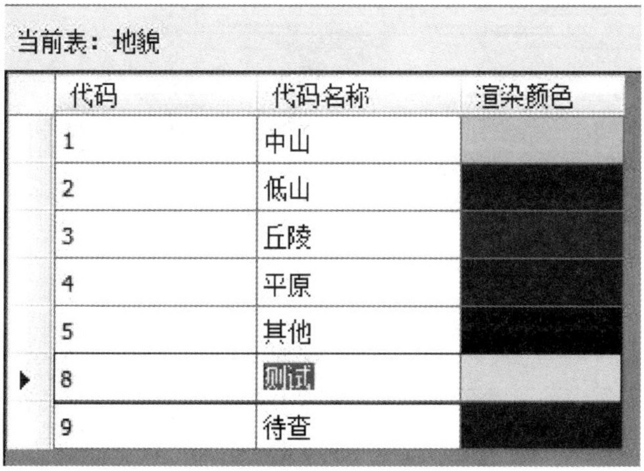

第 5 步：选择将删除的代码右击选择【删除】，再【确定】即可完成删除如下如所示：

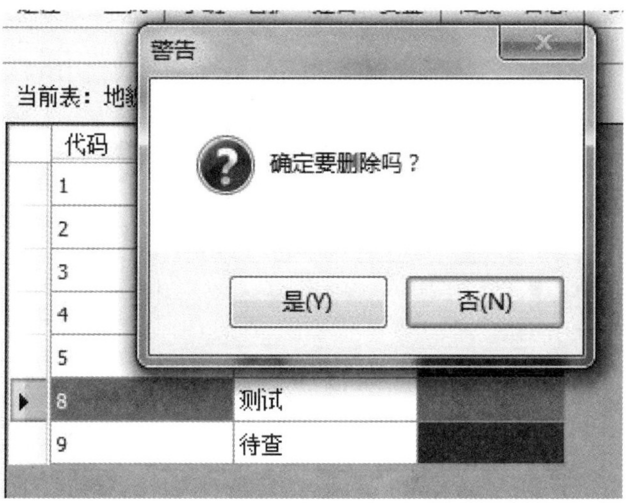

5.1.5　系统维护

5.1.5.1　数据库连接问题

包括未安装 SQL Server 软件、连接的数据库不存在，连接的数据库名称设置错误，连接数据库的用户密码错误等等，如下图所示：

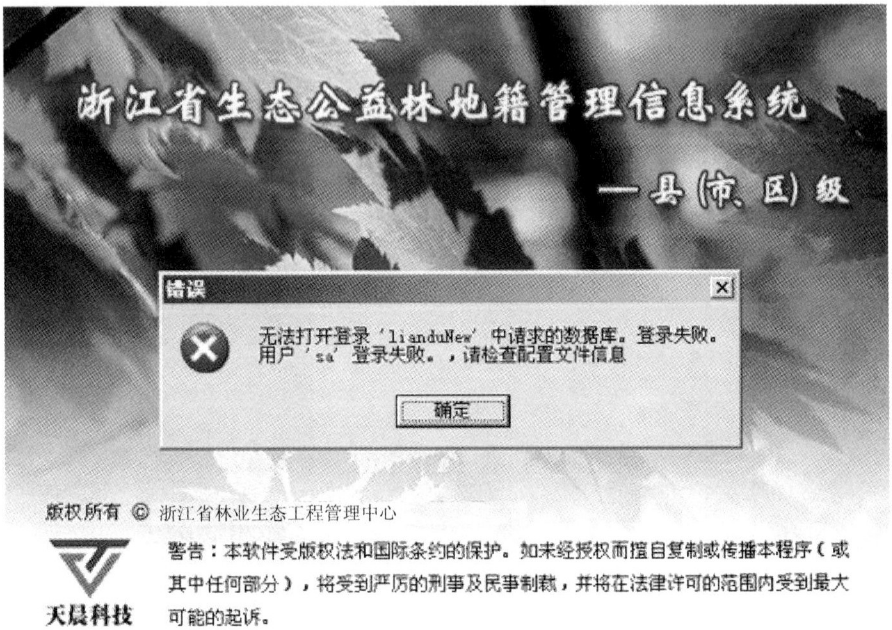

处理方法：检查 SQL Server 软件是否安装，数据库是否存在。单击确定，进入设置界面，设置合理的数据库连接，单击【应用】，重新启动系统，如下图所示：

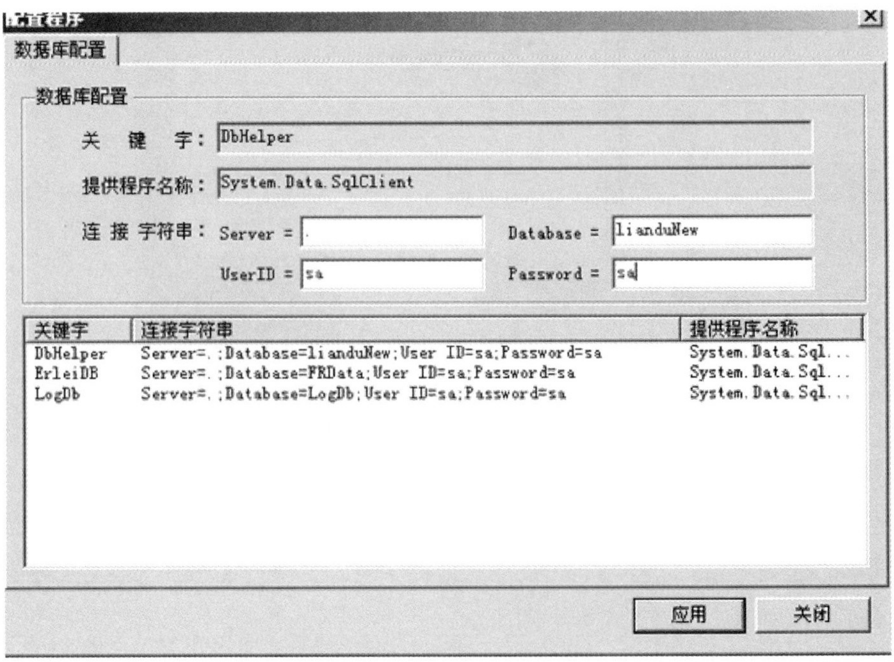

5.1.5.2 地图数据不能显示

包括缺少地图数据、未安装 Arcgis Engine 软件、Arcgis Engine 软件未注册等。

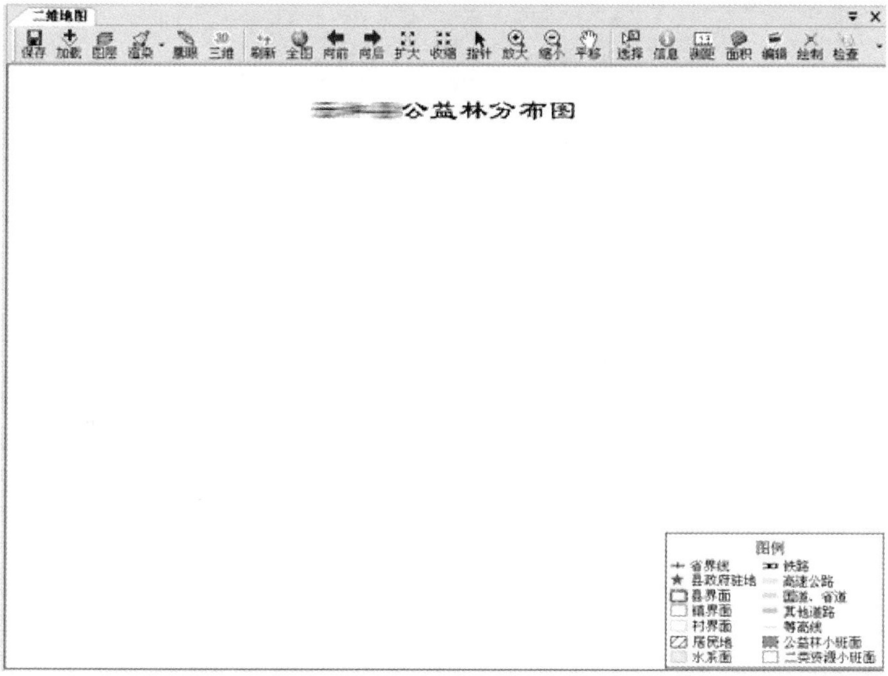

处理方法：检查地图数据是否存在，Arcgis Engine 软件是否安装完成。

5.1.5.3 日志文件缺少异常

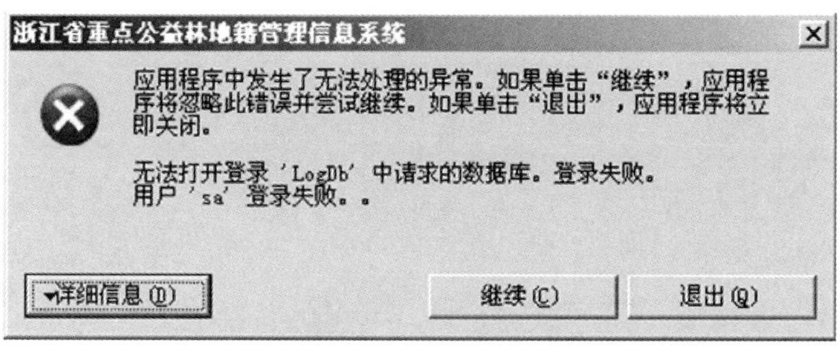

处理方法：关闭系统，将日志数据数据类添加到数据库中，重新启动系统即可。

5.2 资源管理

5.2.1 小班数据输入

5.2.1.1 小班空间数据录入

第1步： 进入系统以后，在右边的行政区域控制窗口(如下图框选区域)中选择小班所在的镇村，双击所在的村镇名称，定位村镇边界位置。如下图①。

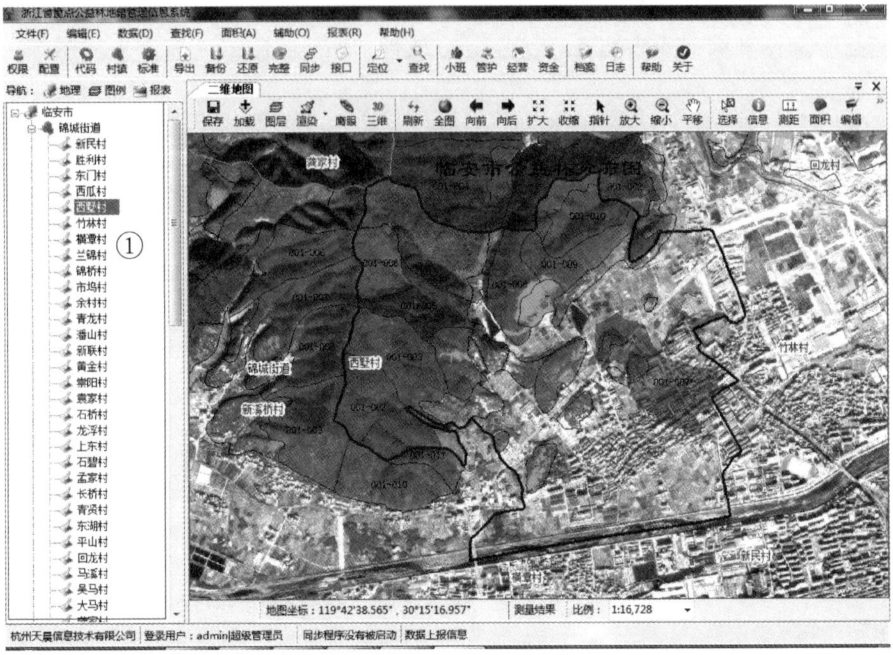

第 2 步：将当前地图定位到对应的村镇，使当前需要编辑的地图区域缩放到足够大小。如上图。

第 3 步：然后单击地图工具栏上的【编辑】工具，出现地图编辑工具条。如下图①。

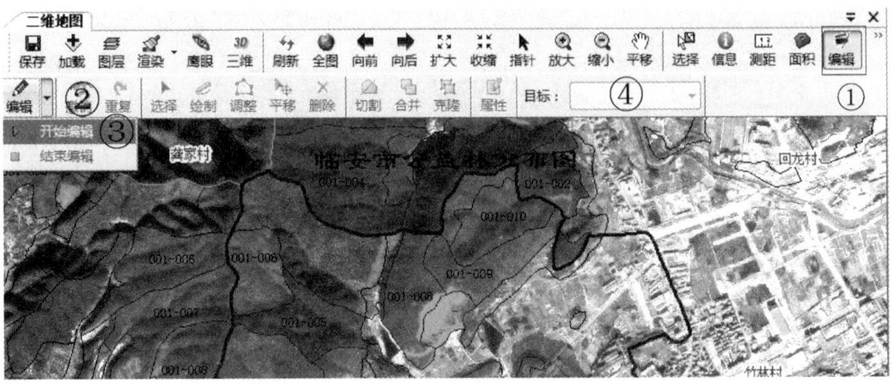

第 4 步：点击【编辑】中的【开始编辑】编辑地图，如上图②、③。

第 5 步：选择要新增小班的图层为“公益林小班面”，如上图④。

第 6 步：到此已经启动小班编辑。

第 7 步：进入编辑工具后，单击地图编辑工具的【绘制】按钮。如下图所示：

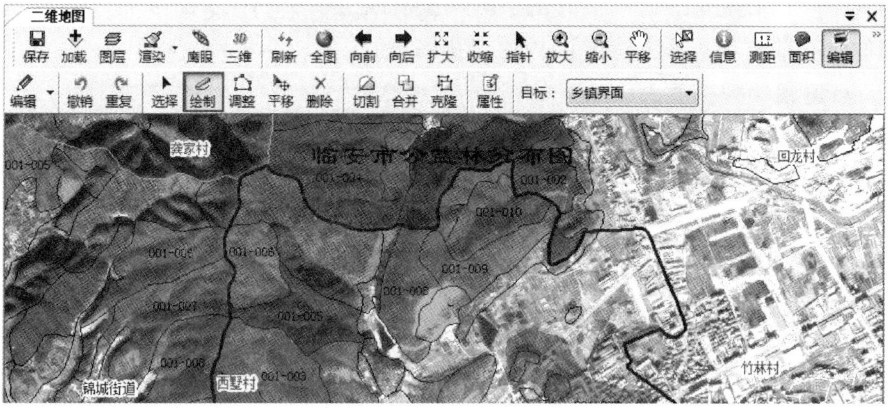

第 8 步：在不是绿色或者框选的区域(非公益林小班区域)编制小班边界，双击结束绘制。如下图所示：

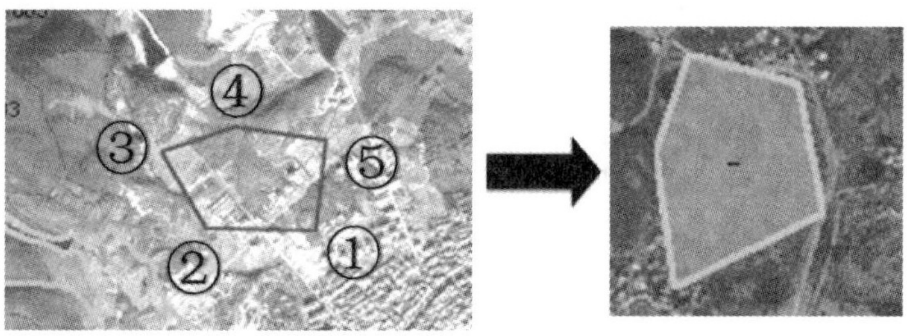

第 9 步：点击编辑工具的【选择】，选择刚才新增的小班边界。如下图①。

第 10 步：然后点击图形工具条上的【属性】，在弹出的信息卡中双击属性“xbID”，输入小班数据编号，编号规则为：县代码(6 位) + 镇代码(3 位) + 村代码(3 位) + 林班号(3 位) + 小班号(3 位)，例如：330112001002001005。如下图②、③、④。

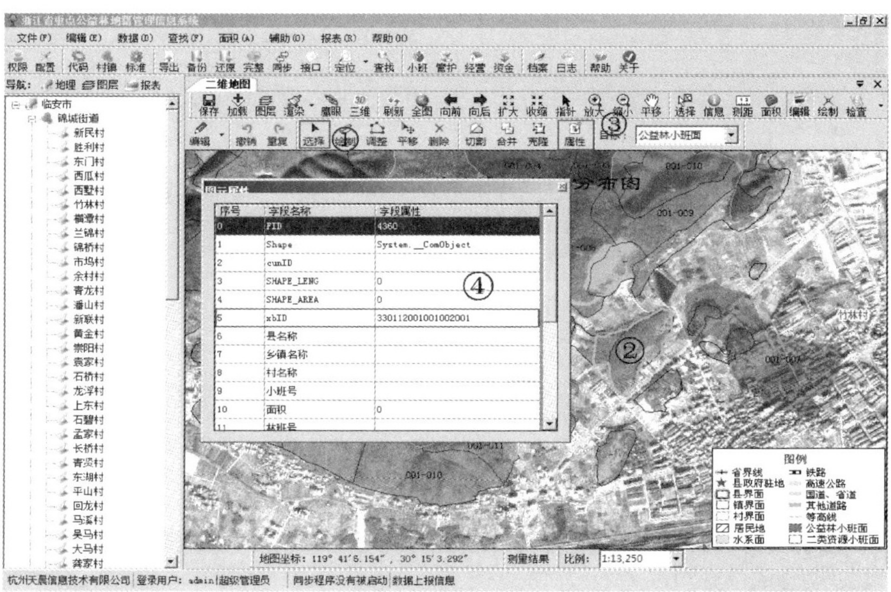

第 11 步： 如果需要继续调整其他小班，重复以上第 7 ~ 10 步操作。

第 12 步： 完成点击【编辑】中的【停止编辑】。

5.2.1.2　小班属性数据录入

第 1 步： 进入系统以后，在右边的行政区域控制窗口（如下图框选区域）中选择小班所在的镇村，点击小班所在的村名称。如下图①。

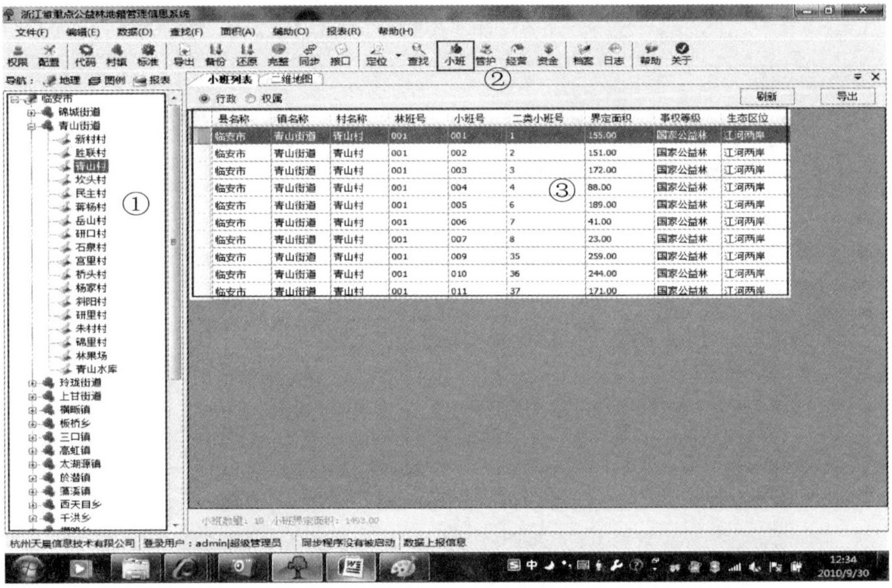

第 2 步： 点击工具栏上的【小班】工具，如上图②，显示该村所在位置的公益林小班属性数据列表。

第 3 步： 在上图③区域中单击右键，选择点击【新建】，跳出新建公益林小班对话框，如下图所示：

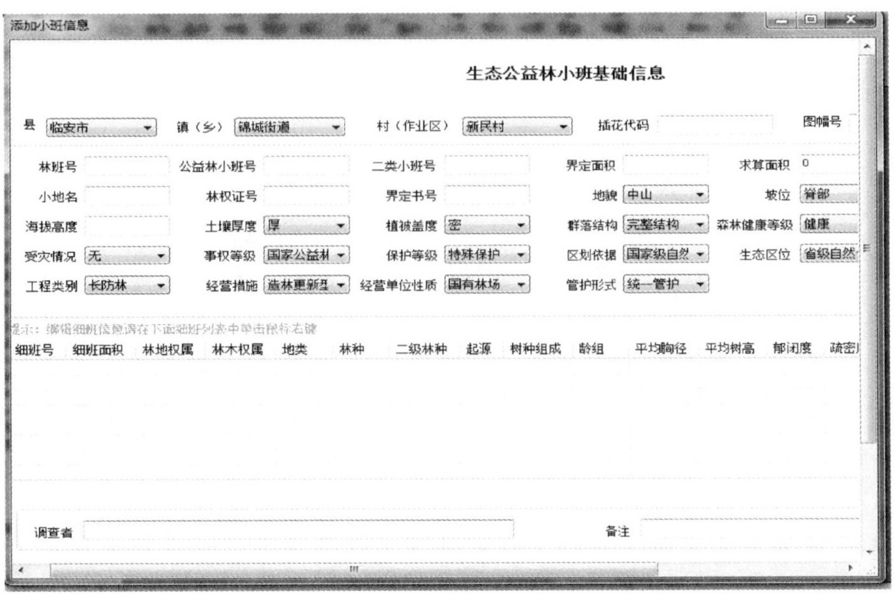

第 4 步：在下图①区域中输入对应的小班因子。

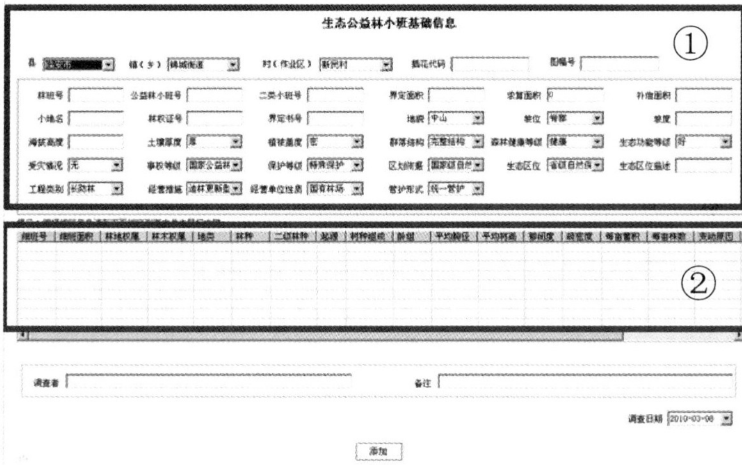

第 5 步：在上图②区域中右键选择点击【添加细班】，弹出细班输入对话框，如下图。

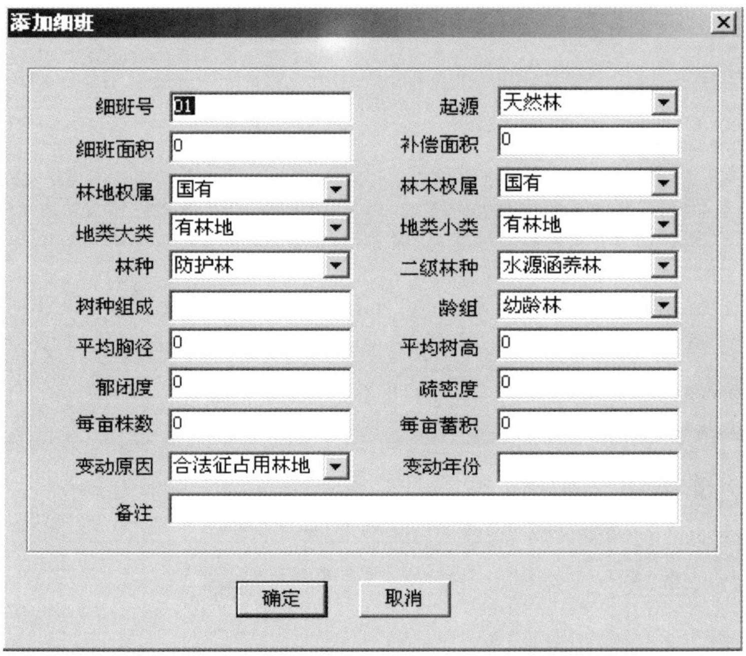

第 6 步：完成输入所有需要添加的细班因子后，点击【确定】完成细班信息输入。

注意：一个小班可以有多个细班，所有细班面积之和必须要等于小班补偿面积。完成细班信息输入后，如下图所示：

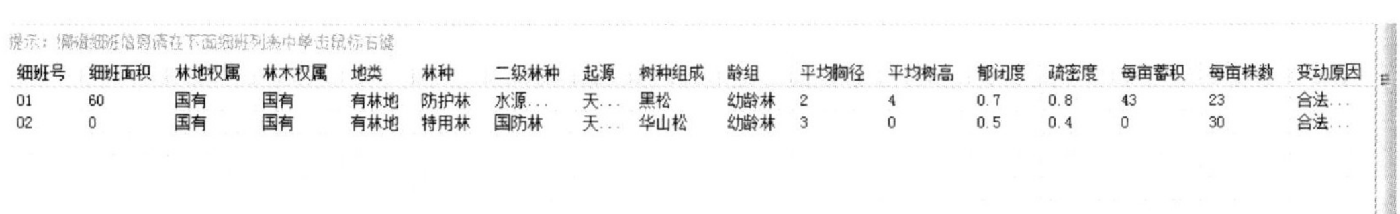

细班号	细班面积	林地权属	林木权属	地类	林种	二级林种	起源	树种组成	龄组	平均胸径	平均树高	郁闭度	疏密度	每亩蓄积	每亩株数	变动原因
01	60	国有	国有	有林地	防护林	水源...	天...	黑松	幼龄林	2	4	0.7	0.8	43	23	合法...
02	0	国有	国有	有林地	特用林	国防林	天...	华山松	幼龄林	3	0	0.5	0.4	0	30	合法...

第 7 步：完成细班因子输入以后，单击【提交】，完成小班属性数据添加操作。

5.2.2 数据查询

5.2.2.1 空间分布图逐级查询

第 1 步：进入系统以后，在右边的行政区域控制窗口(如下图框选区域①)中，双击行政树的县市名称(根节点)，在下图框选区域②中显示公益林整个县市的分布情况，如下图所示：

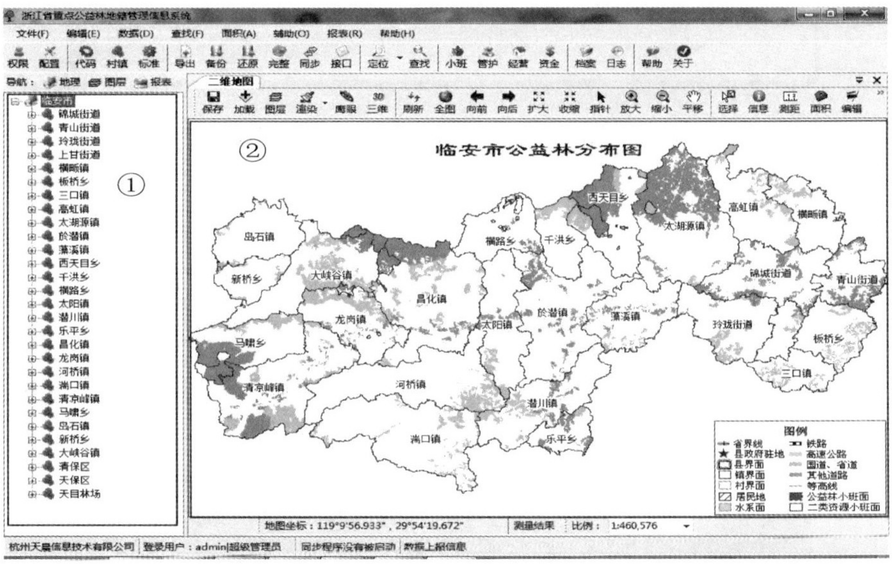

第 2 步：在右边的行政区域控制窗口(如下图框选区域①)中，双击行政树的乡镇名称，可查询到乡镇的公益林分布图。在下图框选区域②中显示公益林整个乡镇的分布情况，如下图所示：

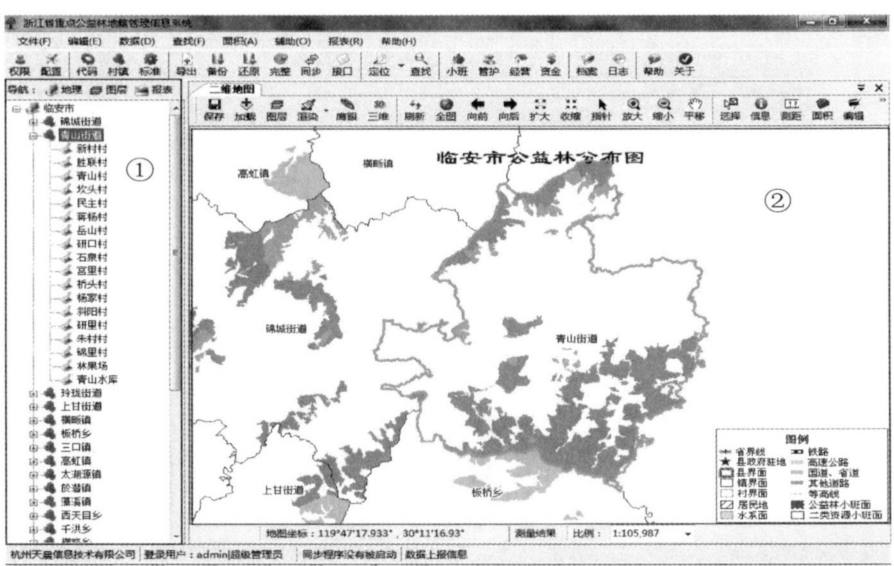

第 3 步：在右边的行政区域控制窗口（如下图框选区域①）中，双击行政树的村名称，可查询到村的公益林分布图。在下图框选区域②中显示公益林整个村的分布情况，如下图所示：

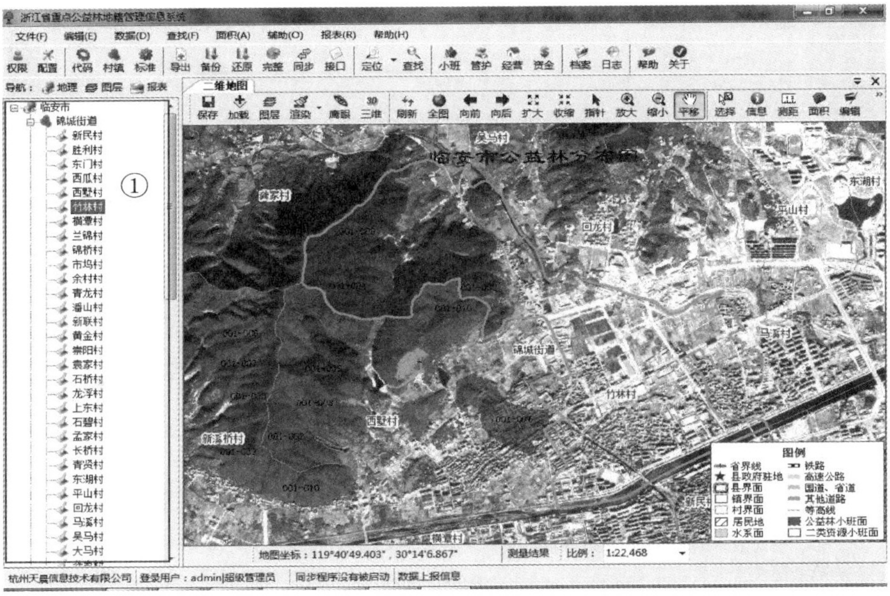

5. 2. 2. 2　小班属性查询

第 1 步：小班属性查询首先使用"空间分布图逐级查询"功能定位到小班所在的镇、村。

第 2 步：单击【信息】工具（如下图①），然后用鼠标在地图上单击需要查询的公益林小班，弹出小班信息卡（如下图③），如下图所示：

第3步：单击【详细>>】按钮，显示公益林小班详细信息，如下图所示：

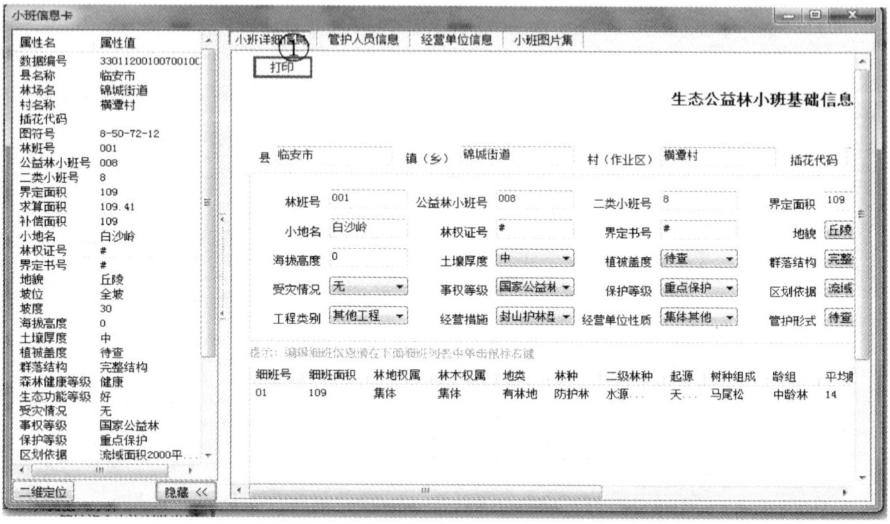

第4步：单击左上角的【打印】按钮（如上图①），可打印小班信息卡。

5.2.3 数据分析

5.2.3.1 自定义条件查询

自定义条件查询操作主要是针对林业部门用户在日常工作中可能需要按特定条件查找公益林小班数据，例如需要查找郁闭度大于0.5以上的马尾松在全县的分布情况等。具体操作步骤如下：

第1步：单击菜单【查找】（如下图①），选择【小班高级查找】，系统弹出小班高级查找功能界面，如下图所示：

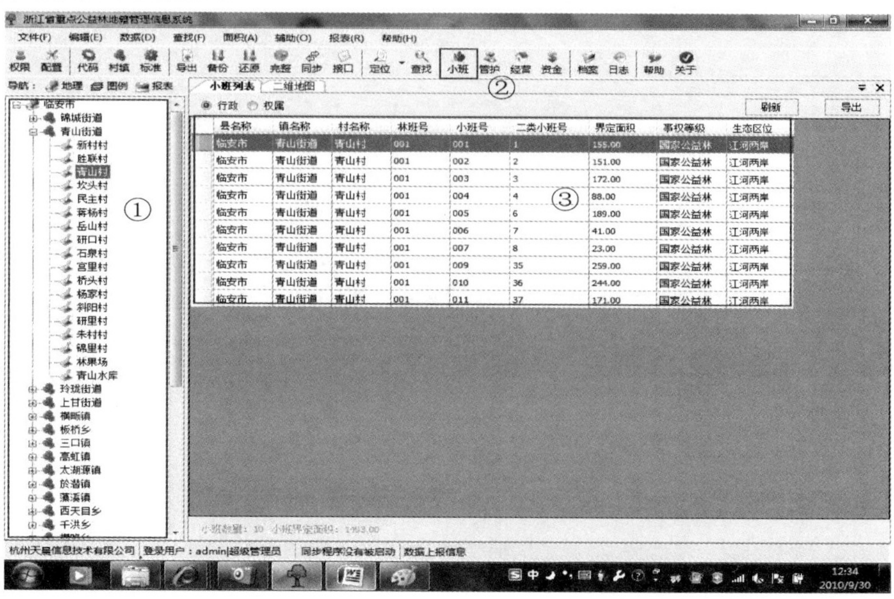

第 2 步：在行政选择区域选择建成面积统计的行政范围，下面以查找建成面积为例。

第 3 步：单击【查找设置】（如下图①），弹出条件设置对话框，如下图所示：

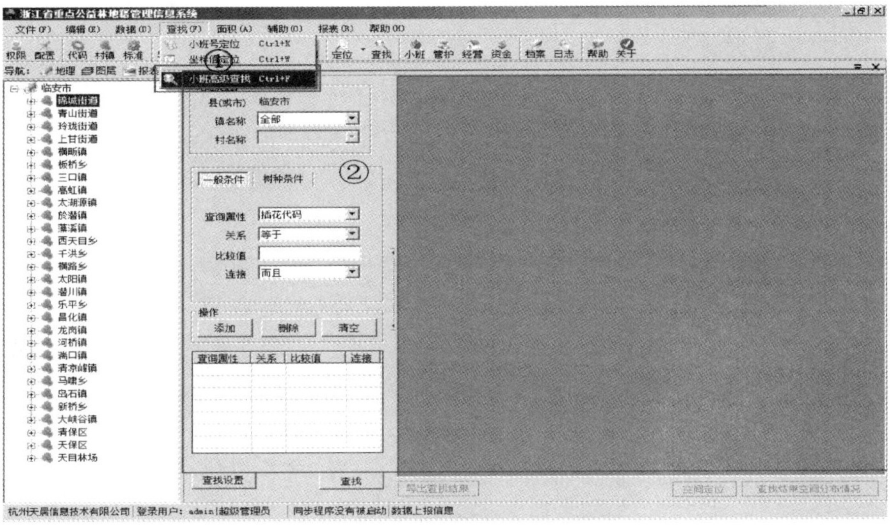

第 4 步：在弹出的对话框内“显示属性设置”一栏中，全选所有属性，然后单击【设置】，单击设置以后系统将会以公益理小班为单位显示小班列表。

第 5 步：单击“查找属性”下拉框，选择符合建成面积的查找条件（例如：选择郁闭度）。

第 6 步：在“比较值”文本框内输入该属性的条件值（例如：输入 0.5）。

第 7 步：单击【添加】按钮，完成条件添加。

第 8 步：单击“树种条件”选项卡，选择符合的树种组成条件。

第 9 步：循环 5 ~7 步骤，添加所有符合统计的条件。

第 10 步：完成所有添加以后，单击【查找】按钮，系统会显示符合条件的小班列表数据，如下图所示：

第 11 步：最后单击【查找结果空间分布情况】按钮，即可在地图上显示符合条件的公益林小班数据在全县的分布情况。

第 12 步：如果需要对单个符合条件的小班进行定位操作，单击【空间定位】即可。

5.2.3.2 个性化数据分析

个性化数据分析操作主要也是针对林业部门用户在日常工作中可能需要统计或者查找特定条件的公益林小班情况而设计的，例如统计分析公益林小班的建成面积情况。

第 1 步：单击菜单【查找】(如下图①)，选择【小班高级查找】，系统弹出小班高级查找功能界面，如下图所示：

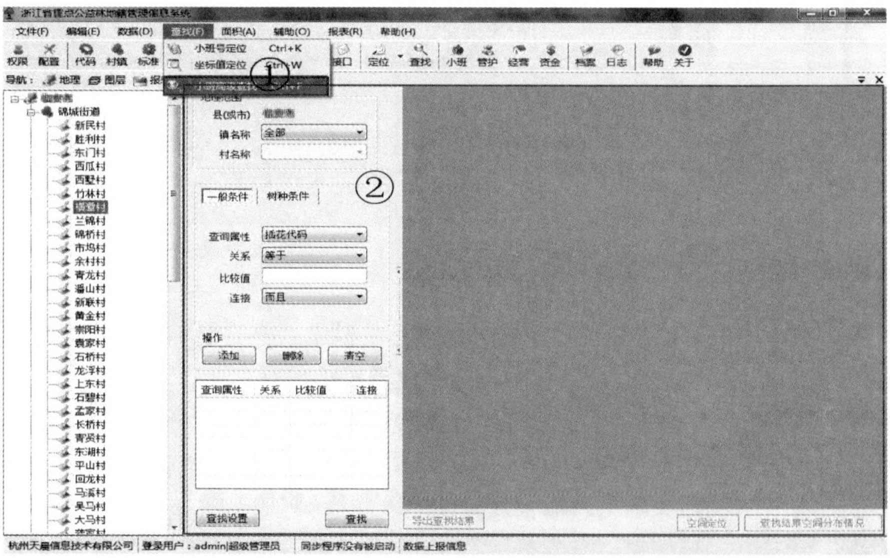

第 2 步：在行政选择区域选择建成面积统计的行政范围，下面以查找建成面积为例。

第 3 步：单击【查找设置】(如下图①)，弹出条件设置对话框，如下图所示：

第 4 步：在弹出的对话框内“显示属性设置”一栏中，去掉村名称、林班号和小班号，然后单击【设置】，单击设置以后系统将会以镇为单位统计各个乡镇的建成面积情况。

第 5 步：单击“查找属性”下拉框，选择符合建成面积的查找条件。

第 6 步：在“比较值”文本框内输入建成面积该属性的条件值。

第 7 步：单击【添加】按钮，完成建成面积条件添加。

第 8 步：单击“树种条件”选项卡，选择符合建成面积的树种组成条件。

第 9 步：循环 5 ~7 步骤，添加所有符合建成面积统计的条件。

第 10 步：完成所有添加以后，单击【查找】按钮(如下图①)，系统即可以乡镇为单位显示用户指定条件的建成面积情况，如下图所示：

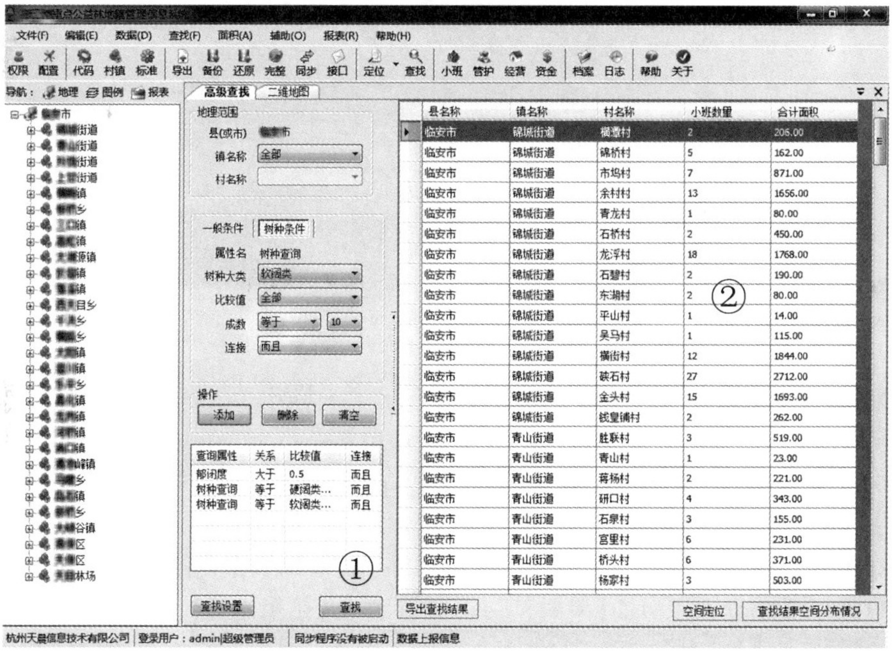

5.2.4 数据编辑

5.2.4.1 小班图形数据更新

小班图形编辑是指公益林小班边界由于某些原因发生变化的情况，按照变动情况分为图形拆分、合并、修整和调出四个类型。

➢拆分

拆分是指当一个公益林小班分成两个或两个以上公益林小班的情况时使用的功能。操作步骤如下：

第 1 步：单击系统左边的行政区域界面的村名称，定位到小班所在的村。

第 2 步：单击地图工具的【放大】或者【缩小】工具，调整合适的地图比例。

第 3 步：单击地图工具的【编辑】工具，显示地图编辑工具，然后单击【开始编辑】。

第 4 步：在编辑工具栏上选择目标图层，即公益林小班图层。

第 5 步：选择编辑工具栏上的【选择】工具，单击地图上需要拆分的公益林小班。

第 6 步：单击编辑工具栏上的【拆分】工具，在被选择的小班上画上一个分割线。

第 7 步：分割线必须横跨该公益林小班(如下图①区域位置)，完成绘制双击鼠标左键。

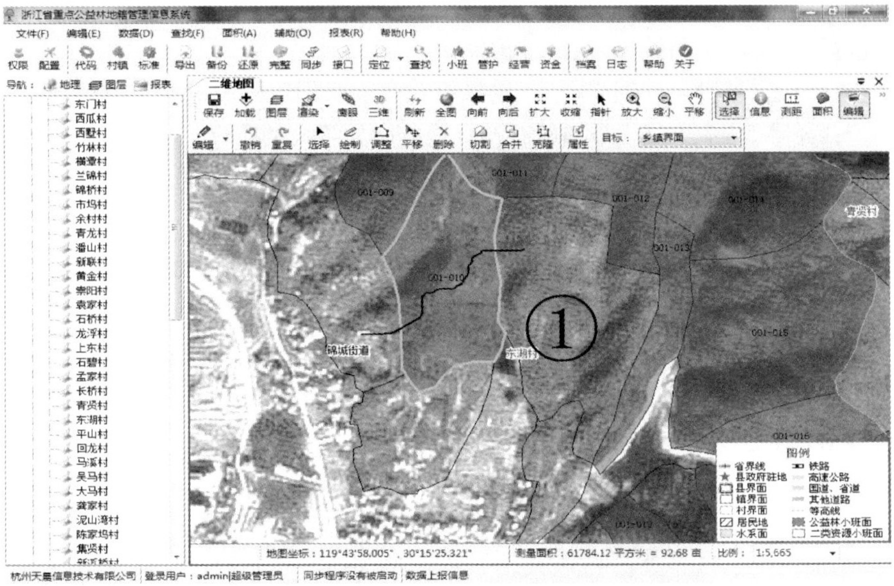

第 8 步：单击【选择】工具选择拆分后的其中一个小班。

第 9 步：单击编辑工具栏上的【属性】，在弹出对话框的"xbID"栏中输入小班编号，小班编号为 18 位字符，格式为：6 位县代码 + 3 位镇代码 + 3 位村代码 + 3 位林班号 + 3 位小班号。

第 10 步：单击【选择】工具选择拆分后的另外一个小班，重复第 9 个步骤。

第 11 步：单击地图工具的【编辑】工具，然后单击【结束编辑】，完成操作。

第 12 步：点击【信息】工具，在地图上单击该新公益林小班，在小班信息卡上输入对应属性信息。界面如下：

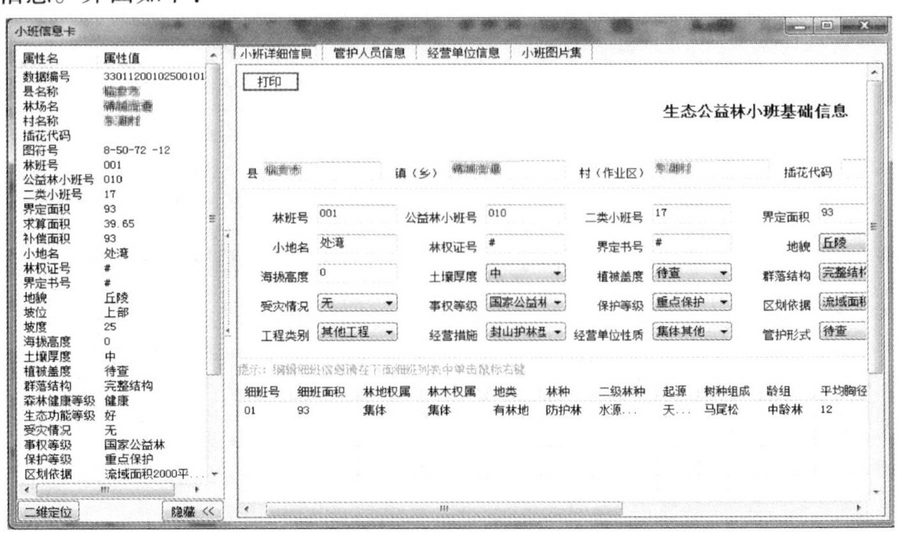

第 13 步：修改完毕后单击【提交修改】，完成操作。

➢合并

合并是指当两个或两个以上个公益林小班由于某些原因合并成一个公益林小班的情况时使用的功能。操作步骤如下：

第 1 步：单击系统左边的行政区域界面的村名称，定位到小班所在的村。

第 2 步：单击地图工具的【放大】或者【缩小】工具，调整合适的地图比例。

第 3 步：单击地图工具的【编辑】工具，显示地图编辑工具，然后单击【开始编辑】。

第 4 步：在编辑工具栏上选择目标图层，即公益林小班图层。

第 5 步：选择编辑工具栏上的【选择】工具，按下【Ctrl】键选择需要合并的公益林小班。

第 6 步：单击编辑工具栏上的【合并】工具，系统弹出合并对话框，如下图所示：

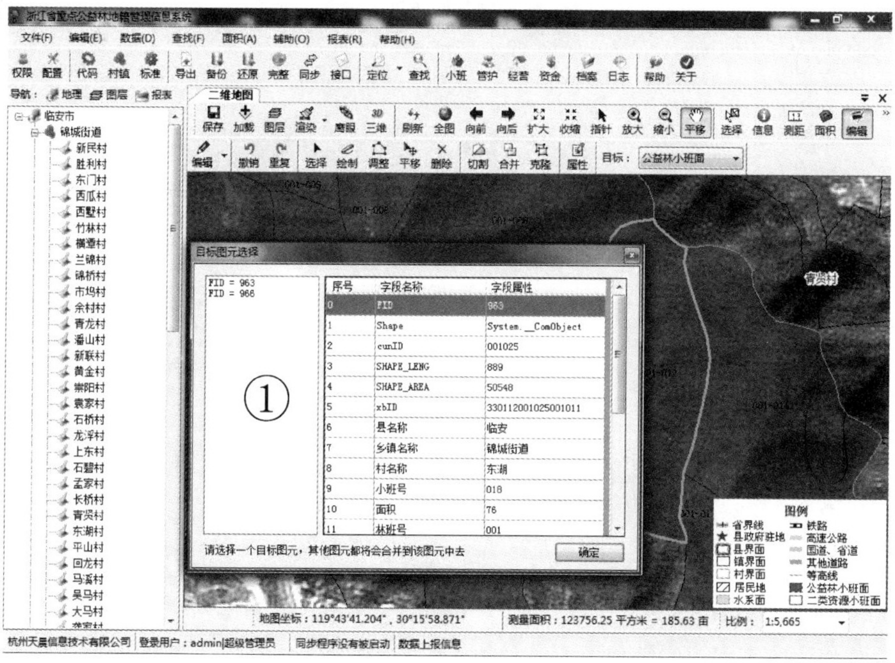

第 7 步：选择一个公益林小班后，单击【确定】，完成图形合并操作。

第 8 步：单击地图工具的【编辑】工具，然后单击【结束编辑】，完成操作。

第 9 步：点击【信息】工具，在地图上单击该新公益林小班，在小班信息卡上输入对应属性信息。

➢修整

修整是指由于某些原因，公益林小班边界发生了变动，需要在地图上重新修整公益林小班边界的情况。操作步骤如下：

第 1 步：单击系统左边的行政区域界面的村名称，定位到小班所在的村。

第 2 步：单击地图工具的【放大】或者【缩小】工具，调整合适的地图比例。

第 3 步：单击地图工具的【编辑】工具，显示地图编辑工具，然后单击【开始编辑】。

第 4 步：在编辑工具栏上选择目标图层，即公益林小班图层。

第 5 步：选择编辑工具栏上的【选择】工具，选择需要修整的公益林小班。

第 6 步：单击编辑工具栏上的【调整】工具，然后用鼠标单击拖动公益林边界进行修整。如下图所示：

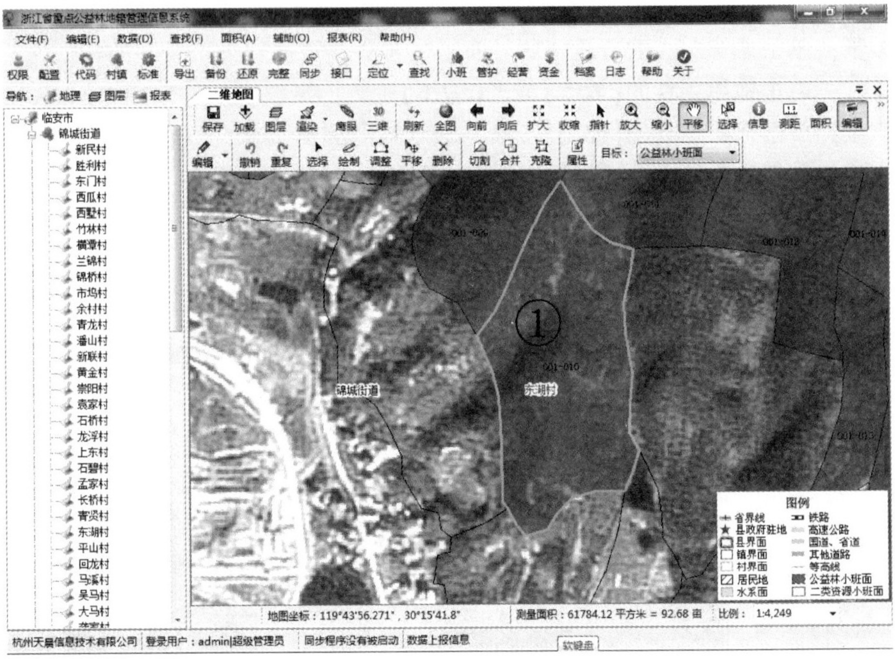

第 7 步：直到修整完成，单击地图工具的【编辑】工具，然后单击【结束编辑】，完成操作。

第 8 步：点击【信息】工具，在地图上单击该新公益林小班，在小班信息卡上输入对应属性信息。

➢调出

调出是指某个公益林小班由于林山地征占用、道路施工等原因被调出，需要在地图上删除该公益林小班的情况。操作步骤如下：

第 1 步：单击系统左边的行政区域界面的村名称，定位到小班所在的村。

第 2 步：单击地图工具的【放大】或者【缩小】工具，调整合适的地图比例。

第 3 步：单击地图工具的【编辑】工具，显示地图编辑工具，然后单击【开始编辑】。

第 4 步：在编辑工具栏上选择目标图层，即公益林小班图层。

第 5 步：选择编辑工具栏上的【选择】工具，选择需要调出的公益林小班。

第 6 步：单击编辑工具栏上的【删除】工具，确认删除。

第 7 步：单击地图工具的【编辑】工具，然后单击【结束编辑】，完成操作。

5.2.4.2　属性数据更新

第 1 步：进入系统以后，在右边的行政区域控制窗口(如下图框选区域)中选择小班所在的镇村，点击小班所在的村名称，如下图①所示。

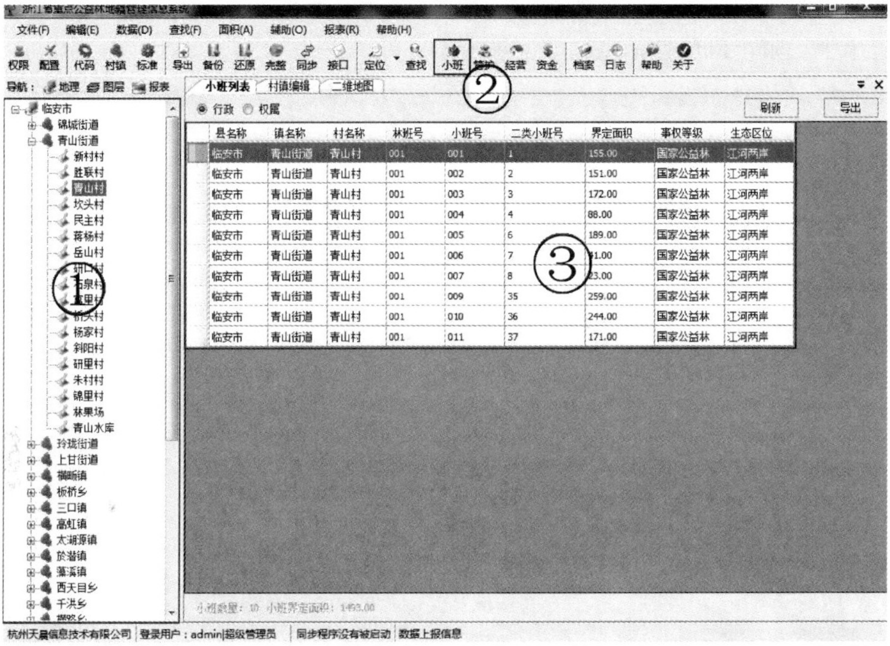

第 2 步：点击工具栏上的【小班】工具，如上图②，显示该村所在位置的公益林小班属性数据列表。

第 3 步：在上图③区域中单击右键，选择点击【详细信息】，跳出公益林小班信息卡（如下图①），或者单击【信息】工具，然后用鼠标在地图上单击该公益林小班，弹出小班信息卡。如下图所示：

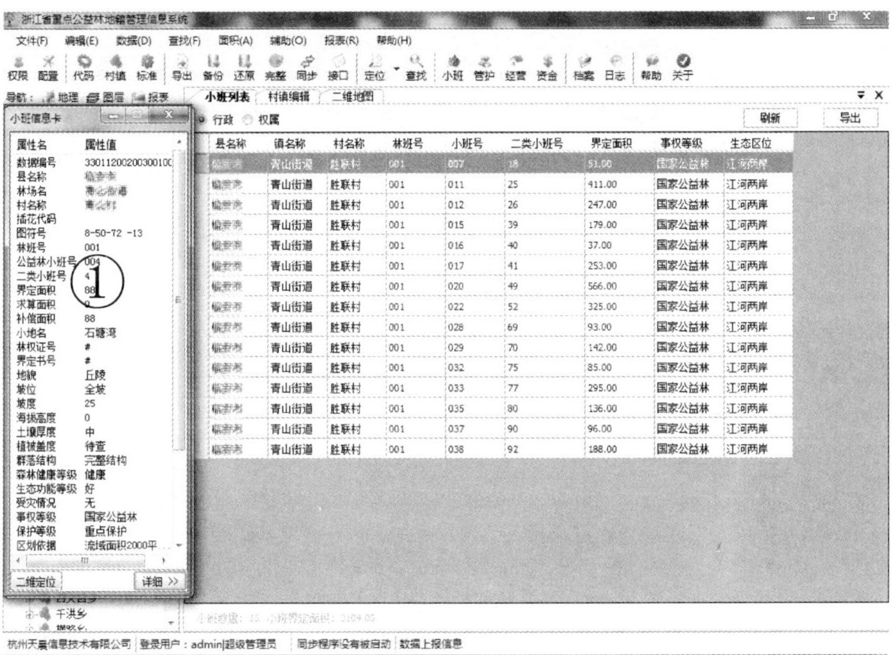

第 4 步：点击小班信息卡上的按钮【详细 > >】显示小班详细的属性信息内容，并在详细信息卡上编辑小班属性信息，如下图所示：

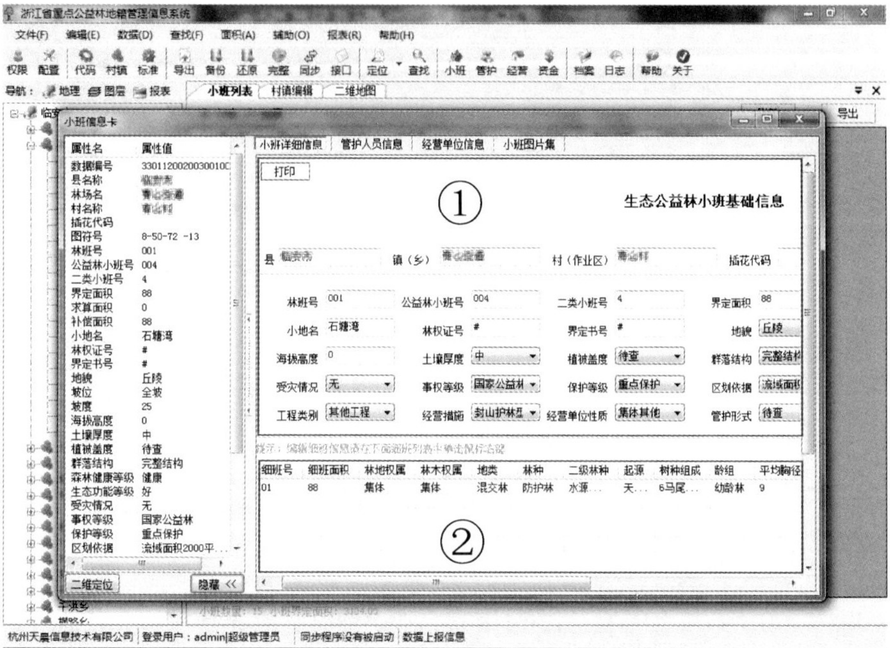

第 5 步：在上图②位置单击右键，点击【编辑细班】，弹出细班信息编辑对话框，如下图所示：

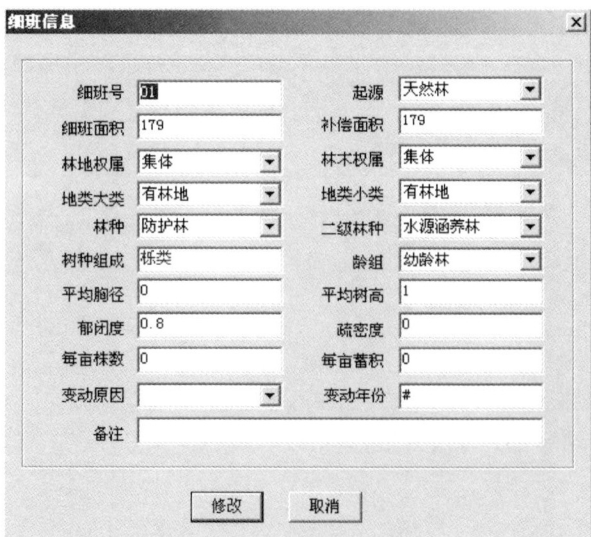

第 6 步：在上图的对话框中更新需要编辑的因子后，单击按钮【修改】，完成细班编辑。

第 7 步：最后，在小班详细信息卡上单击【提交修改】按钮，完成编辑数据的提交更新。

5.2.5 数据输出

5.2.5.1 小班信息卡输出

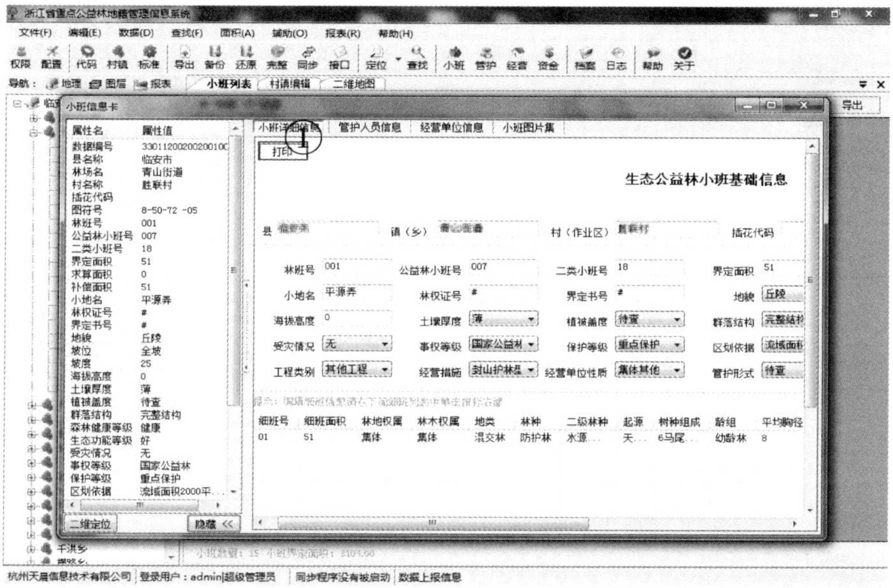

单击小班信息卡左上角的【打印】按钮（如上图①），即可打印小班信息卡。

5.2.5.2 专题图制作和导出

专题图生成功能主要实现将公益林小班按照某个小班属性因子，以不同的颜色渲染不同属性因子的公益林小班，将其分别着色（使用什么颜色在因子代码管理里配置），最后系统会在空间地图上生成以不同颜色渲染后的公益林小班分布图，以方便用户分析、决策使用。主要操作步骤如下：

第 1 步：单击系统工具栏上的【渲染】工具，选择需要生成的专题图名称。

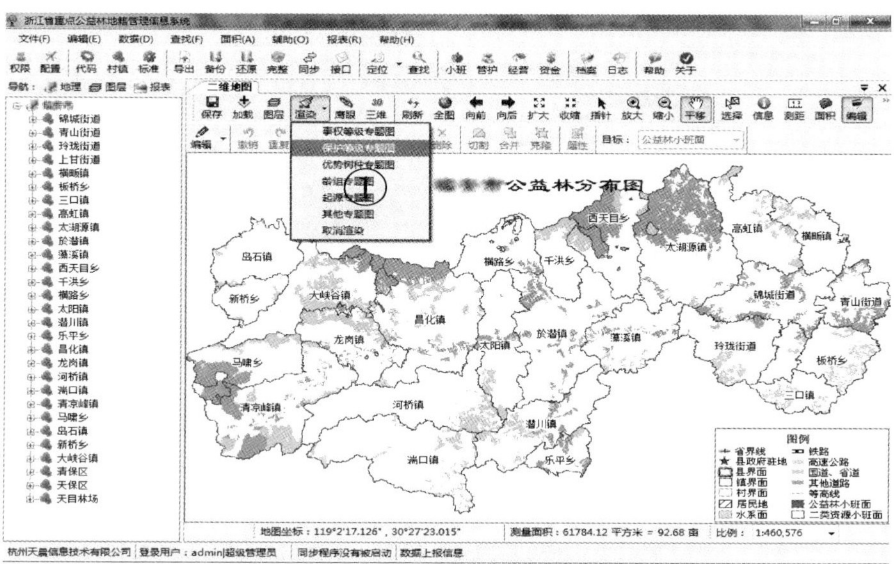

第 2 步：单击【渲染】按钮，即可完成专题图渲染操作（如上图①所示）。

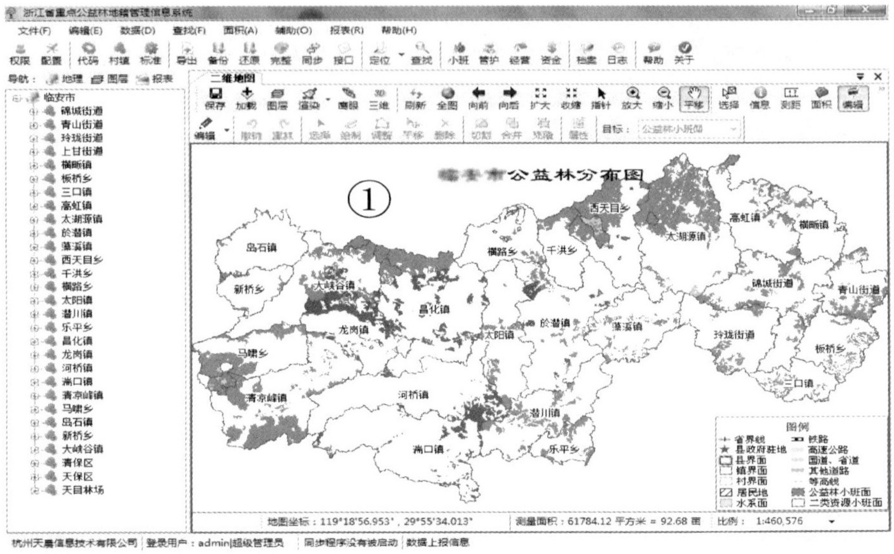

第 3 步：单击系统工具栏上的【导出】工具即可完成操作。

5.3 资金管理

5.3.1 数据输入

5.3.1.1 管护费用标准编辑

第 1 步：点击菜单栏【编辑】中的【标准编辑】或者工具栏上的标准进入管护标准修改界面。

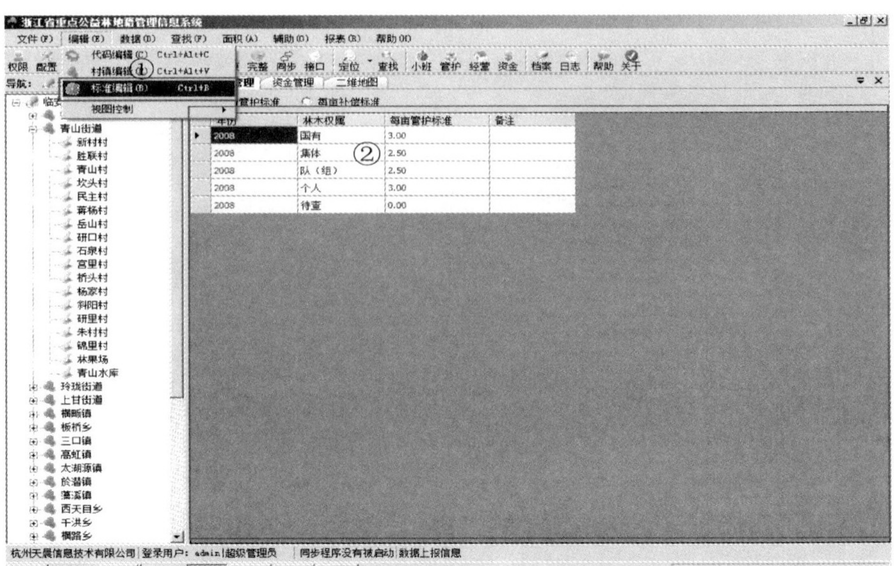

第 2 步： 在每亩管护标准修改栏里右击【修改】或者双击，每亩标准栏即进入可编辑状态，直接在面板上修改即可。

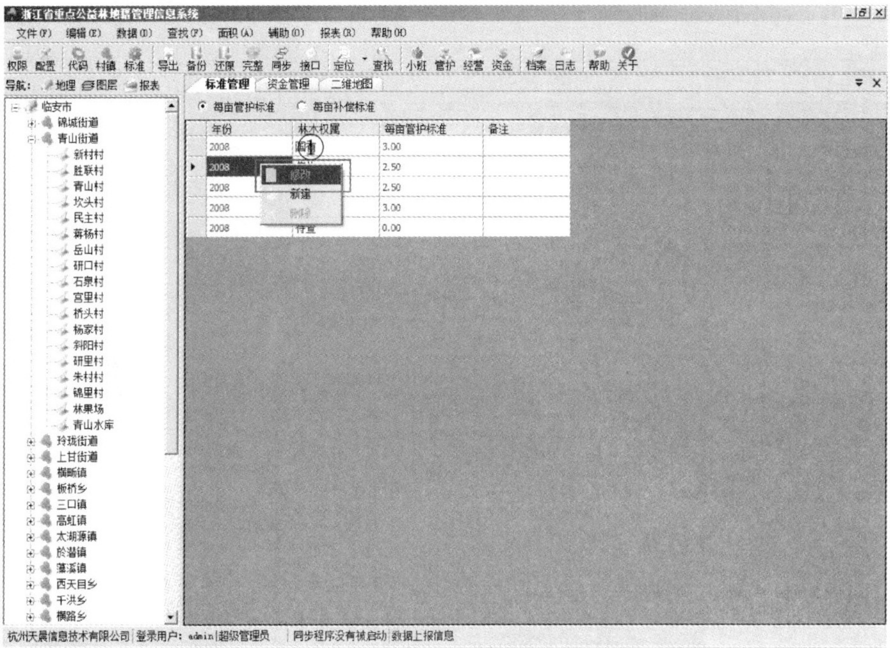

第 3 步： 管护标准新增：右击【新建】弹出新建面板。

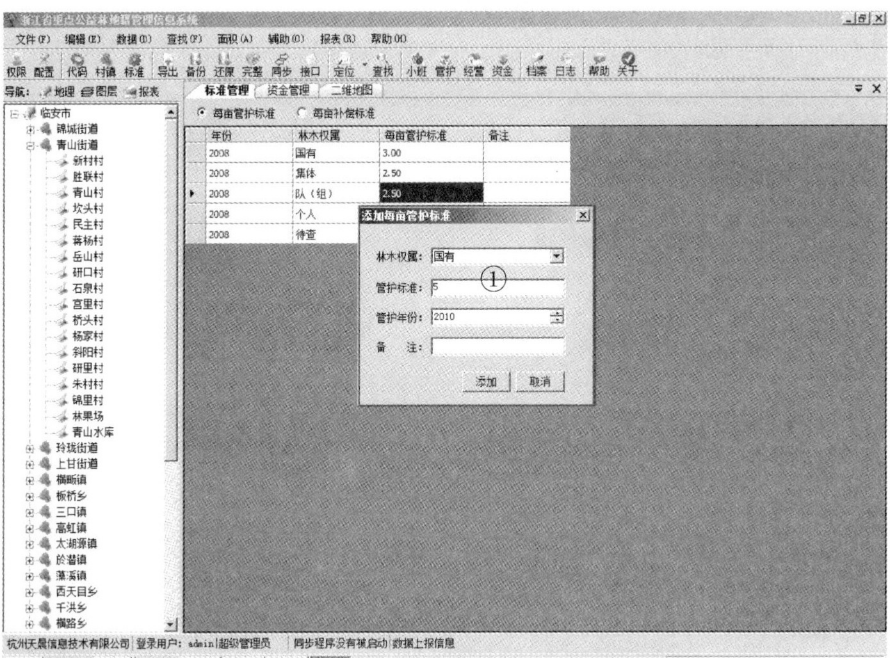

第 4 步： 选择林木权属，管护年份，单击【添加】完成管护费用标准新增。注意已添加的标准不能重复添加。

第 5 步：管护标准删除：右击【删除】，在确认面板上确认即完成删除。

5.3.1.2　补偿标准编辑

第 1 步：在标准面板上面选择【每亩补偿标准】，进入补偿标准编辑面板。

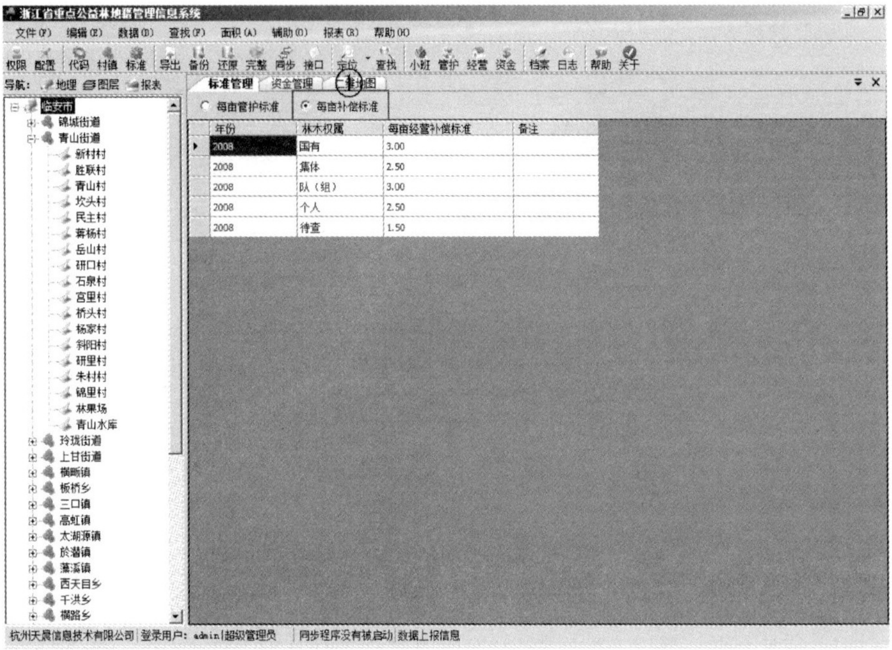

第 2 步：在每亩补偿标准修改栏里右击【修改】或者双击，每亩标准栏即进入可编辑状态，直接在面板上修改即可。

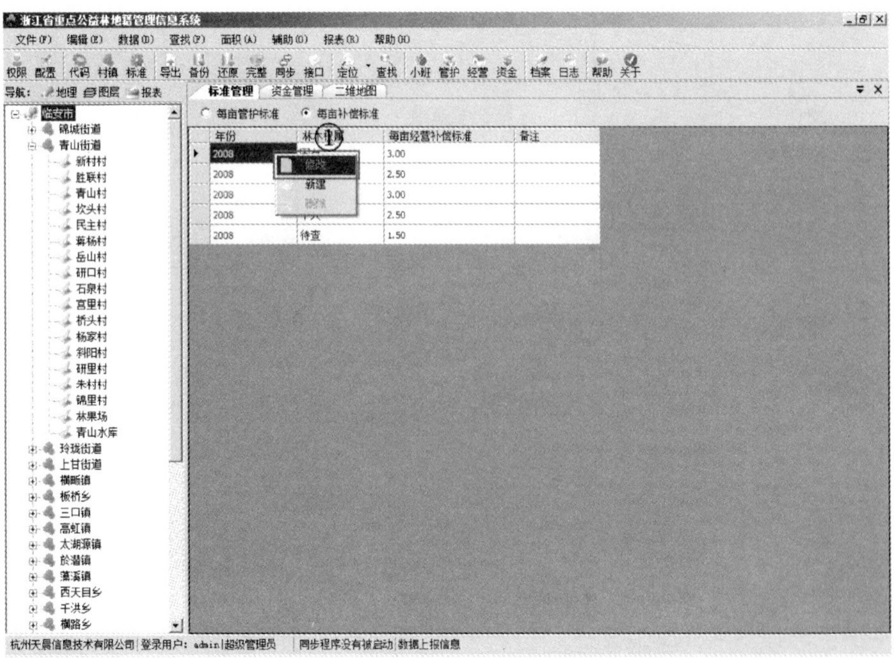

第 3 步：选择林木权属，补偿年份，单击【添加】完成补偿标准新增。注意已添加的补偿标准不能重复添加。

第 4 步：补偿标准删除：选择标准右击【删除】，在确认面板上确认即完成删除。

5.3.1.3 管护资金

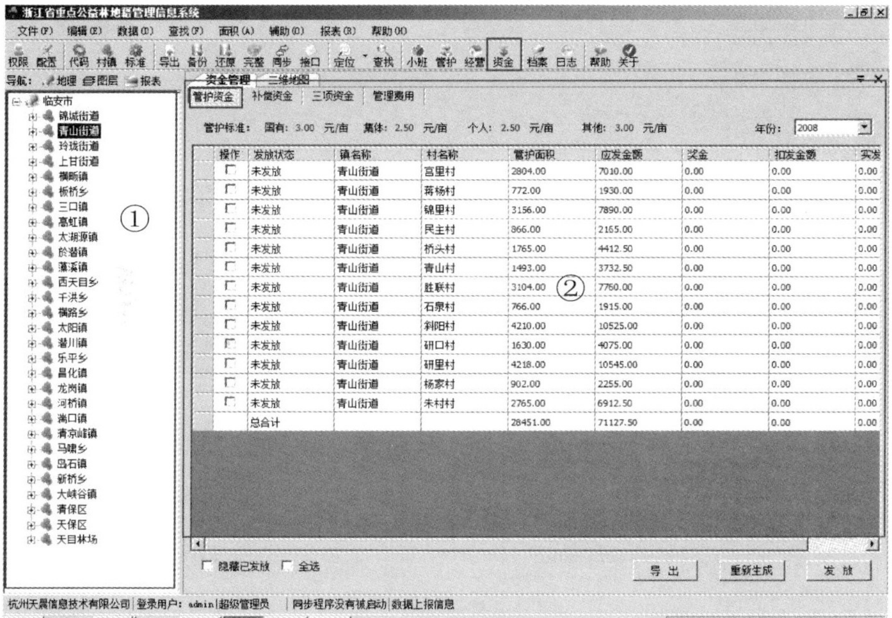

如上图所示①区域为行政树，用于村镇范围定位；如上图②区域为管护资金管理界面。

5.3.1.4 损失性补偿资金

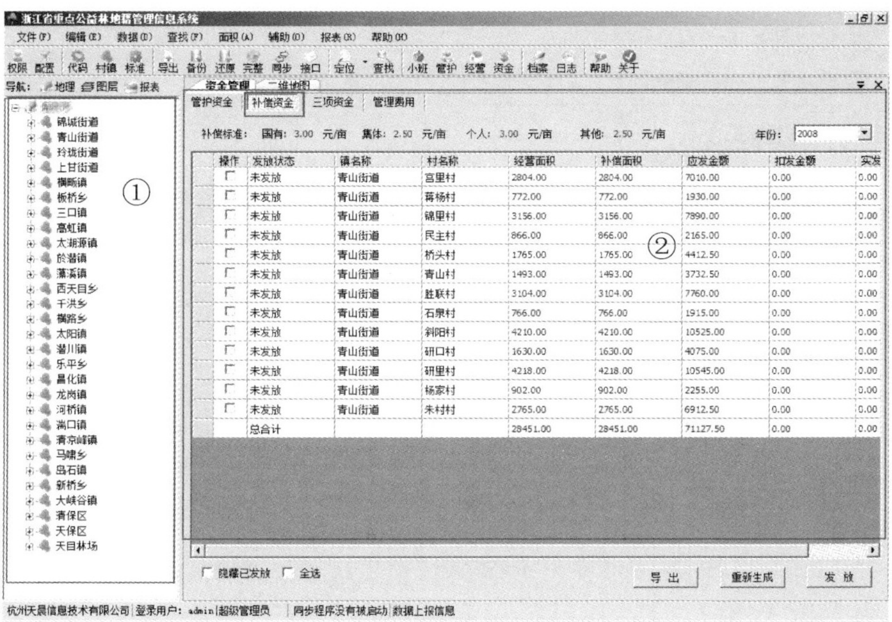

如上图所示①区域为行政树，用于村镇范围定位；上图②区域为补偿资金管理界面。

5.3.1.5 公共管护资金

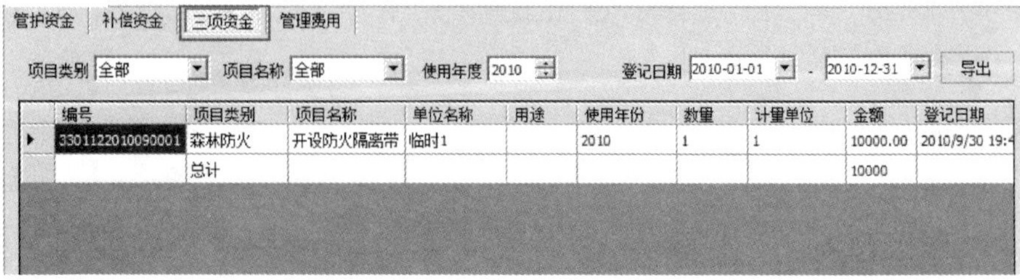

第 1 步：在三项资金面板子菜单中右单击【新建】，弹出新建窗体如下图所示：

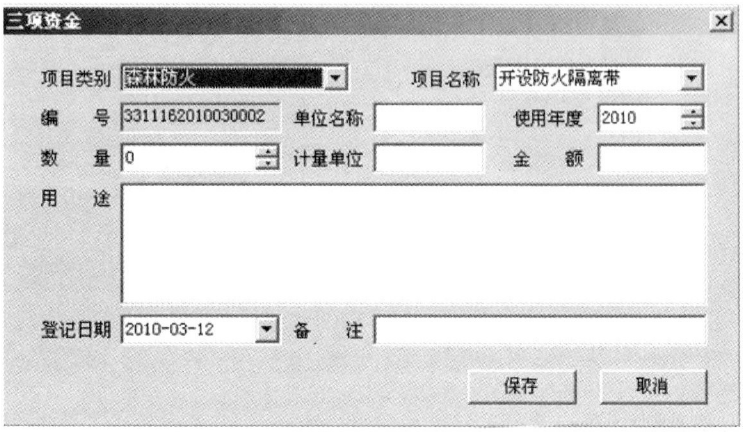

第 2 步：填充对应的公共管护资金的属性信息后，单击【保存】即完成公共管护资金添加。

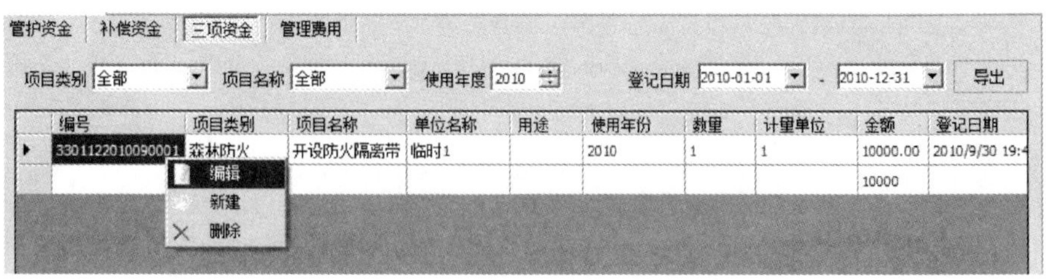

第 3 步：选择将编辑或者删除的信息栏，右击选择编辑或者删除，如下图所示：

第 4 步：在管理费用面板子菜单中右单击【新建】，弹出新建窗体如下图所示：

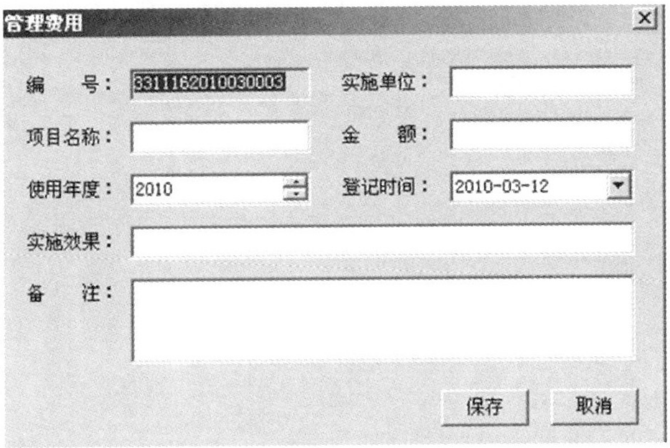

第 5 步：填充对应的信息，单击【保存】即完成管理资金新增。

第 6 步：选择将编辑或者删除的信息栏，右击选择编辑或者删除，如下图所示：

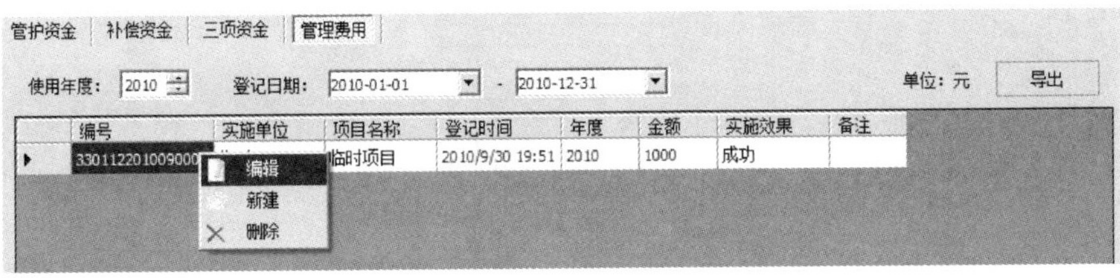

第 7 步：编辑时弹出如新增的面板，修改信息【保存】即完成编辑；删除时，再【确认】完成。

5.3.2　数据查询分析

5.3.2.1　管护资金查询浏览发放

第 1 步：点击菜单【面积】中的【资金管理】或者工具栏上的【资金管理】，系统会弹出资金管理界面。

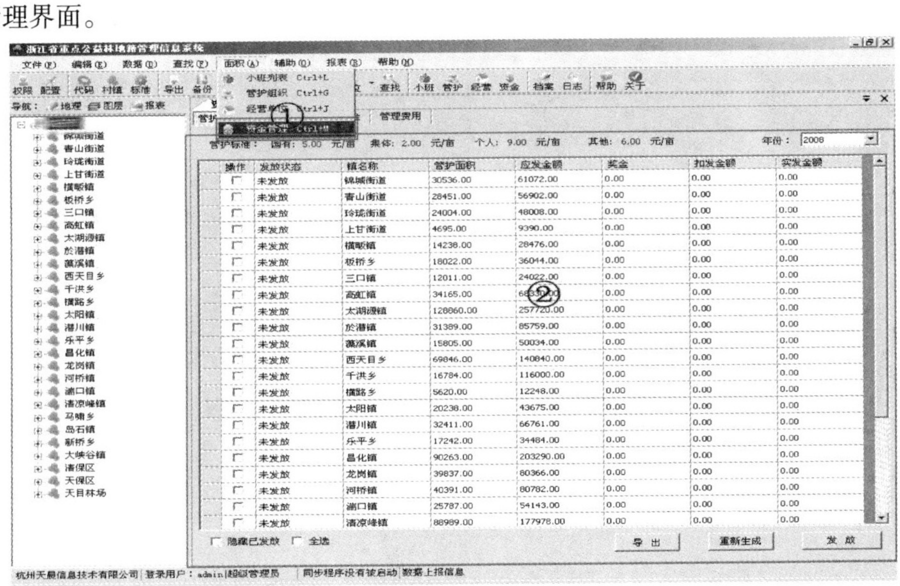

第 2 步：在行政树中双击乡镇节点，定位到镇级管护资金界面。

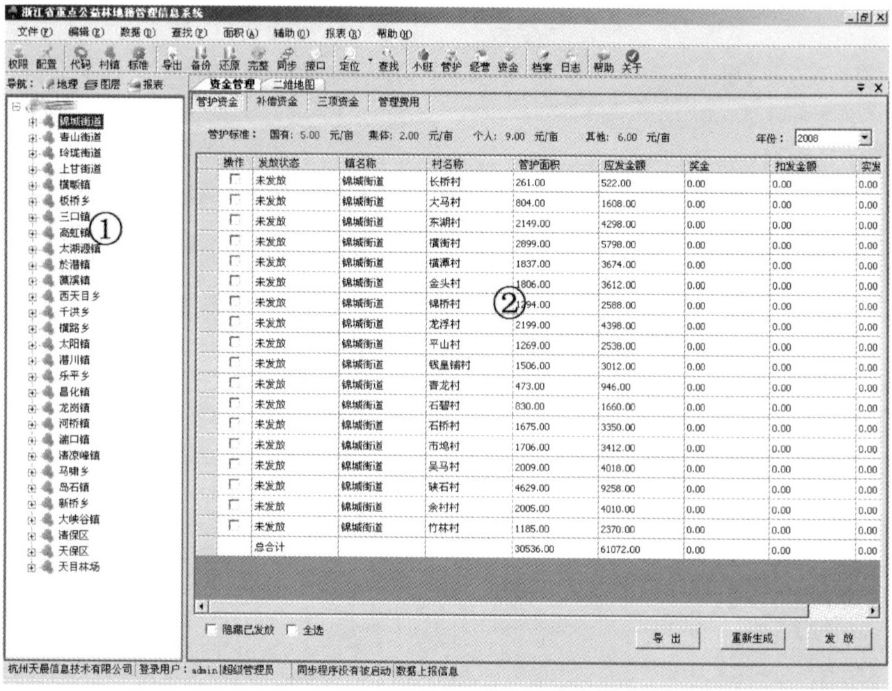

第 3 步：在行政树中双击村节点，定位到村级管护资金界面，即可浏览。

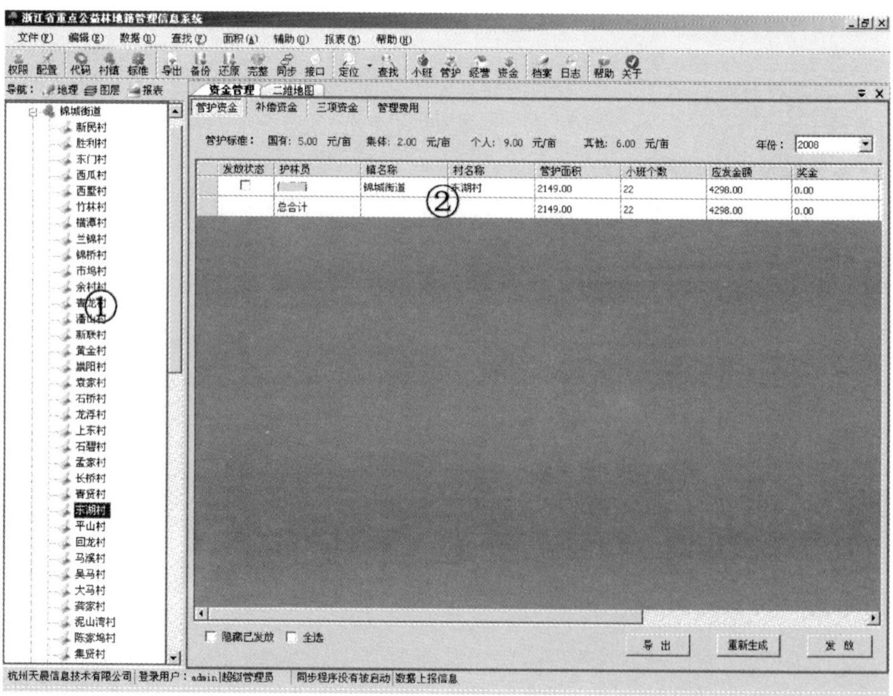

5.3.1.2 补偿资金查询浏览

第 **1** 步：点击信息框架上方的【补偿资金】，在右边的性质树中选择县级节点。

第 **2** 步：在行政树中双击乡镇节点，定位到镇级补偿资金界面，即可浏览。

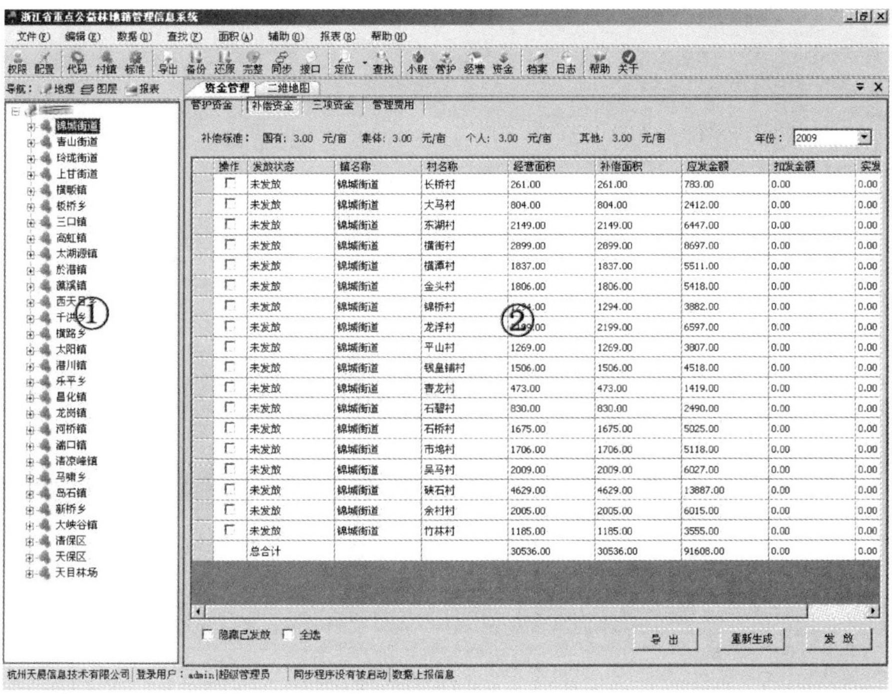

第 3 步： 在行政树中双击村节点，定位到村级补偿资金界面。

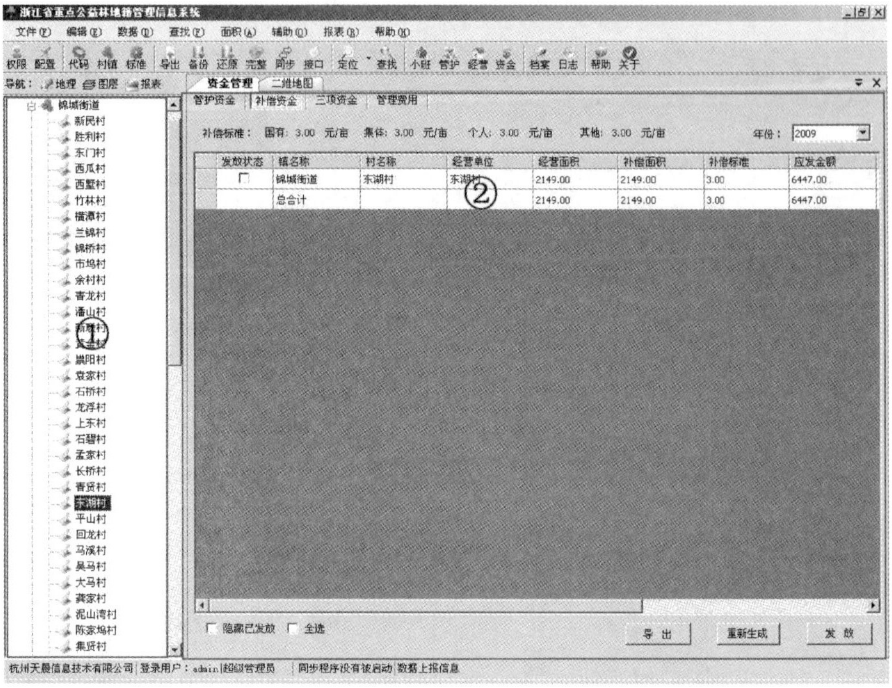

5. 3. 2. 3 三项资金查询浏览

第 1 步： 点击信息框架上方的【三项资金】，弹出二项资金界面。

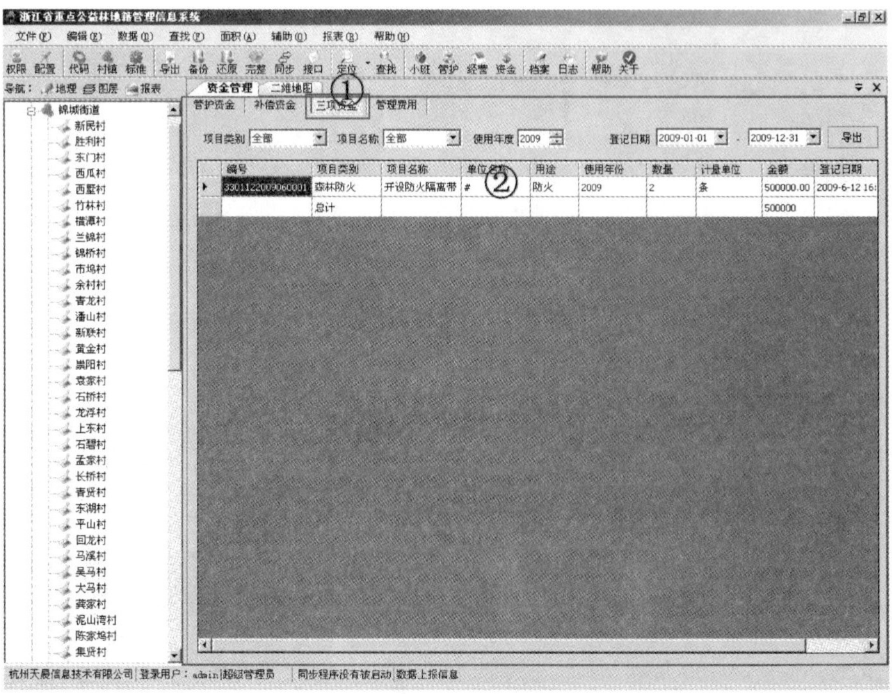

第 2 步：筛选项目类别、项目名称、年份和登记日期进行浏览。

5.3.2.4　管理费用查询浏览

第 1 步：点击信息框架上方的【管理费用】，弹出管理费用界面。

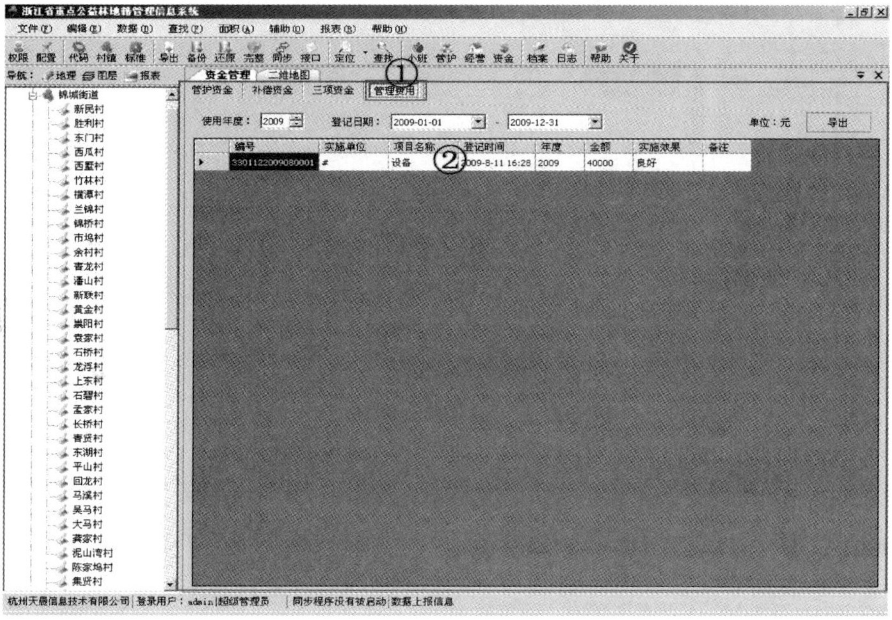

第 2 步：筛选使用年份和登记日期进行浏览。

5.3.2.5　管护资金发放

第 1 步：定位到县级管护资金，在信息框中勾选一个或者多个镇进行，点击右下角的【发放】，在点击【是】即完成县级发放。

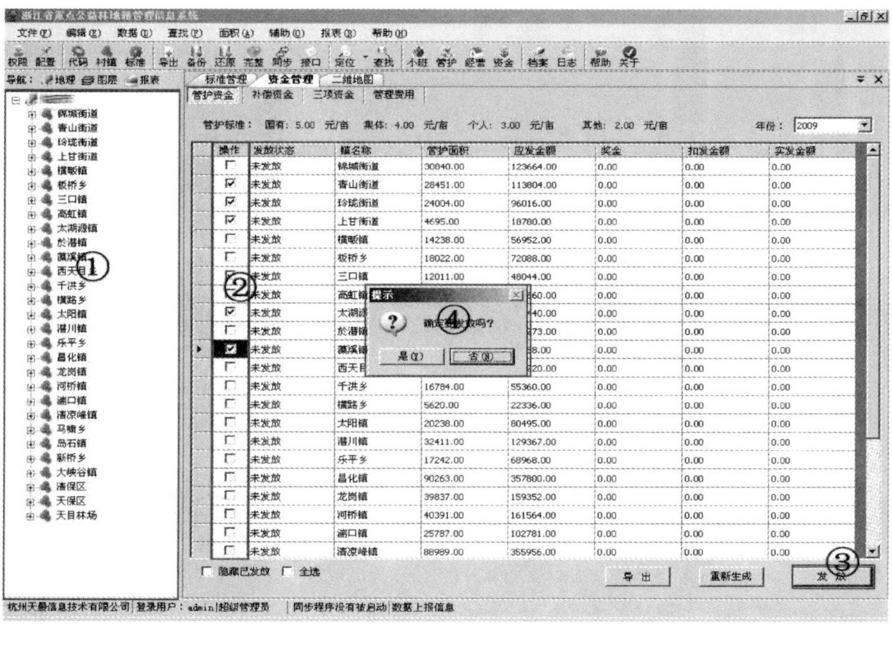

注意：县级发放后，该发放镇的所有村都将发放。

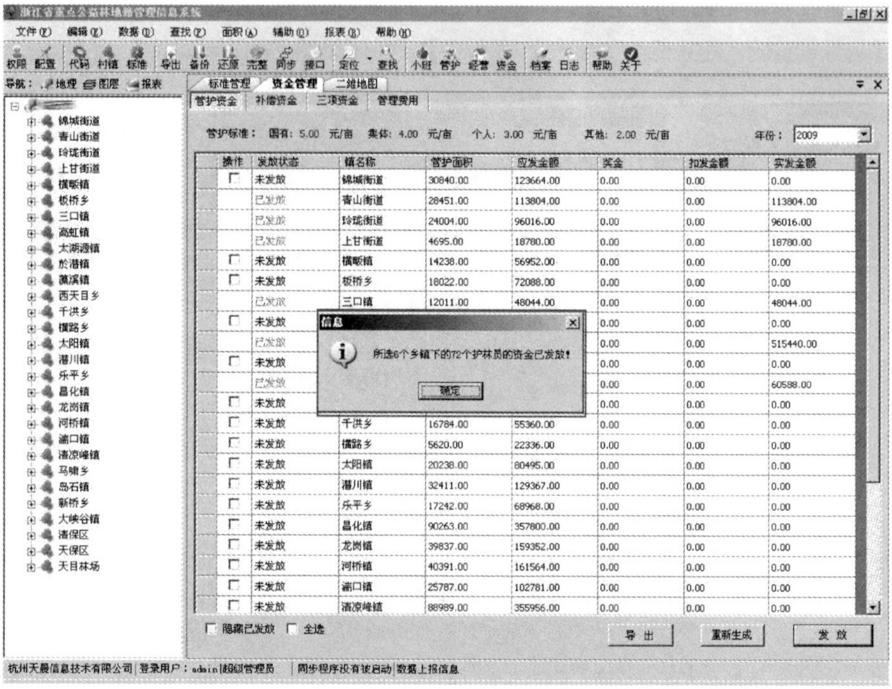

第 2 步：可勾选【隐藏已发放】进行筛选显示查看，只显示未发放；

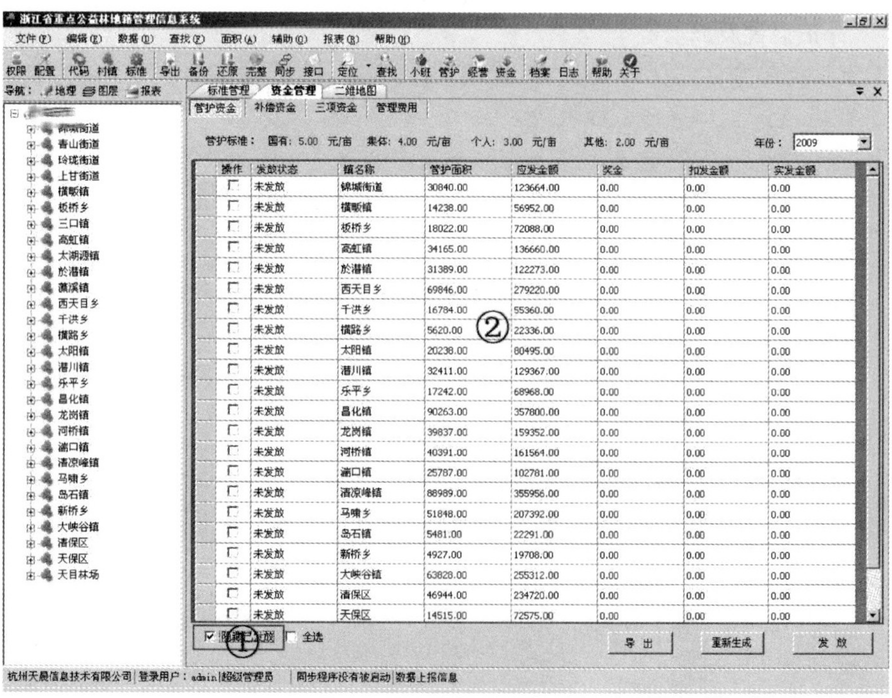

第 3 步：镇级发放：定位到镇级管护资金，在信息框中勾选一个或者多个村，点击【发放】，在点击【是】即完成镇级管护资金发放。

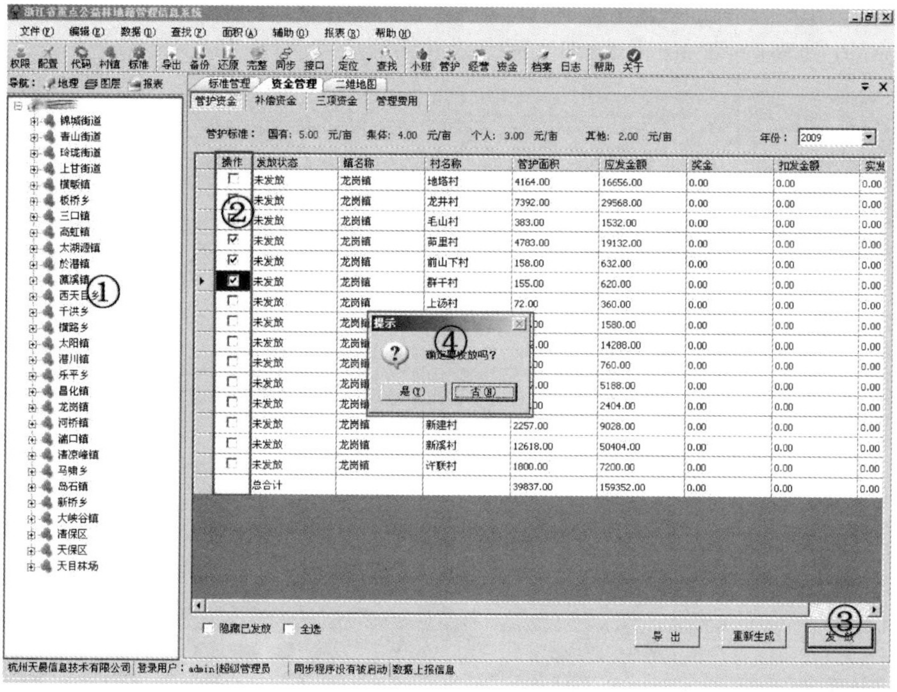

第 4 步：村级发放：定位到镇级管护资金，在信息框中勾选一个或者多个护林员，在现金和扣发金额栏里可进行修改。

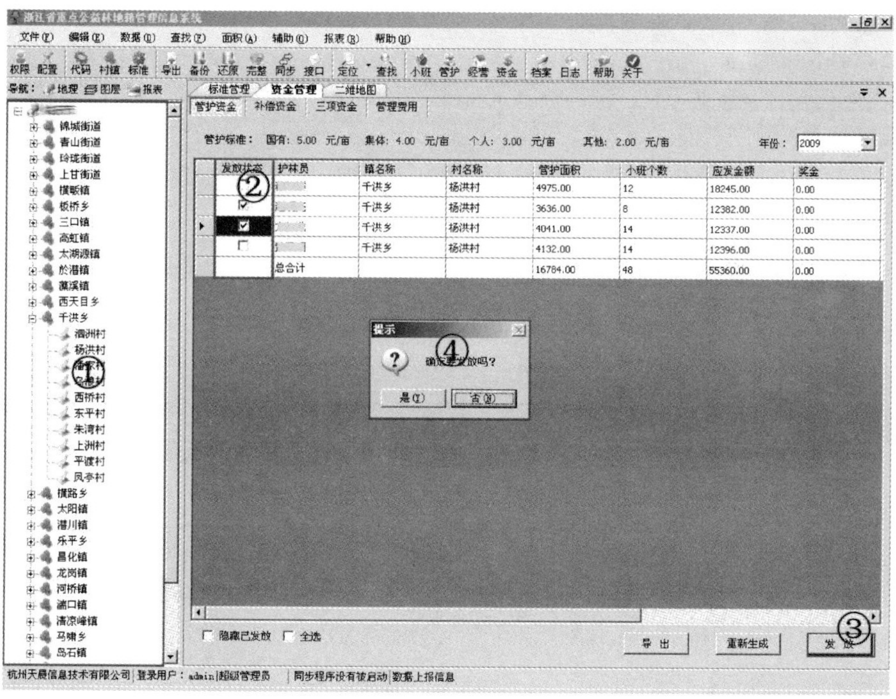

第 5 步：点击【发放】，在点击【是】即完成村级管护资金发放。

5.3.2.6 补偿资金发放

第 1 步：县级发放：定位到县级补偿资金，在信息框中勾选一个或者多个镇进行，点击右下角的【发放】，在点击【是】即完成县级补偿资金发放。

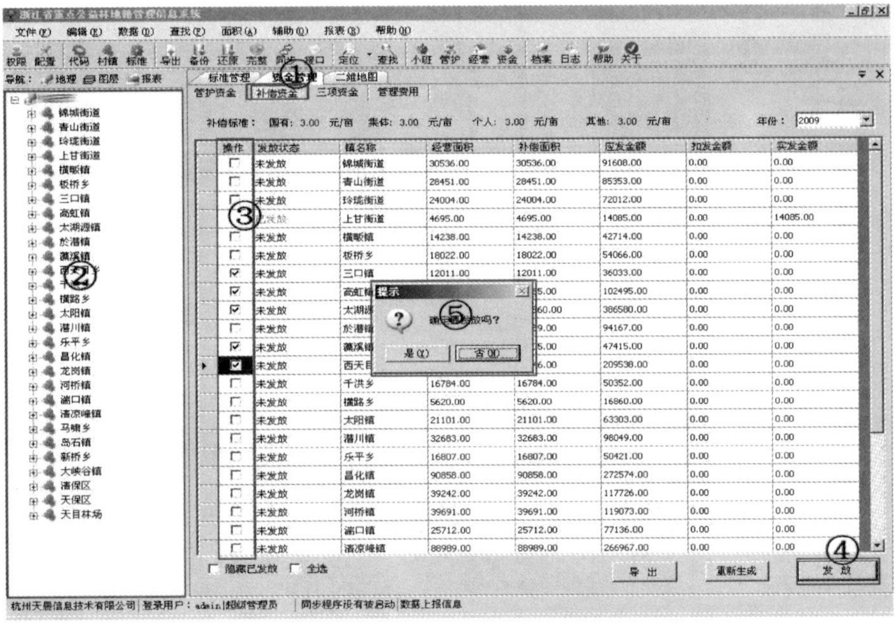

第 2 步：镇级发放：定位到镇级补偿资金，在信息框中勾选一个或者多个村，点击【发放】，在点击【是】即完成镇级补偿资金发放。

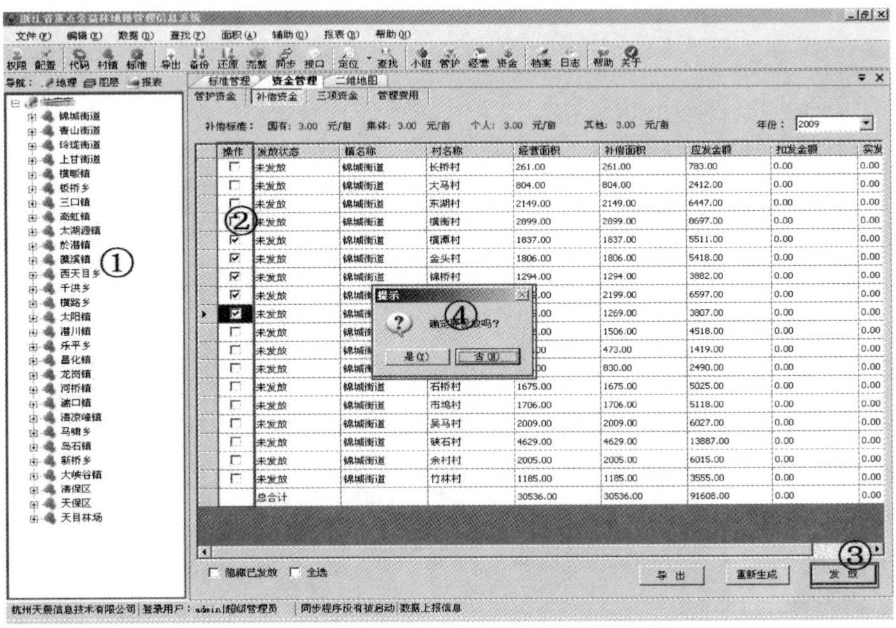

第 3 步：村级发放：定位到镇级补偿资金，在信息框中勾选一个或者多个村，在扣发

金额栏里可进行修改。

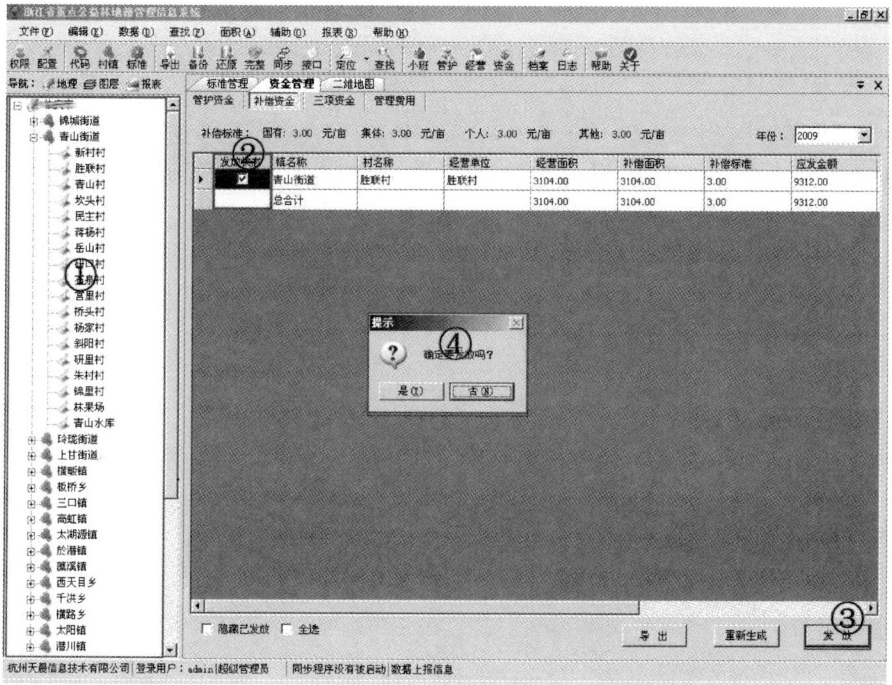

第 4 步：点击【发放】，再点击【是】即完成村级补偿资金发放。

5.3.2.7 重新统计

第 1 步：首先确定年份，确认年份后必须保证该年份有资金标准，如没有则需在标准管理中进行添加。

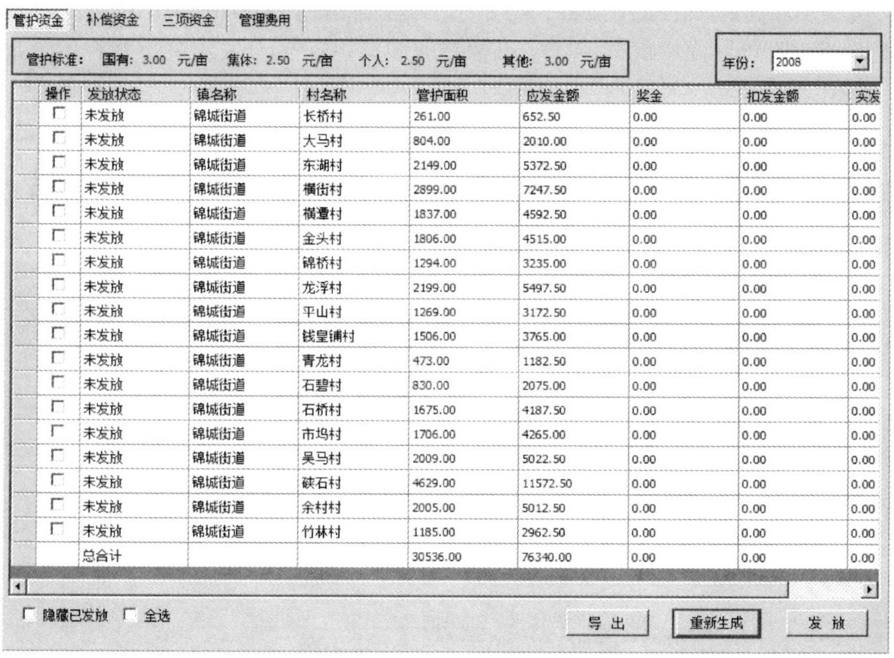

第 2 步：单击上图右下角的【重新统计】。

第 3 步：在弹出的确认对话框中点击【确认】完成对相关资金的重新统计。

5.3.3 数据输出

5.3.3.1 管护资金导出

第 1 步：点击资金管理中的【导出】按键，弹出保存面板如下图所示：

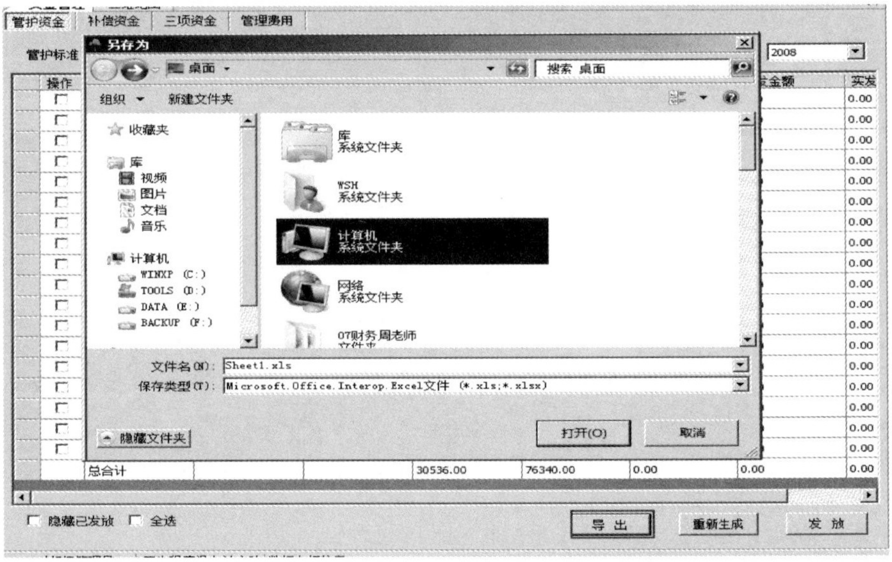

第 2 步：选择具体的存储地址，填写文件名称，单击保存即完成数据导出。

5.3.3.2 资金发放清册

第 1 步：单击系统左边的【报表】工具栏，报表显示树形界面。

第 2 步：在树形界面中展开选择自己需要查看的管护资金发放清册和补偿资金发放清册，然后双击鼠标。

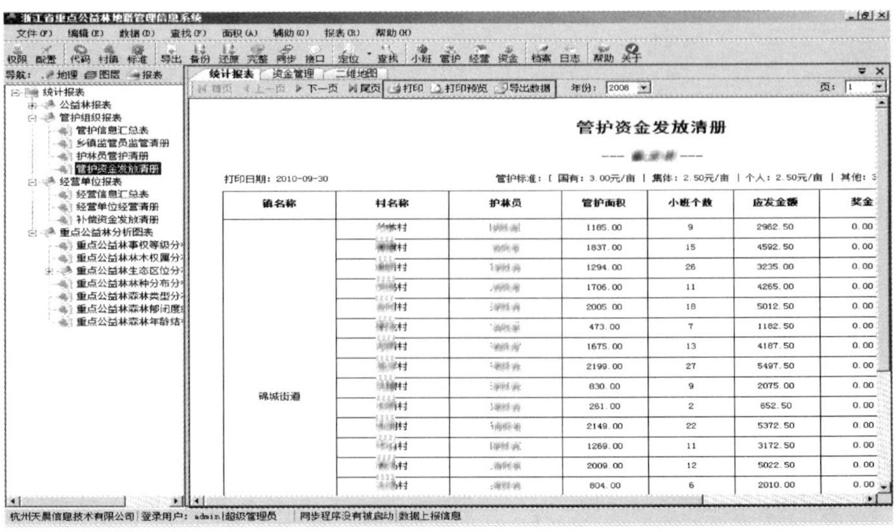

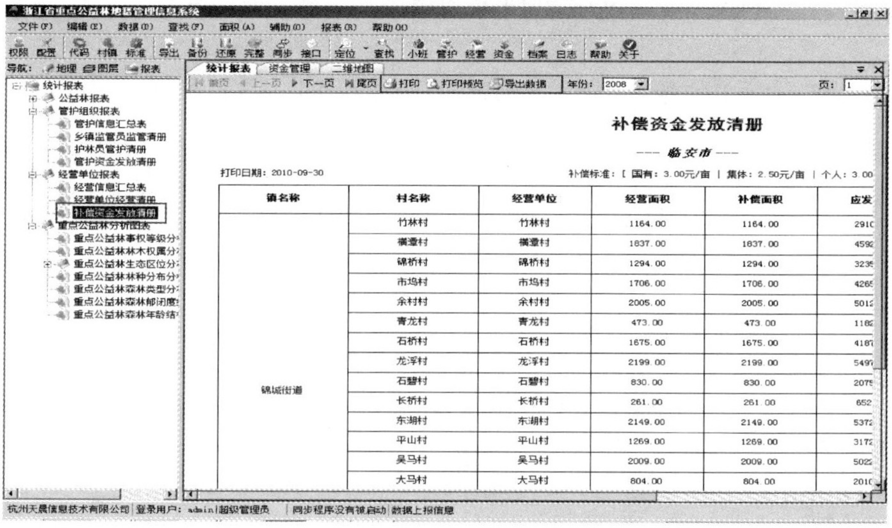

第 3 步：双击鼠标以后系统会在系统主界面上显示对应的报表数据信息。

第 4 步：如果需要打印该面积统计报表数据，单击报表工具栏的【打印】工具栏即可。

第 5 步：如果需要导出该面积统计报表数据以便做其他用途，单击报表工具栏的【导出数据】工具栏即可。

5.4 管护组织管理

5.4.1 数据输入

5.4.1.1 管护人员新增

第 1 步：单击菜单【面积】，选择【管护组织】或者在工具栏上单击【管护】工具，系统会弹出管护组织管理界面。

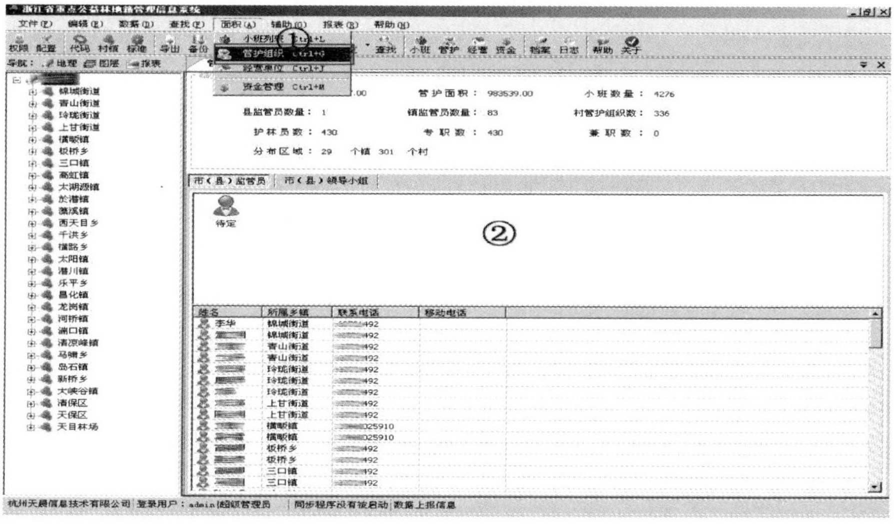

第 2 步： 在系统界面的左边行政树形栏里单击县名称，然后单击“市(县)监管员”选项卡。

第 3 步： 在选项卡的空白区域单击右键，选择【新建】，弹出县监管员对话框。

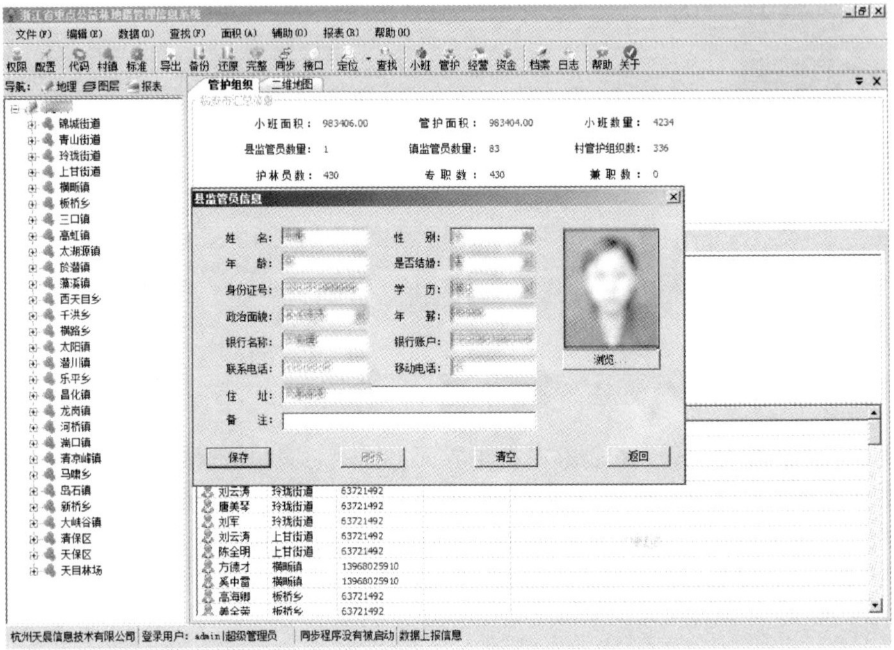

第 4 步： 填写对应属性信息，填写完成后单击【保存】即可完成县监管员添加。

第 5 步： 在系统界面的左边行政树形栏里单击乡镇名称，然后单击“镇监管员”选项卡。

第 6 步： 在选项卡的空白区域单击右键，选择【新建】，弹出镇监管员对话框。

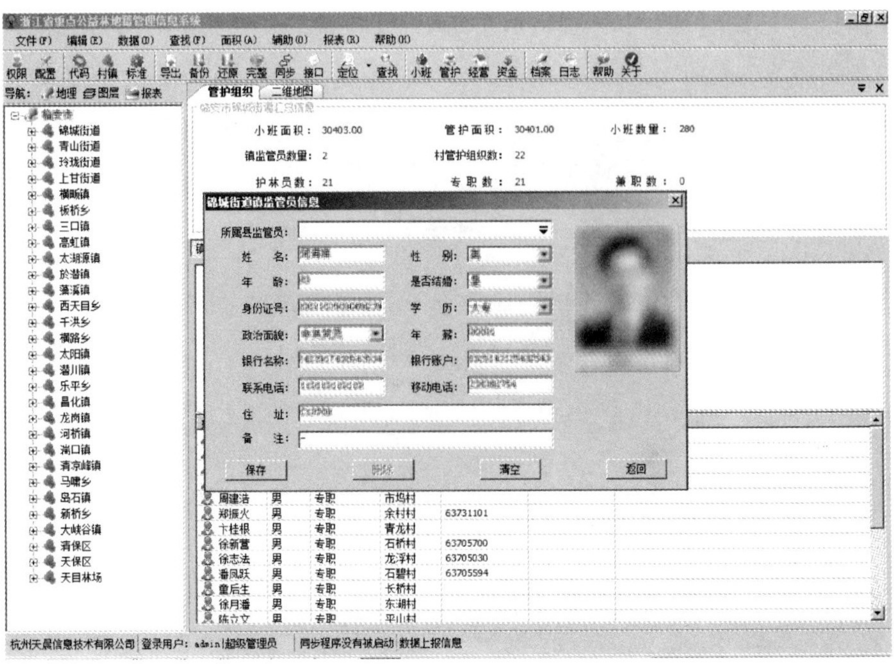

第 7 步：填写对应属性信息，填写完成后单击【保存】即可完成镇监管员添加。

第 8 步：在系统界面的左边行政树形栏里单击村名称，然后单击“护林员”选项卡。

第 9 步：在选项卡的空白区域单击右键，选择【新建】，弹出护林员对话框。

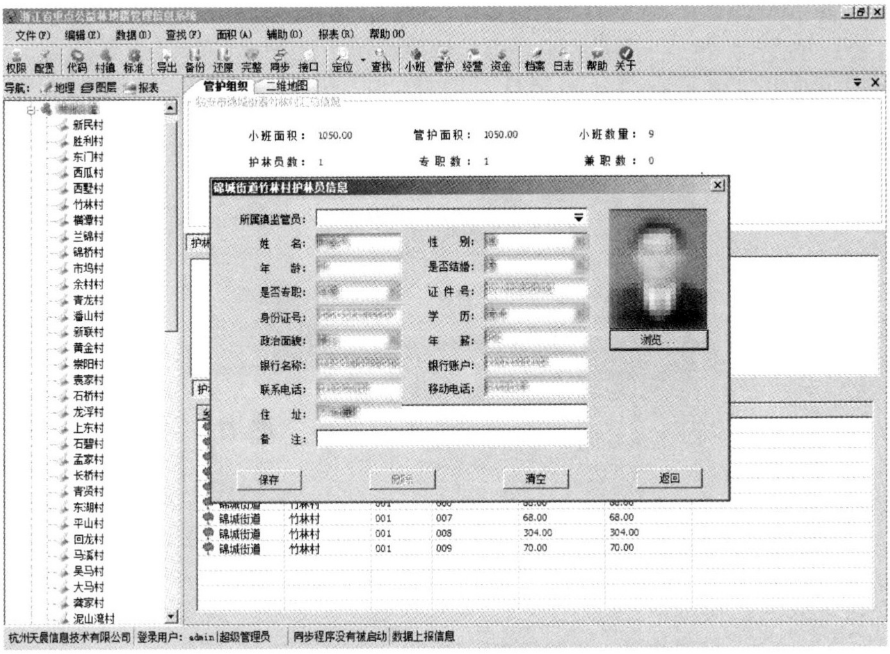

第 10 步：填写对应属性信息，填写完成后单击【保存】即可完成护林员添加。

第 11 步：单击“村管护组织”选项卡，空白区域单击右键，选择【新建】，弹出村管护组织对话框。

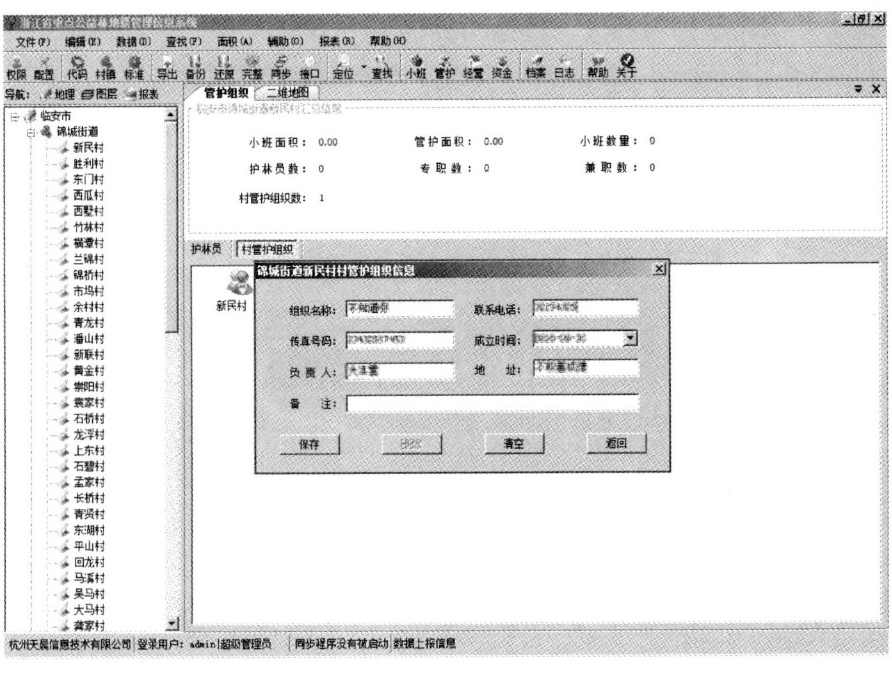

第 12 步：填写对应属性信息，填写完成后单击【保存】即可完成村管护组织添加。

5.4.1.2 照片上传

第 1 步：在管护组织管理界面中，首先在界面左侧的行政树中选择护林员所在的村镇。

第 2 步：单击“护林员”选项卡，系统显示该村镇下的护林员名字以及头像。

第 3 步：双击需要编辑照片的护林员名称或头像，系统会弹出护林员信息编辑对话框。

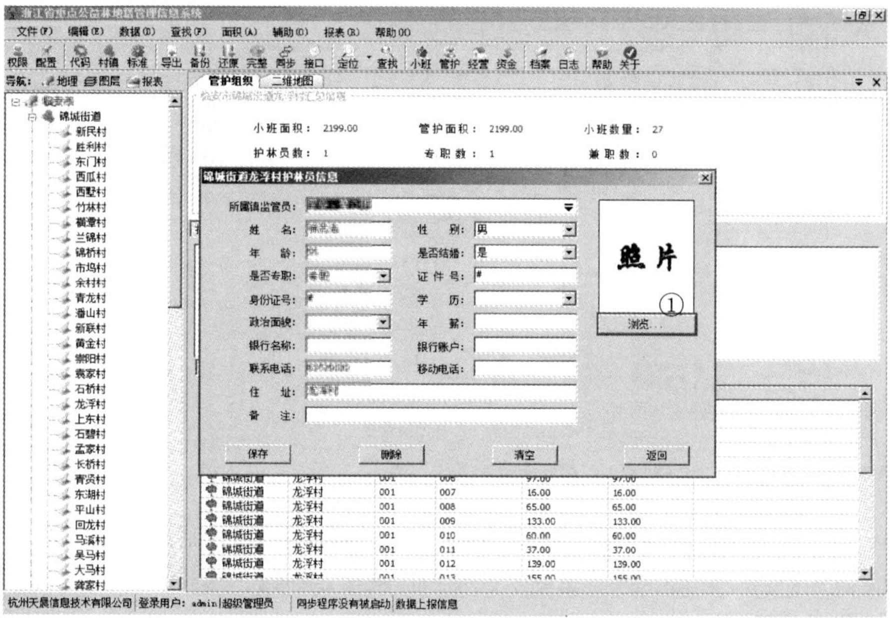

第 4 步：单击界面上的【浏览…】按钮，弹出照片选择对话框。

第 5 步：选择新照片所在的文件目录，以及文件名称，单击【打开】。

第 6 步：最后在护林员信息编辑对话框中单击【保存】，完成照片编辑操作。

5.4.2 数据查询分析

5.4.2.1 逐级索引定位

第 1 步：点击县级节点，如下图所示：

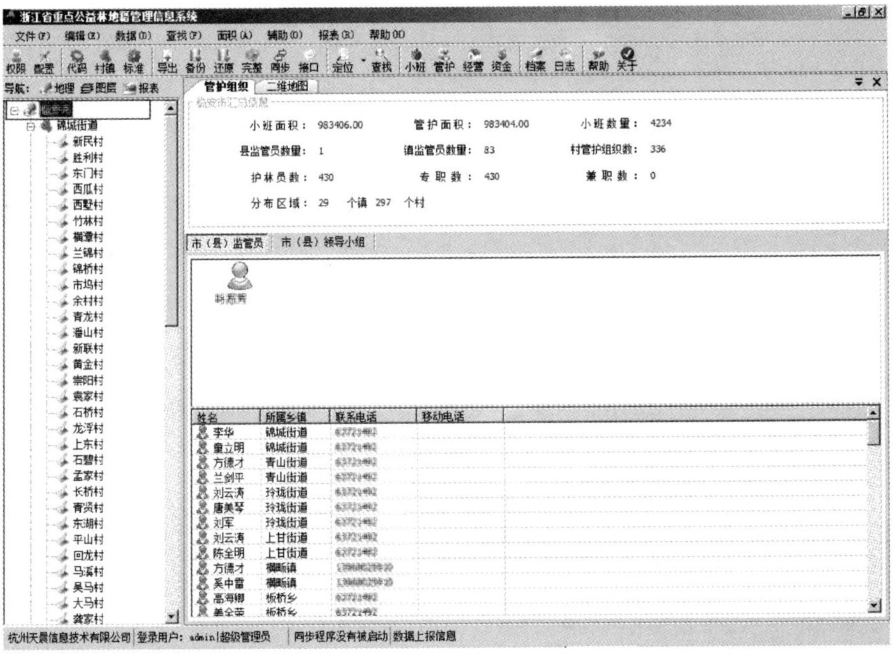

第 2 步：点击镇级节点，如下图所示：

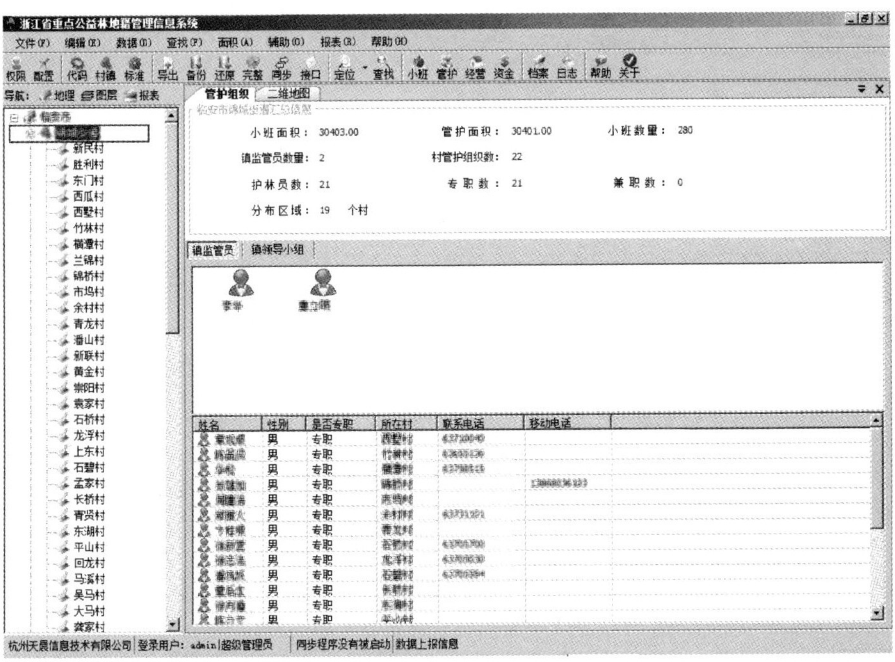

第 3 步：点击村级节点，如下图所示：

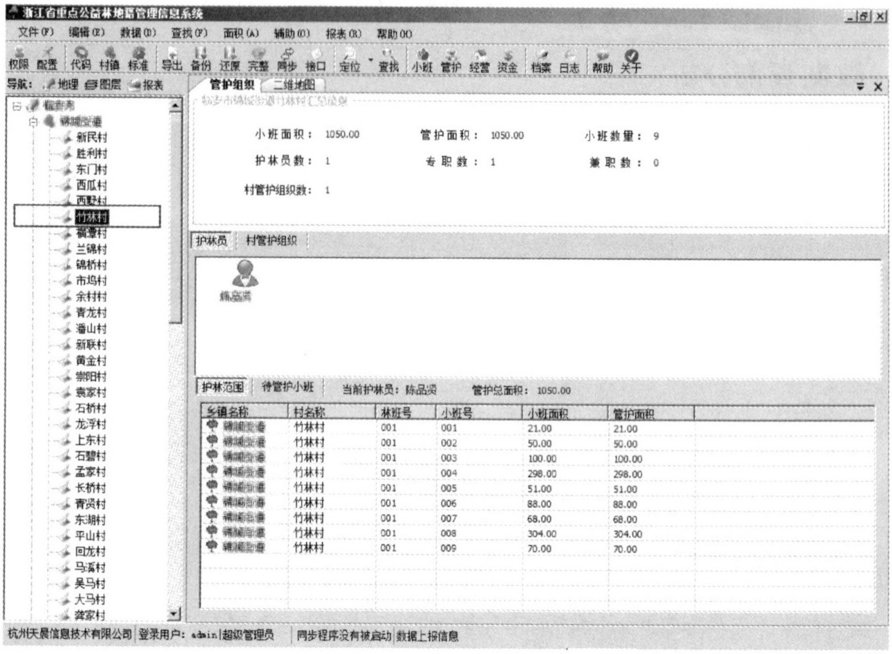

5.4.2.2 护林范围定位查看

第 1 步：由区域定位到村节点，选择护林员头像，查看护林范围信息列表。如下图所示：

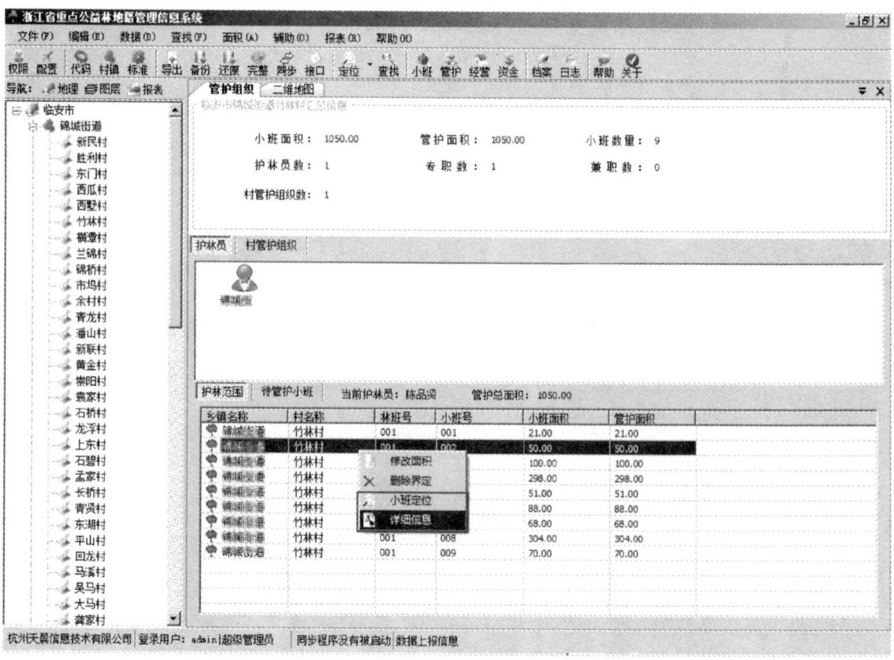

第 2 步：选择一条护林小班记录，右击子菜单中选择【详细信息】，弹出小班信息卡，

如下图所示：

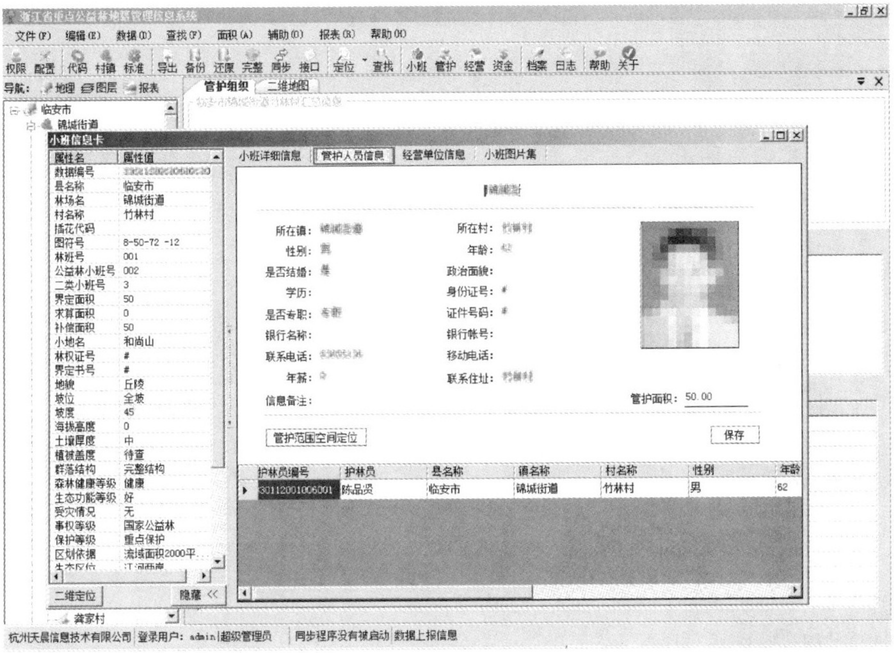

第 3 步：具体小班卡操作详见小班卡部分，如在第 2 步中右击子菜单中选择【小班定位】，操作框将定位到地图窗口的对应小班上，如下图所示：

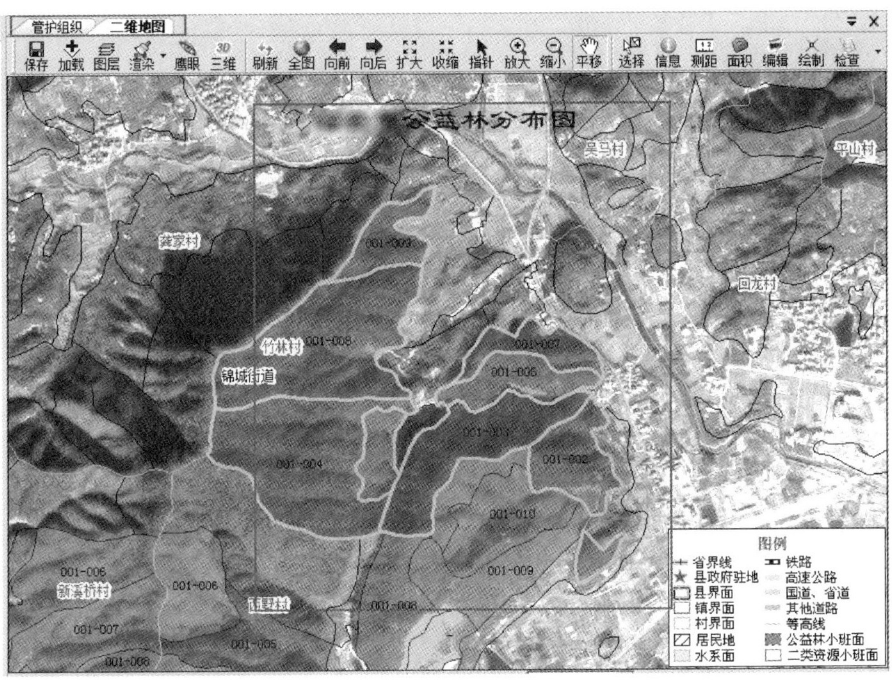

5.4.2.3 待管护小班查看

第 1 步：由区域定位到村节点，再选择【待管护小班】。

第 2 步：筛选县级区域定位查看待管护小班信息。

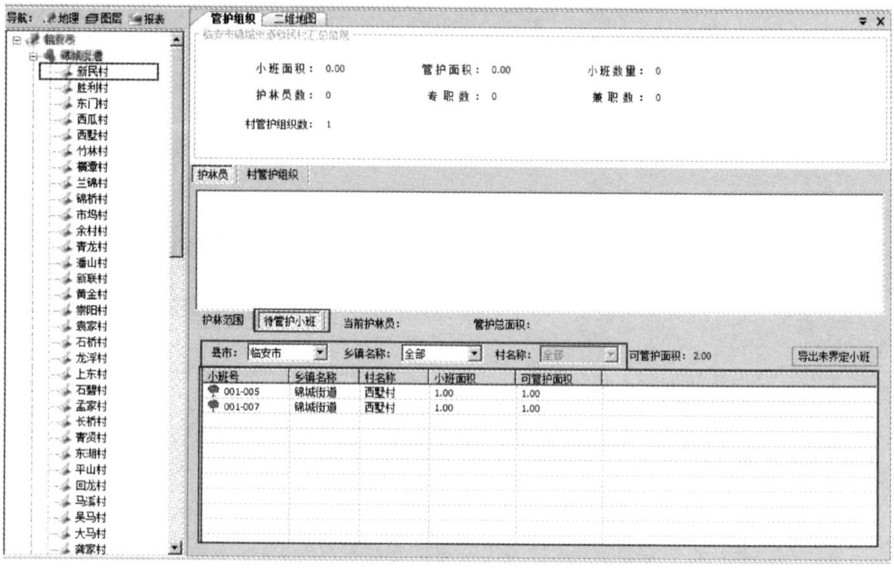

5.4.3 数据编辑

5.4.3.1 信息数据更新

第 1 步：由区域定位到镇节点，选择到镇监管员编辑界面，选择将更新的镇监管员图标，双击或者右击子菜单中单击【显示】，如下图所示：

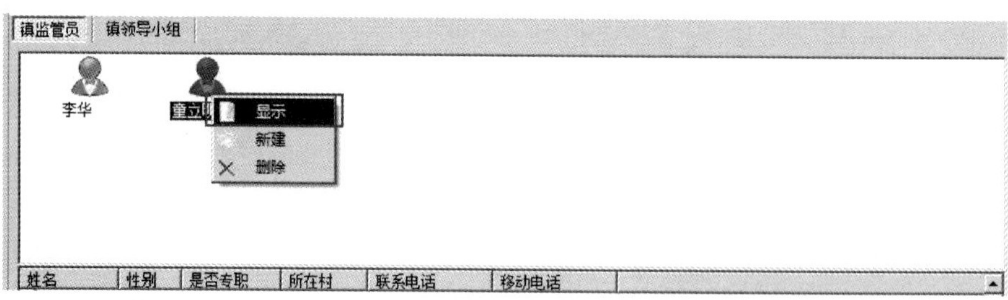

第 2 步：修改对应的属性信息，如需修改照片，点击【浏览】重新上传即可，完成修改如下图所示。

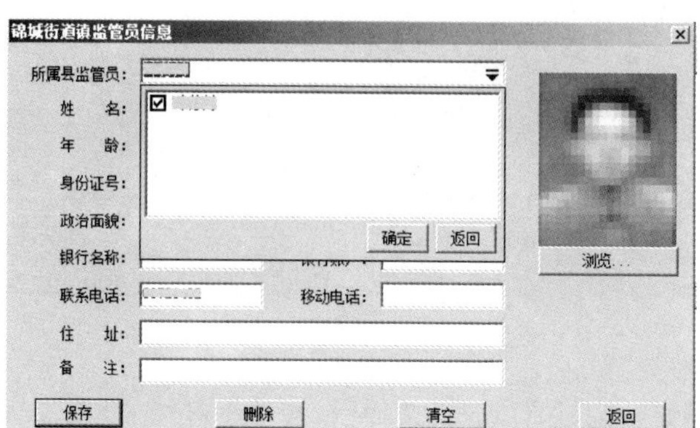

第 3 步：如上图所示，单击【保存】即完成对镇监管员更新。

第 4 步：由区域定位到村节点，选择到村管护组织编辑界面，选择将更新的村管护组织图标，双击或者右击子菜单中单击【显示】，弹出编辑界面，如下图所示：

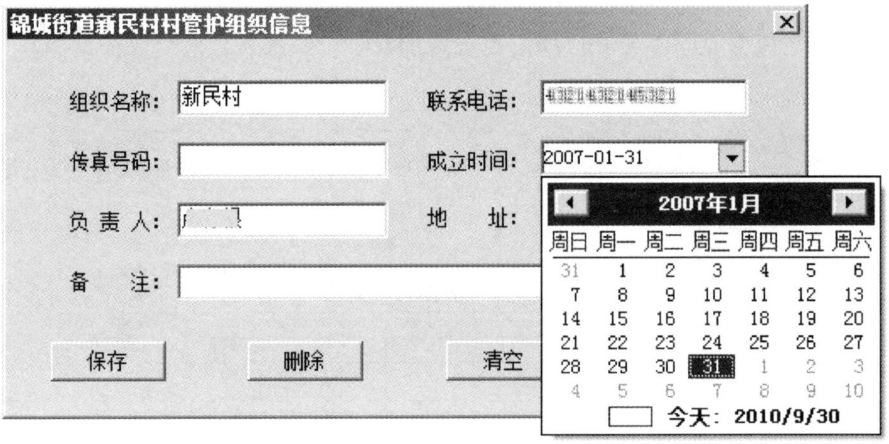

第 5 步：修改对应的村管护组织信息，单击【保存】完成对村管护组织更新。

5.4.3.2 管护小班界定

第 1 步：由区域定位到村节点，选择【待管护小班】，选择定位到待管护的小班。

第 2 步：如上图所示，选择待管护小班，右击子菜单包括【指定界定】和【随机界定】，我们以【随机界定】为例。

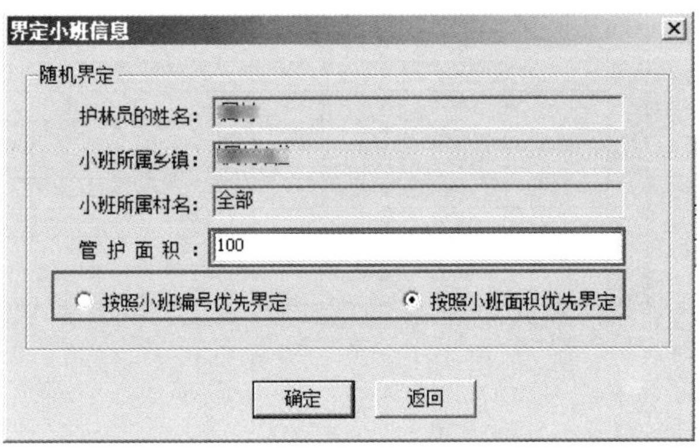

第 3 步：填充管护面积，选择方法，单击【确定】完成管护面积界定。

5.4.4 数据输出

第 1 步：单击系统左边的【报表】工具栏，报表显示树形界面。

第 2 步：在树形界面中展开选择需要查看的管护组织报表，然后双击鼠标。

管护信息汇总表：

镇监管员监管清册：

护林员管护清册：

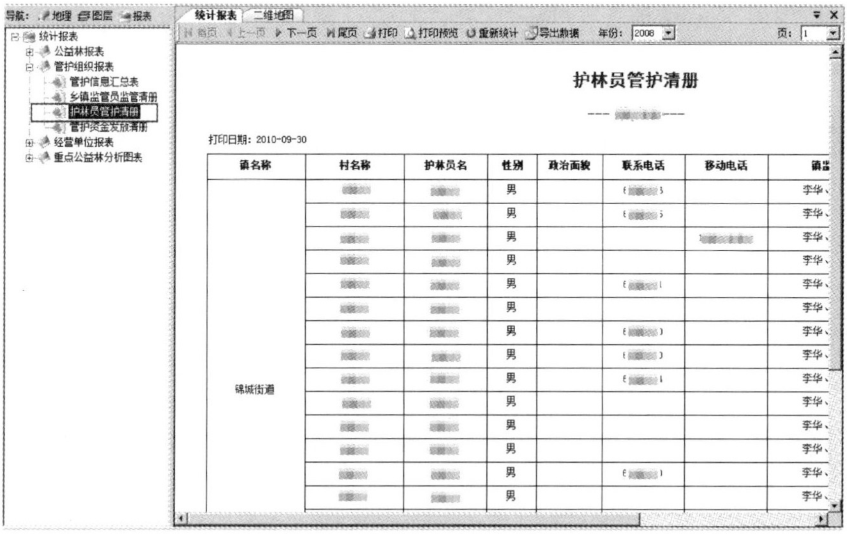

第 3 步：双击鼠标以后系统会在系统主界面上显示对应的报表数据信息。

第 4 步：如果需要打印该统计报表数据，单击报表工具栏的【打印】工具栏即可。

第 5 步：如果需要导出该统计报表数据以便做其他用途，单击报表工具栏的【导出数据】工具栏即可。

5.5　护林员考勤管理

管护组织管理主要是管理管护组织(包括监管组织与监管员、护林组织与护林员、监管员与护林员)之间关系及人员资料。通过该模块的功能，用户可以方便地按行政区域查找对应地域内公益林管护组织的人员资料。当用户定位到村级单位时，用户还可以查询护林员及其责任护林范围，并能够方便地以图形或数据的方式将选定护林员的所有负责管理的公益林小班范围表现出来。

5.5.1　设备管理

5.5.1.1　定位终端管理

➢进入定位终端管理

第 1 步：点击菜单【人员设备】→【定位终端管理】进入。

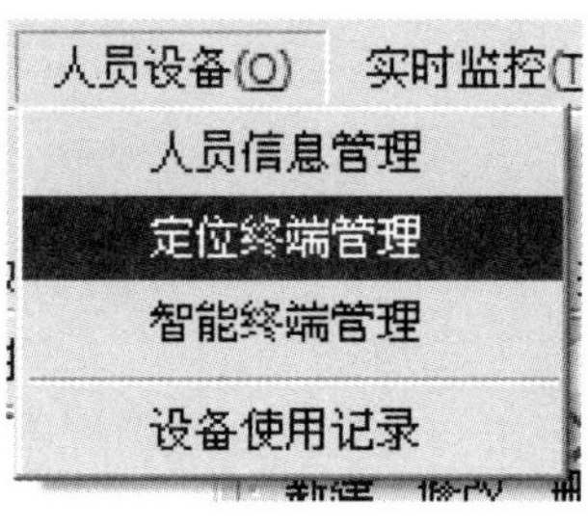

第 2 步：定位终端信息列表显示如下：

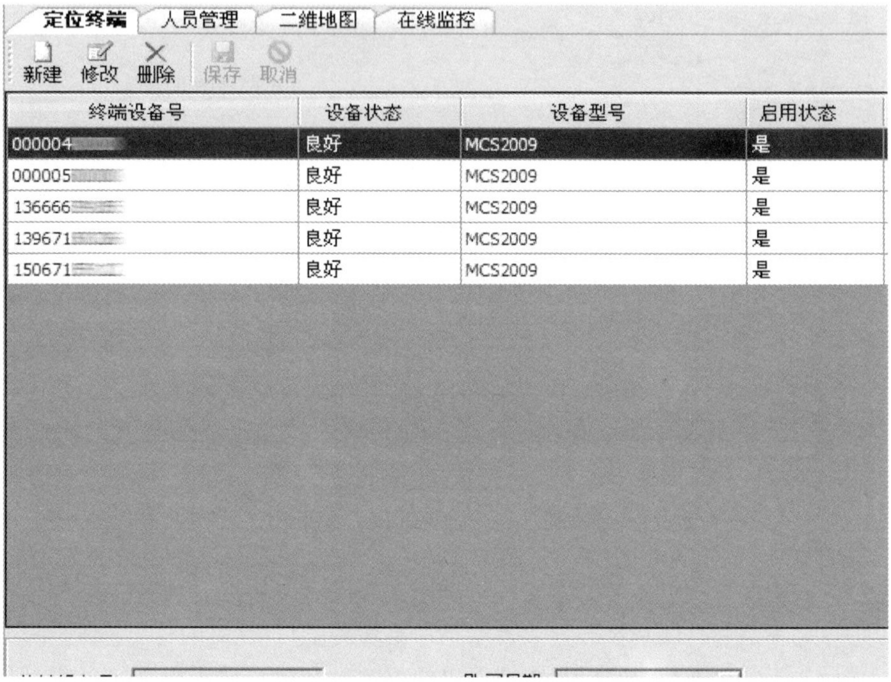

➢添加定位终端

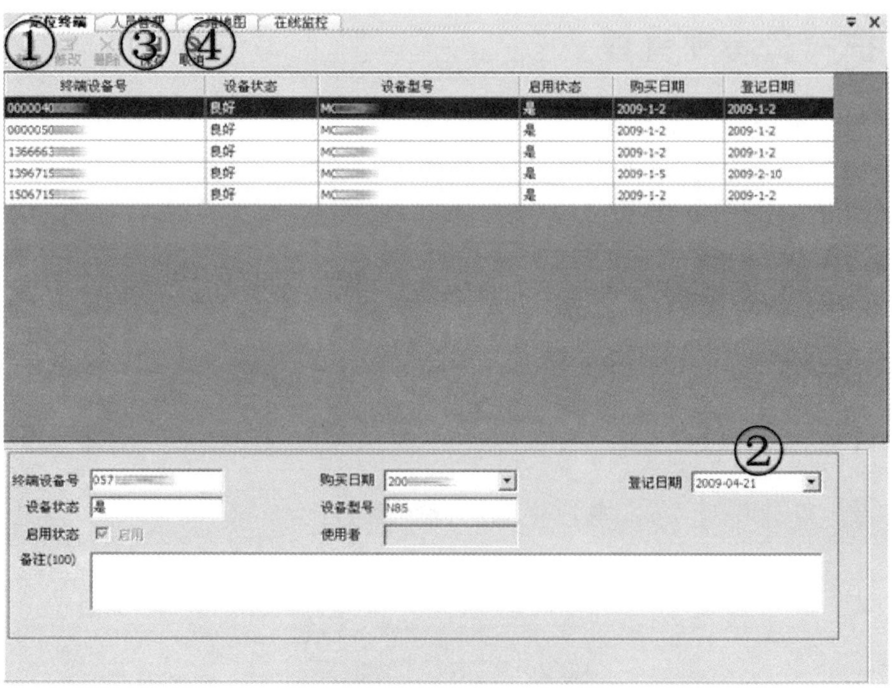

第 1 步：点击【添加】按钮，如上图位置①。

第 2 步：输入正确的定位终端相关信息，如上图位置②。

第 3 步：点击【保存】完成添加，如上图位置③。

第 4 步：点击【取消】，确认后返回，如上图位置④。

➢修改定位终端

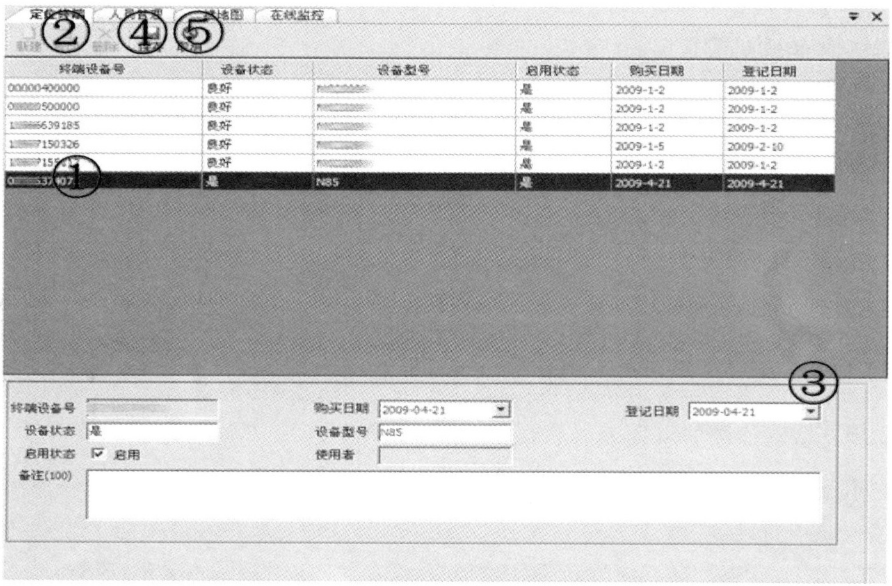

第 1 步：点击要修改的定位终端记录，如上图位置①。

第 2 步：点击【修改】按钮，如上图位置②。

第 3 步：输入定位终端新的正确信息，如上图位置③。

第 4 步：点击【保存】完成定位终端的修改，如上图位置④。

第 5 步：点击【取消】，确认后返回，如上图位置⑤。

➢删除定位终端

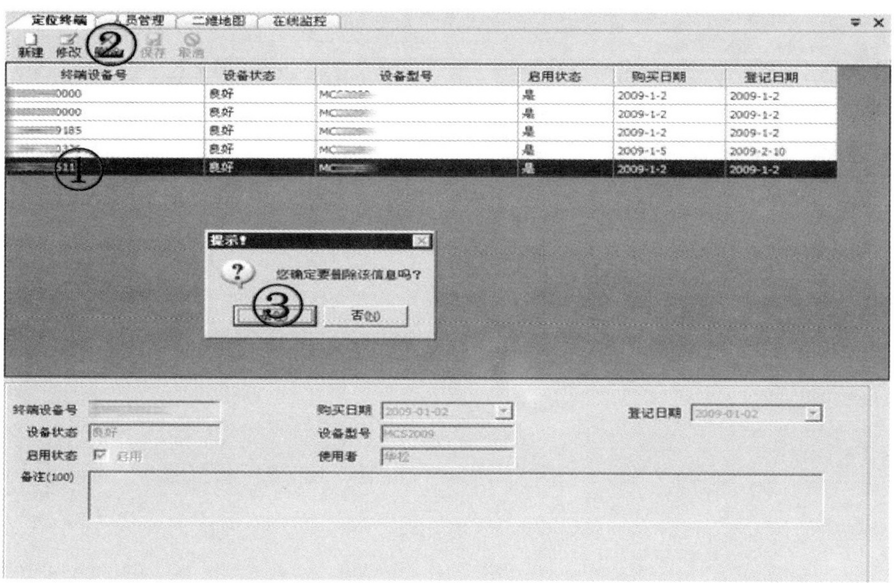

第1步：点击要删除的定位终端记录，如上图位置①。

第2步：点击【删除】按钮，如上图位置②。

第3步：点击【是(Y)】确认完成删除，如上图位置③。

5.5.1.2 智能终端管理

➢进入智能终端管理

第1步：点击菜单【人员设备】→【智能终端管理】进入。

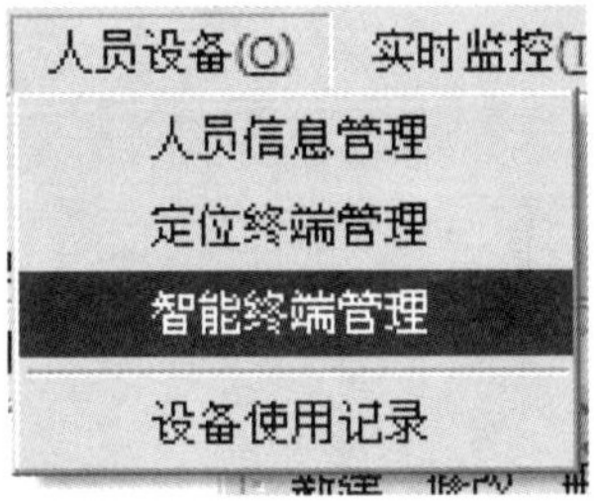

第2步：智能终端信息列表显示：

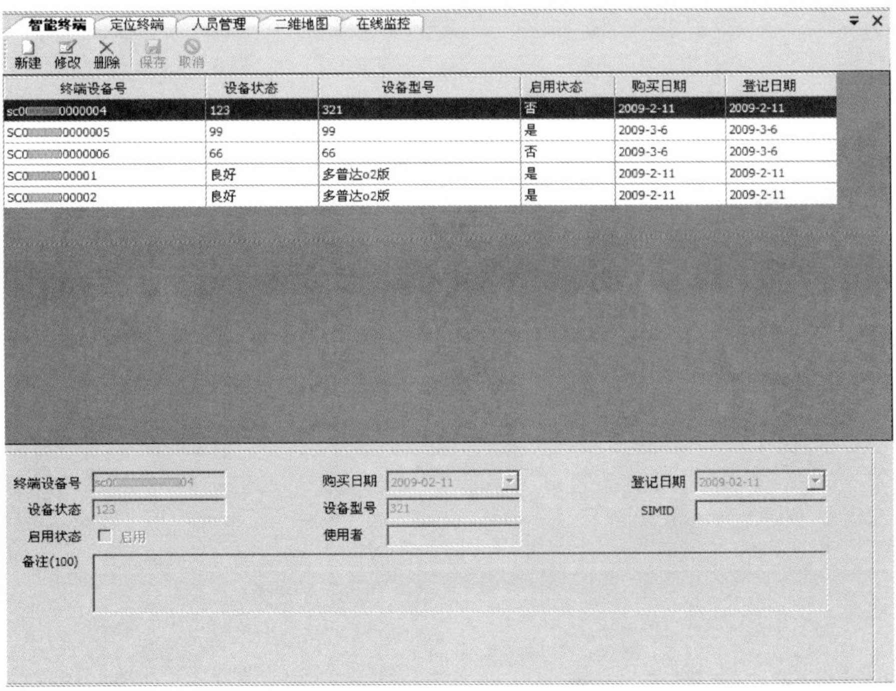

➢添加智能终端

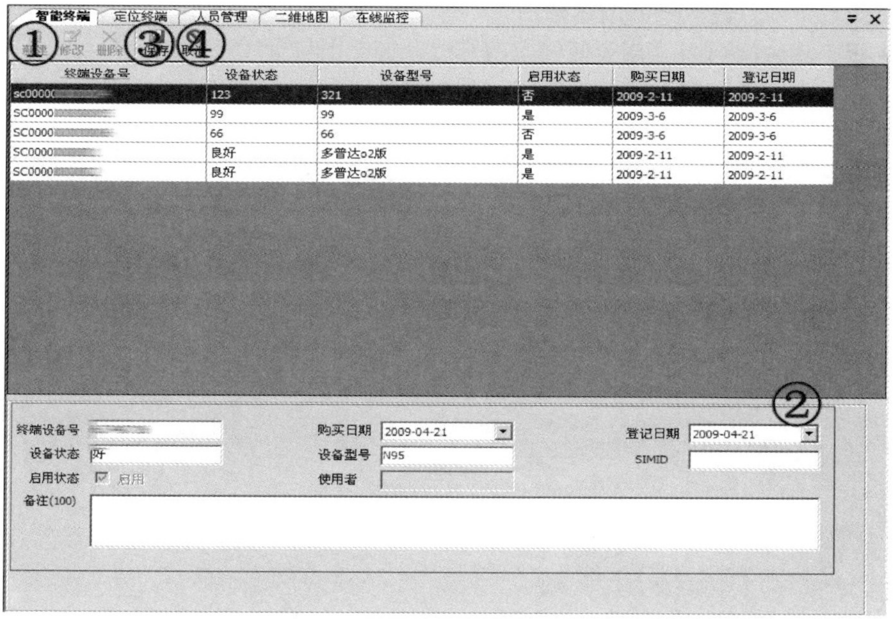

第 1 步：点击【添加】按钮，如上图位置①。
第 2 步：输入正确的智能终端相关信息，如上图位置②。
第 3 步：点击【保存】完成添加，如上图位置③。
第 4 步：点击【取消】，确认后返回，如上图位置④。

➢修改智能终端

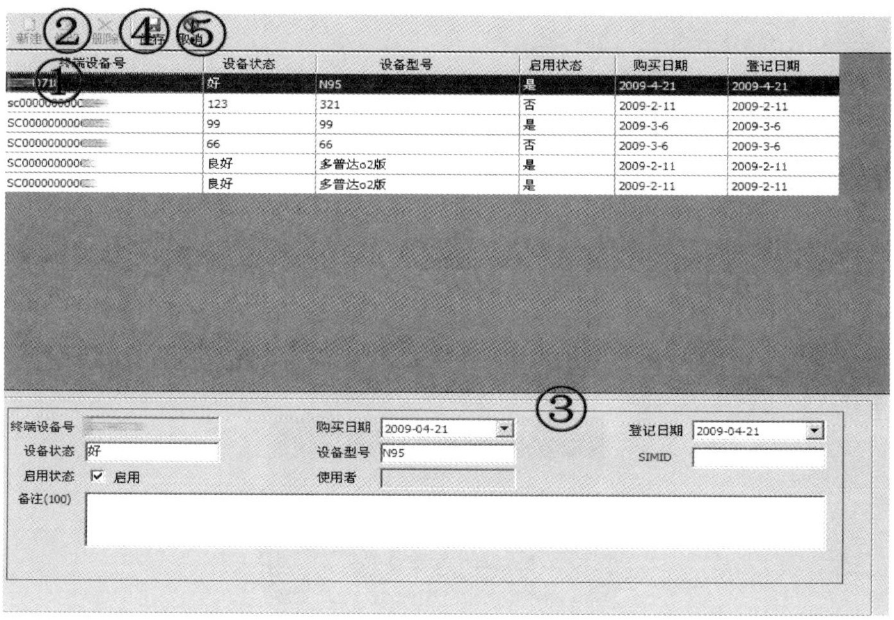

第 1 步：点击要修改的智能终端记录，如上图位置①。

第 2 步：点击【修改】按钮，如上图位置②。

第 3 步：输入智能终端新的正确信息，如上图位置③。

第 4 步：点击【保存】完成智能终端的修改，如上图位置④。

第 5 步：点击【取消】，确认后返回，如上图位置⑤。

➢删除智能终端

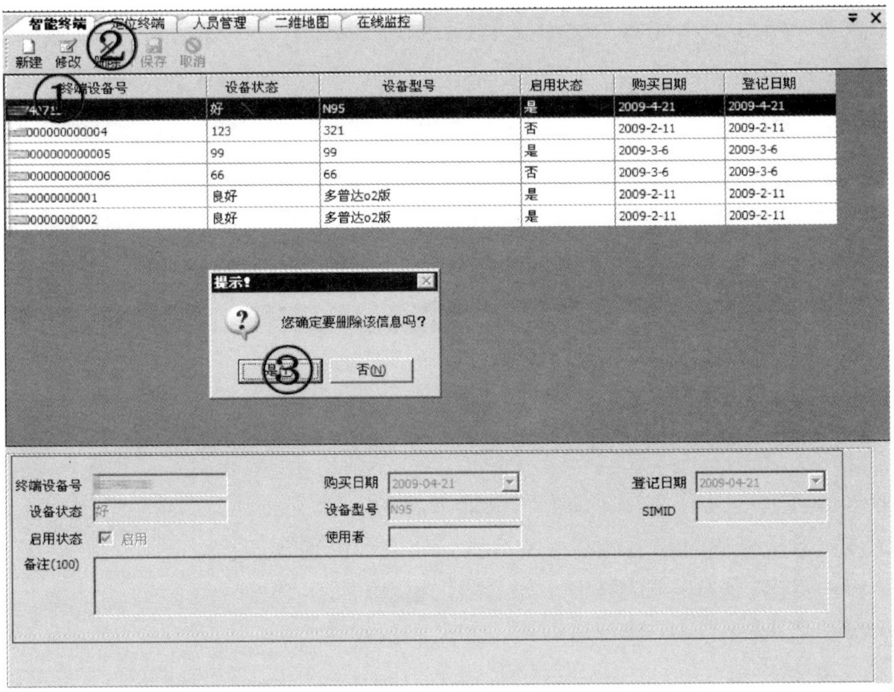

第 1 步：点击要删除的智能终端记录，如上图位置①。

第 2 步：点击【删除】按钮，如上图位置②。

第 3 步：点击【是(Y)】确认完成删除，如上图位置③。

5.5.2 考核配置

5.5.2.1 乡镇工资配置

➢进入乡镇工资发放

第 1 步：点击菜单【考核配置】→【乡镇工资配置】进入。

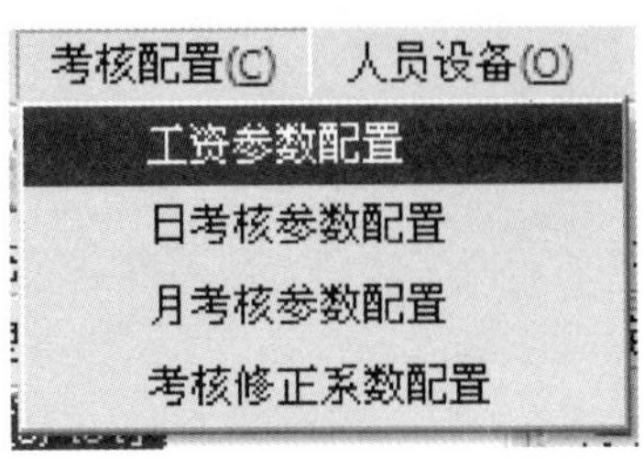

第 2 步：直接点击工具栏【考核参数】图标下拉选择【乡镇工资配置】进入。

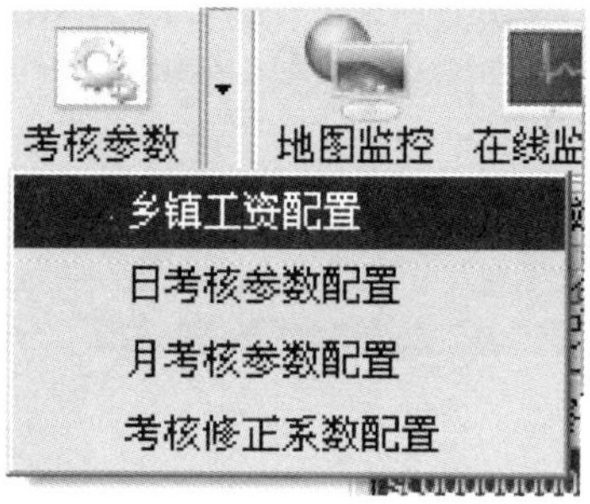

第 3 步：乡镇工资配置列表：

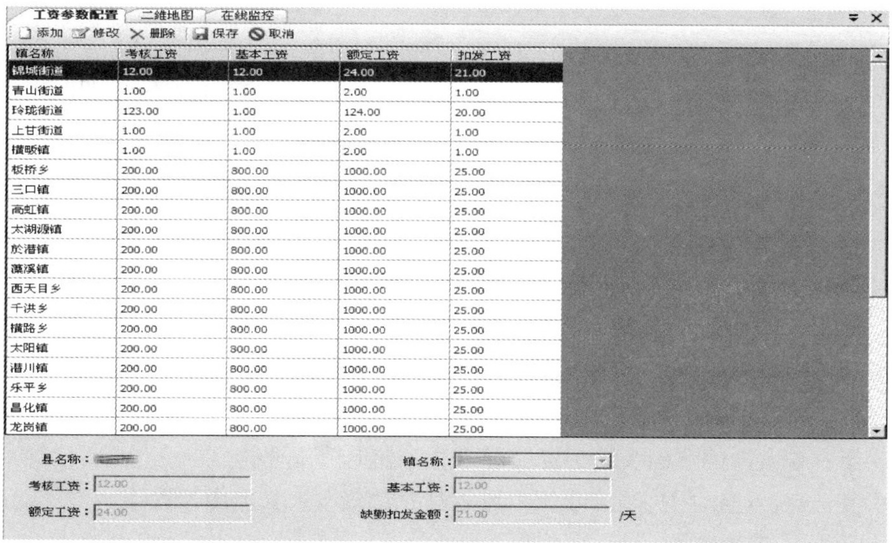

➢添加乡镇工资配置

第 1 步： 点击【添加】按钮，如上图位置①。

第 2 步： 输入正确的工资参数配置相关信息，如上图位置②。

第 3 步： 点击【保存】完成工资参数配置(一个镇只能添加一条记录)，如上图位置③。

➤修改乡镇工资配置

第 1 步： 点击要修改的乡镇工资配置记录，如上图位置①。

第 2 步： 点击【修改】按钮，如上图位置②。

第 3 步： 输入新的正确乡镇工资配置信息，如上图位置③。

第 4 步： 点击【保存】完成乡镇工资配置信息的修改，如上图位置④。

➤删除乡镇工资配置

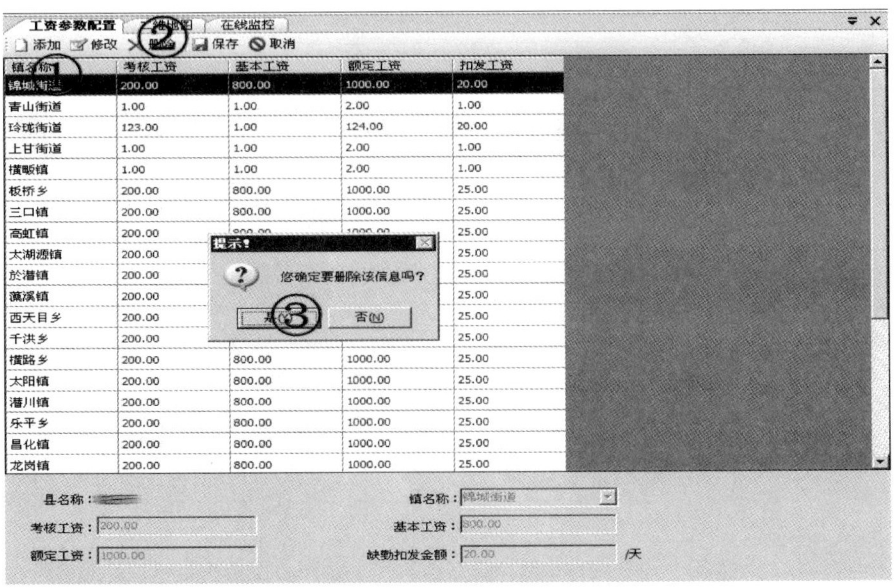

第 1 步：点击要删除的乡镇工资配置记录，如上图位置①。

第 2 步：点击【删除】按钮，如上图位置②。

第 3 步：点击【是】确认完成乡镇工资配置记录的删除，如上图位置③。

5.5.2.2 日考核参数配置

➢进入日考核参数配置

第 1 步：点击菜单【考核配置】→【日考核参数配置】进入。

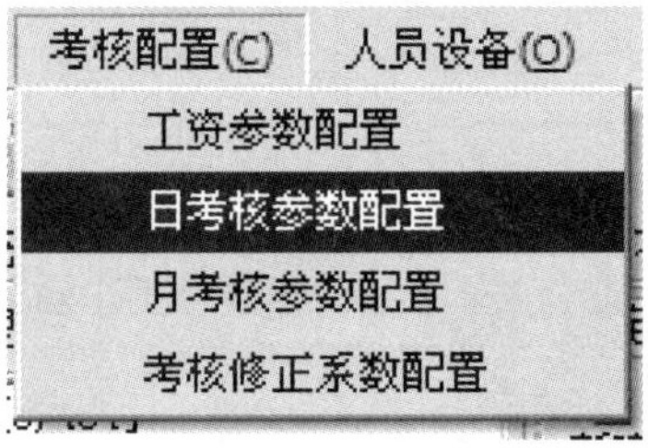

第 2 步：直接点击工具栏【考核参数】图标下拉选择【日考核参数配置】进入。

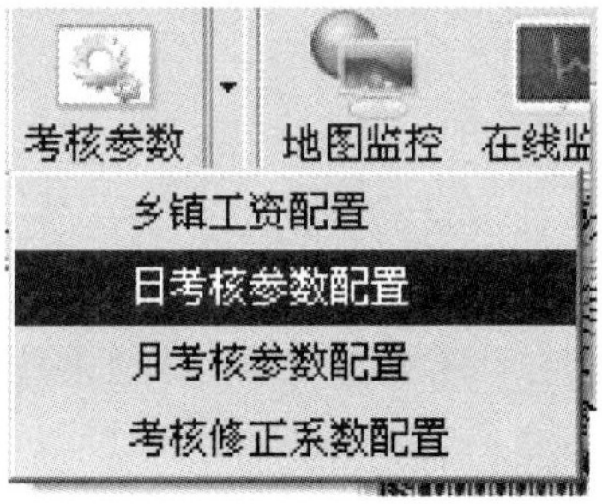

第 3 步：日考核参数配置列表如下：

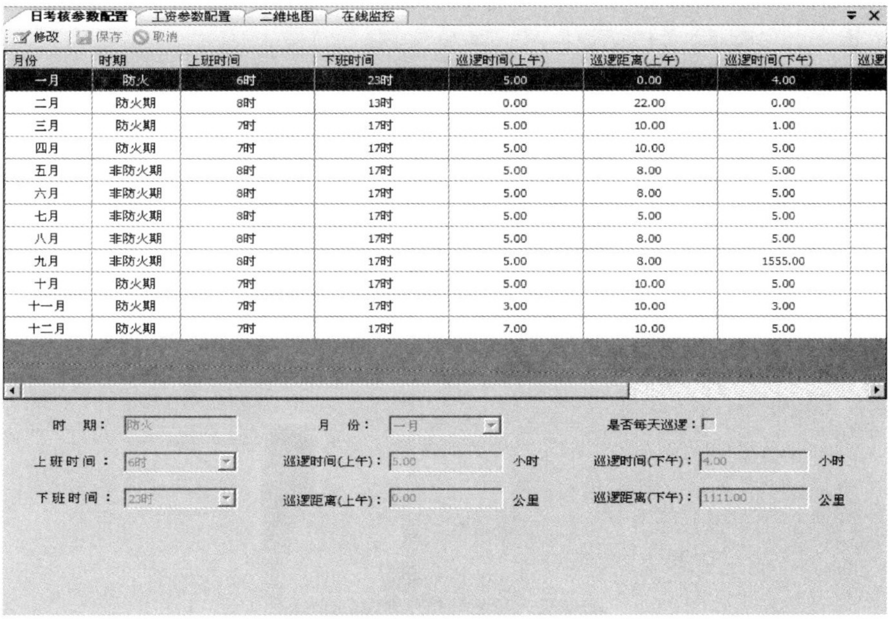

日考核参数配置 | 工资参数配置 | 二维地图 | 在线监控

修改 保存 取消

月份	时期	上班时间	下班时间	巡逻时间(上午)	巡逻距离(上午)	巡逻时间(下午)
一月	防火	6时	23时	5.00	0.00	4.00
二月	防火期	8时	13时	0.00	22.00	0.00
三月	防火期	7时	17时	5.00	10.00	1.00
四月	防火期	7时	17时	5.00	10.00	5.00
五月	非防火期	8时	17时	5.00	8.00	5.00
六月	非防火期	8时	17时	5.00	8.00	5.00
七月	非防火期	8时	17时	5.00	5.00	5.00
八月	非防火期	8时	17时	5.00	8.00	5.00
九月	非防火期	8时	17时	5.00	8.00	1555.00
十月	防火期	7时	17时	5.00	10.00	5.00
十一月	防火期	7时	17时	3.00	10.00	3.00
十二月	防火期	7时	17时	7.00	10.00	5.00

时　期：防火　月　份：一月　是否每天巡逻：

上班时间：6时　巡逻时间(上午)：5.00 小时　巡逻时间(下午)：4.00 小时

下班时间：23时　巡逻距离(上午)：0.00 公里　巡逻距离(下午)：1111.00 公里

➢修改日考核参数配置

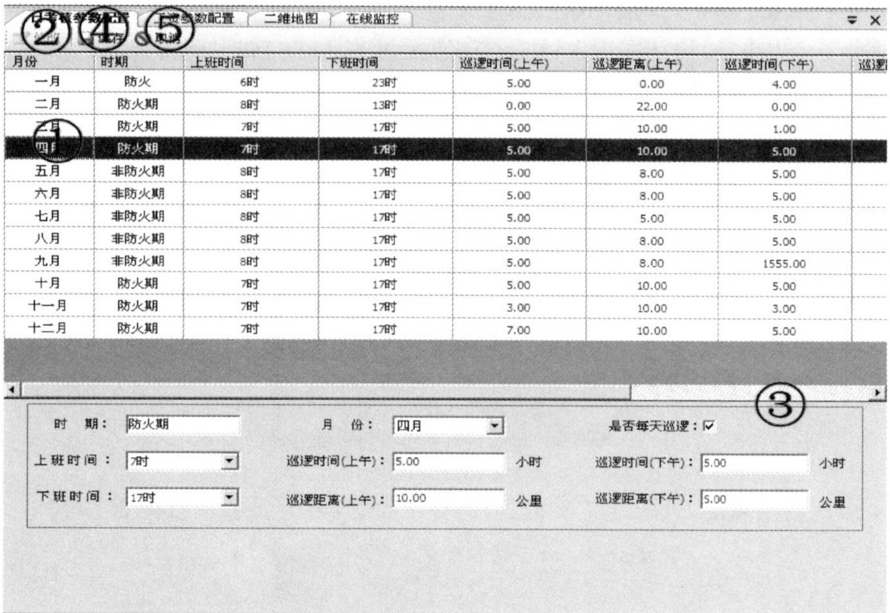

第 1 步：点击要修改的日考核参数配置记录，如上图位置①。

第 2 步：点击【修改】按钮，如上图位置②。

第 3 步：输入新的正确日考核参数配置记录，如上图位置③。

第 4 步：点击【保存】完成日考核参数配置记录的修改，如上图位置④。

第 5 步：点击【取消】，确认后返回，如上图位置⑤。

5.5.2.3 月考核参数配置

➢进入月考核参数配置

第 1 步：点击菜单【考核配置】→【月考核参数配置】进入。

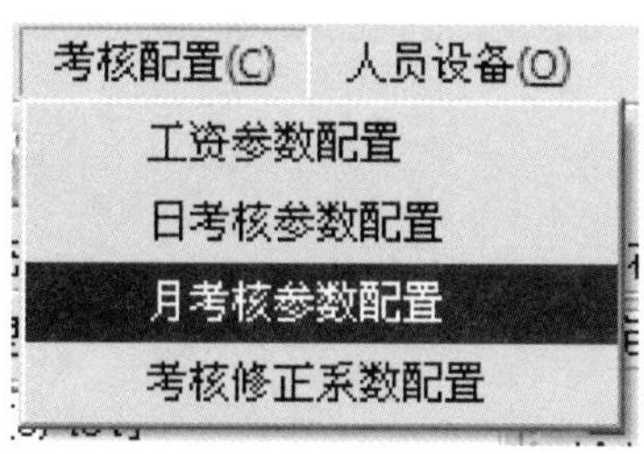

第 2 步：直接点击工具栏【考核参数】图标下拉选择【月考核参数配置】进入。

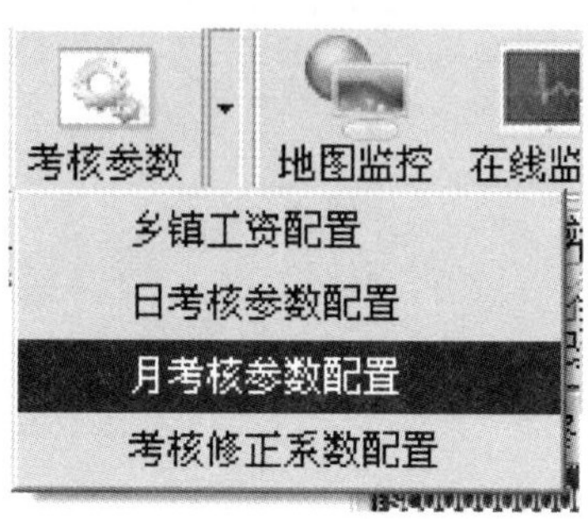

第 3 步：月考核参数配置列表如下：

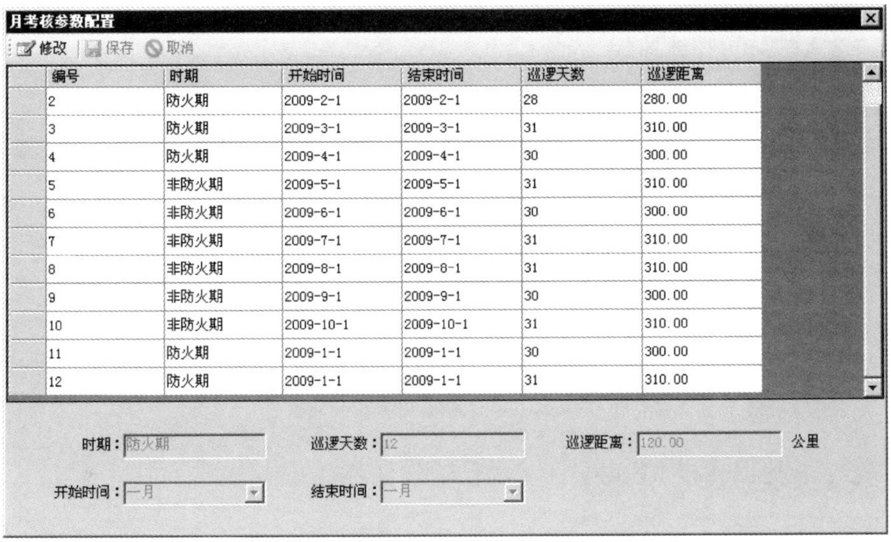

➢修改月考核参数配置

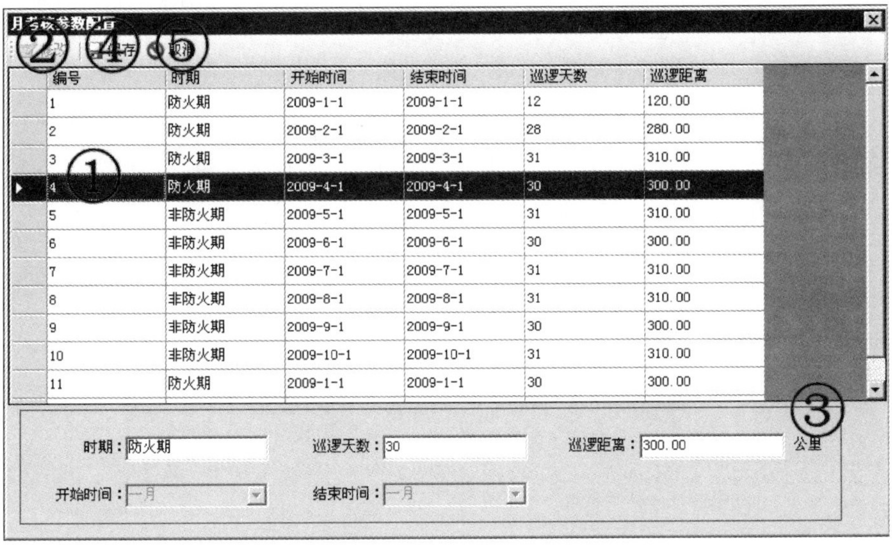

第 1 步：点击要修改的月考核参数配置记录，如上图位置①。
第 2 步：点击【修改】按钮，如上图位置②。
第 3 步：输入新的正确的月考核参数配置信息，如上图位置③。
第 4 步：点击【保存】完成月考核参数配置信息的修改，如上图位置④。
第 5 步：点击【取消】，确认后返回，如上图位置⑤。

5.5.3 实时监控

5.5.3.1 进入护林员在线监控

第 1 步：点击菜单【实时监控】→【人员在线状态】进入。

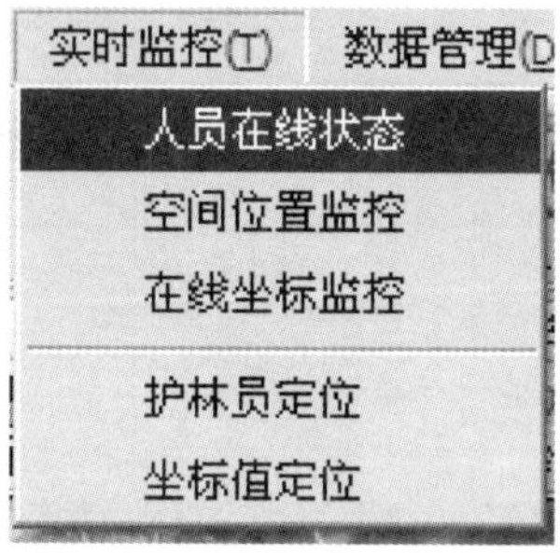

第 2 步：也可以直接点击导航工具栏【人员】图标进入。

第 3 步：显示当前护林员的在线情况：定位为图标，在线图标，离线为。如上图区域①。

5.5.3.2 在线护林员空间位置监控

第 1 步：点击菜单【实时监控】→【空间位置监控】进入。

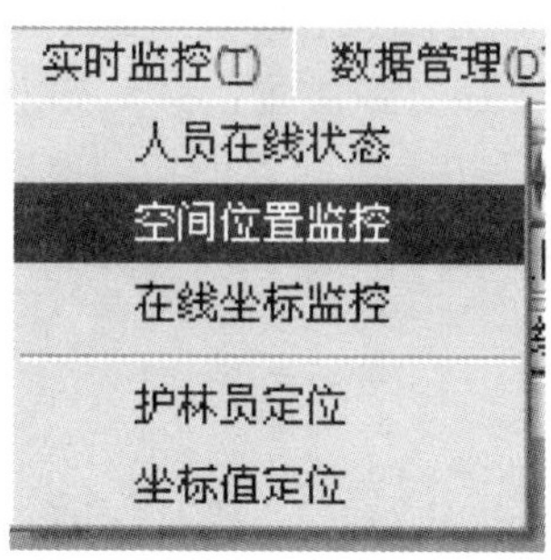

第 2 步：也可以直接点击导航工具栏【人员】图标进入；如下图①。

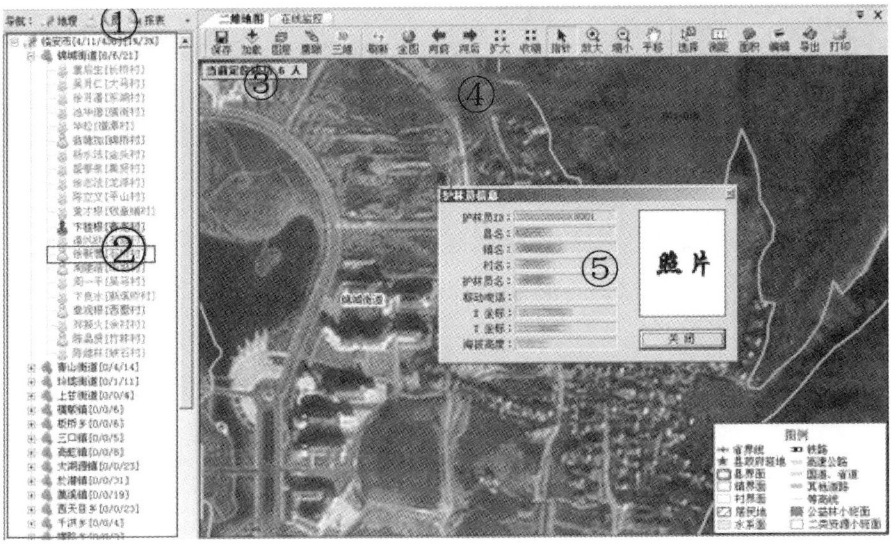

第 3 步：在地图左上方显示护林员在线总数，如下图位置③。

第 4 步：左边导航树中点击需要查看的护林员结点，如上图位置②。

第 5 步：在右边地图中可以查看到选中护林员的具体位置，如上图位置④。

第 6 步：同时可以查看选中护林员相关信息，如上如位置⑤。

5.5.3.3 在线坐标监控

第 1 步：点击菜单【实时监控】→【在线坐标监控】进入。

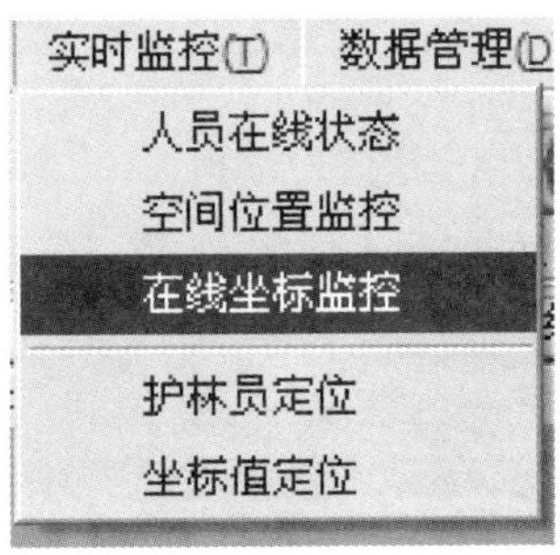

第 2 步：也可以直接点击工具栏【在线监控】图标进入。

第 3 步：显示护林员清单和具体的相关信息。

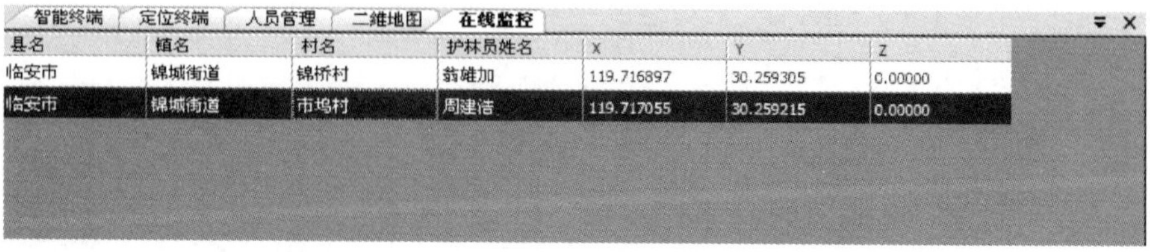

5.5.3.4 护林员定位

第 1 步：点击菜单【实时监控】→【护林员定位】进入。

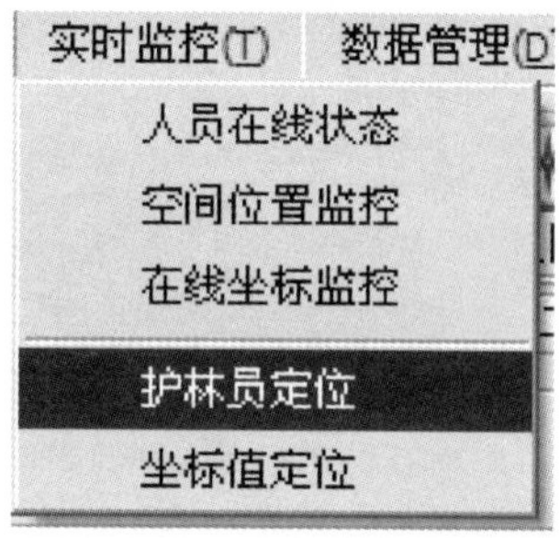

第 2 步：也可以直接点击工具栏【定位工具】图标下拉选择【护林员定位】进入。

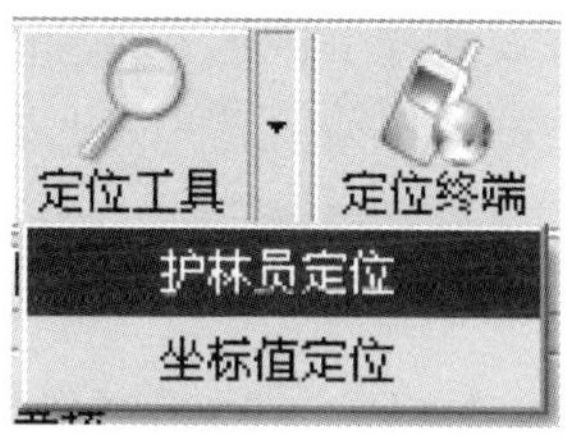

第 3 步：护林员信息显示如下：

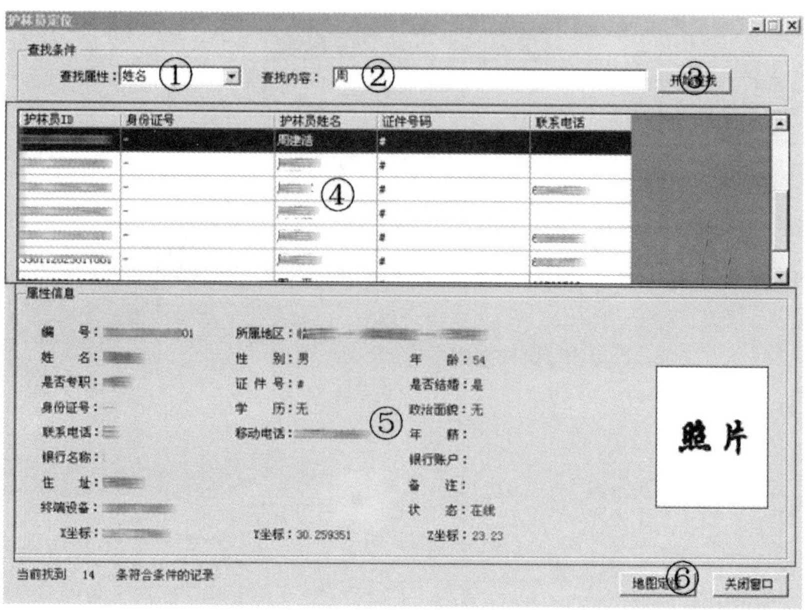

第 4 步：选择查找属性，如上图位置①。

第 5 步：输入查找内容，如上图位置②。

第 6 步：点击【开始查找】，如上图位置③。

第 7 步：符合要求的护林员列表显示，如上图位置④。

第 8 步：选中护林员详细信息显示，如上图位置⑤。

第 9 步：再点击【地图定位】，如上图位置⑥。

第 10 步：在地图上显示该护林员的具体位置，以蓝色黑边圆圈表示（如果该护林员在线的话），如上图位置①。

第 11 步：显示护林员详细信息，如上图位置②。

5.5.3.5 坐标值定位

第 1 步：点击菜单【实时监控】→【坐标值定位】进入。

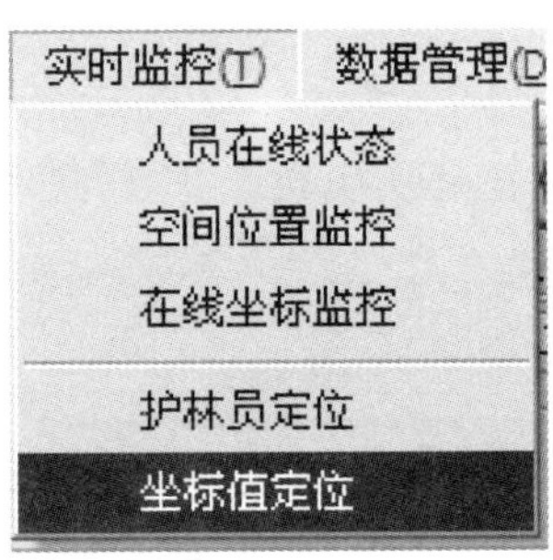

第 2 步： 也可以直接点击工具栏【定位工具】图标下拉选择【坐标值定位】进入。

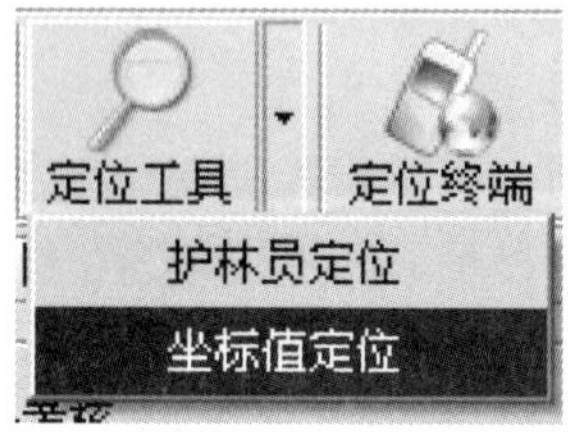

第 3 步： 输入经纬度坐标值，点击【定位】将在地图上显示该坐标位置，如下图位置③。

第 4 步： 以红色十字在地图上显示查询位置，如下图位置④。

第 5 步： 点击【关闭】将退出当前对话框，如下图位⑤。

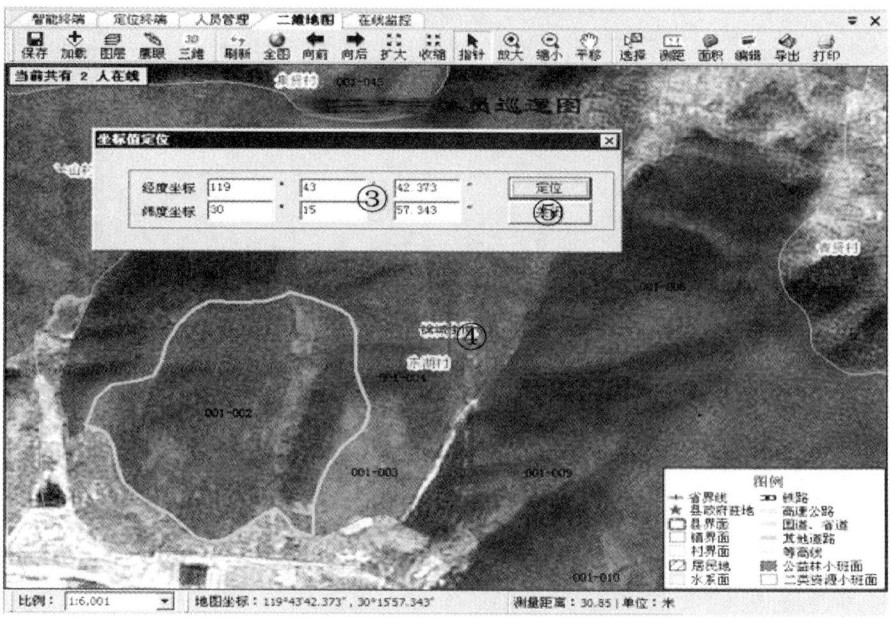

5.5.4 轨迹回放

第 1 步： 点击菜单【数据管理】→【历史轨迹回放】进入。

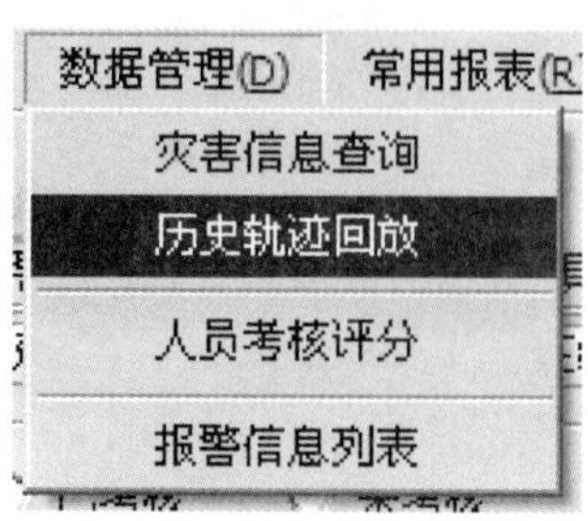

第 2 步：直接点击工具栏【历史回放】图标进入。

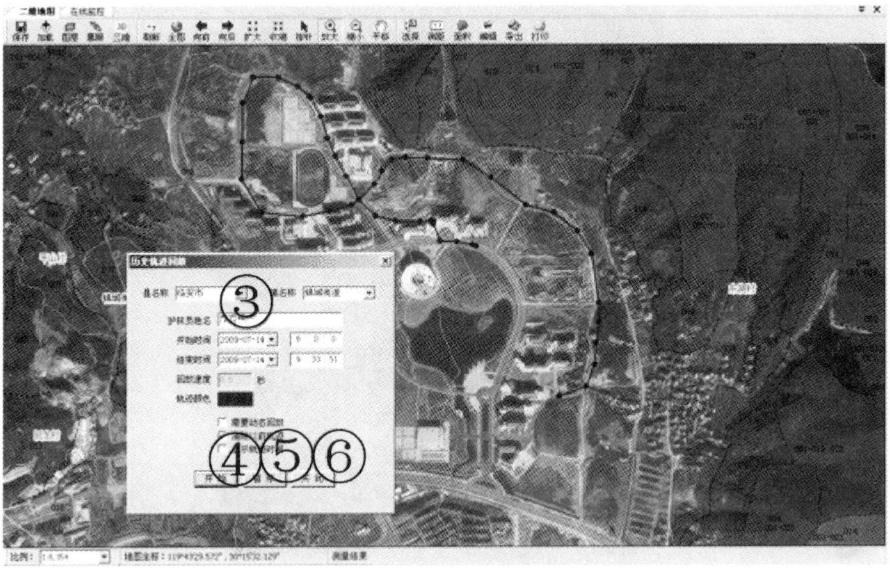

第 3 步：输入护林员姓名，选择好开始和结束时间，输入回放速度，如上图位置③。
第 4 步：点击【开始】将在地图上以点线连接的形式显示轨迹，如上图位置④。
第 5 步：点击【暂停】取消当前回放，如上图位置⑤。
第 6 步：点击【退出】退出历史轨迹回放，如上图位置⑥。

5.5.5 智能终端使用

5.5.5.1 用户登录

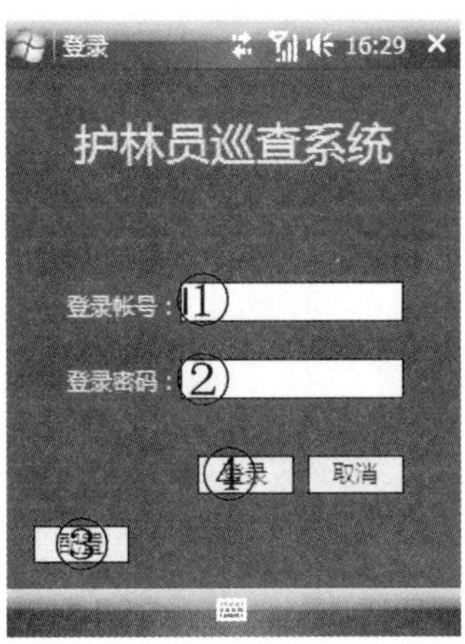

第 1 步：输入登录账号，如上图位置①。
第 2 步：输入登录密码，如上图位置②。
第 3 步：点击【配置】(如上图位置③)，进入系统配置(详见 5.5.5.2 配置管理)。

第 4 步：点击【登录】，如上图位置④。

第 5 步：进入系统主界面，不同类型的用户登录主界面不完全相同。下图为管理员用户登录的主界面。

5.5.5.2 配置管理

第 1 步：进入系统配置，如下图。

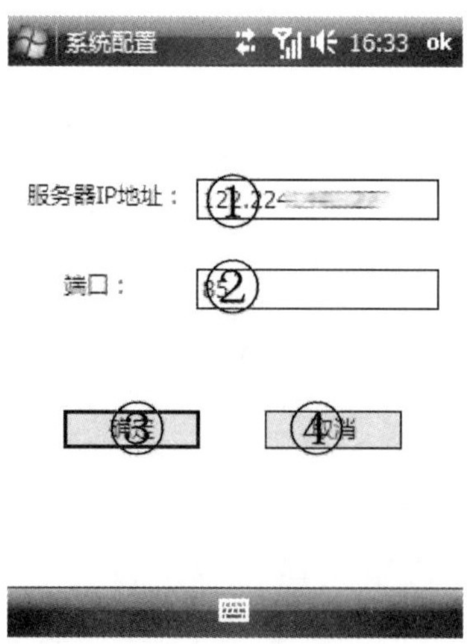

第 2 步：编辑服务器 IP 地址，如上图位置①。

第 3 步：编辑服务器端口，如上图位置②。

第 4 步：点击【确定】进行保存，如上图位置③。

第 5 步：点击【取消】退出系统配置，如上图位置④。

5.5.5.3 地图浏览

➢放大地图

第 1 步：点击菜单项【视图/地图放大】。

第 2 步：点击【放大】或拉框来放大查看感兴趣区域。

➢缩小地图

第 1 步：点击菜单项【视图/地图缩小】。

第 2 步：通过点击【缩小】或拉框来缩小查看大范围区域。

➢平移地图

第 1 步：点击菜单项【视图/地图平移】。

第 2 步：通过拖拽来查看感兴趣区域。

➢显示全图

第 1 步：点击菜单项【视图/全图显示】。

第 2 步：查看全部范围地图。

➢控制鹰眼

第 1 步：点击菜单项【视图/显示鹰眼】后，可查看鹰眼图。

第 2 步：点击菜单项【视图/隐藏鹰眼】后，隐藏鹰眼图。

➢控制遥感

第 1 步：点击菜单项【视图/显示遥感】后，可查看遥感图。

第 2 步：点击菜单项【视图/隐藏遥感】后，隐藏遥感图。

➢测量距离

第 1 步：点击菜单项【视图/距离计算】。

第 2 步：通过点击需要测量距离的点集。

第 3 步：双击后弹出提示框，显示测量距离结果。

➢测量面积

第 1 步：点击菜单项【视图/面积计算】后。

第 2 步：通过点击需要测量面积的点集。

第 3 步：双击后弹出提示框，显示测量面积结果。

➢管理图层

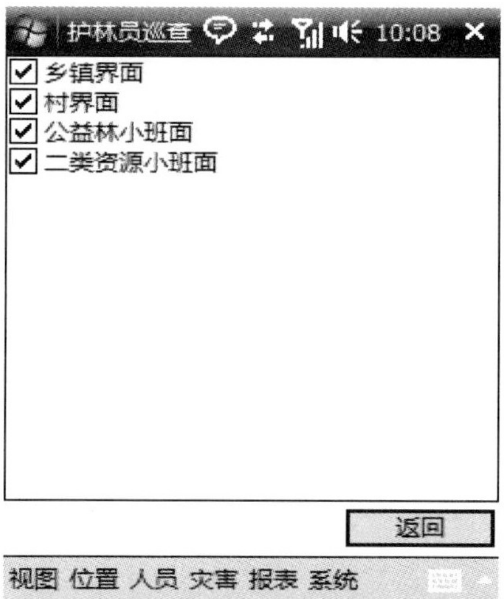

第 1 步：点击菜单项【视图/图层管理】后，显示图层列表，如上图。

第 2 步：通过点击图层前的选中框，来控制地图中指定图层的显示或隐藏。

➤位置显示

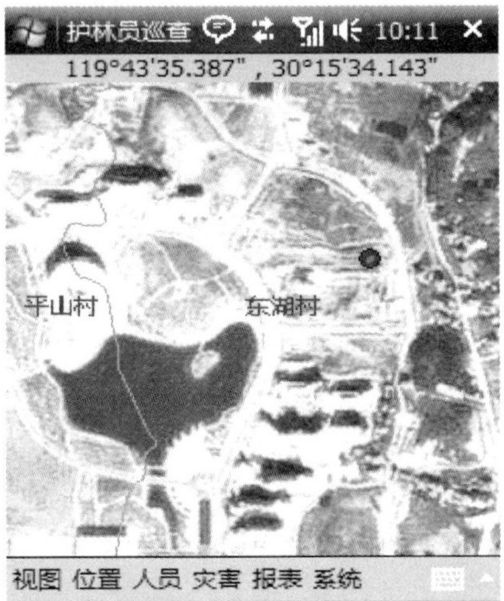

第 1 步：点击位置中的开始读取 GPS。

第 2 步：地图中当前位置处查看到代表位置的醒目点，如上图。

第 3 步：设置是否定位到 GPS 位置点处。

5.5.5.4　灾害管理

➤绘制灾害区域

第 1 步：点击[灾害/绘制灾害区域]，如上图。

第 2 步：绘制灾害区域，可参考之前绘制的绕行轨迹。
第 3 步：绘制完成后，点击填写灾害信息。
第 4 步：也可点击清除灾害区域将已绘制的区域删除。

➢填写灾害信息

第 1 步：点击填写灾害信息。

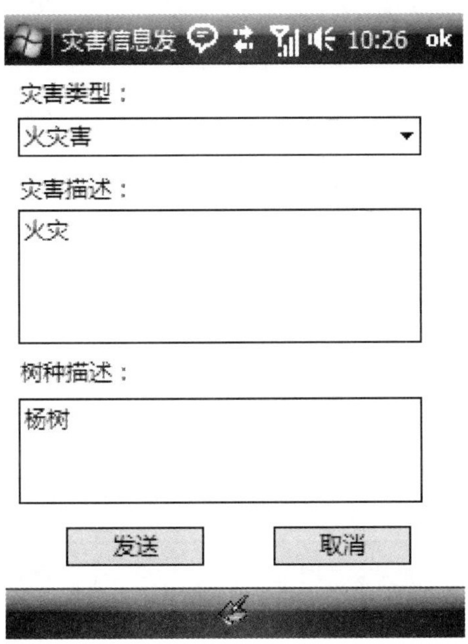

第 2 步：在弹出的界面中填写灾害信息，如上图。

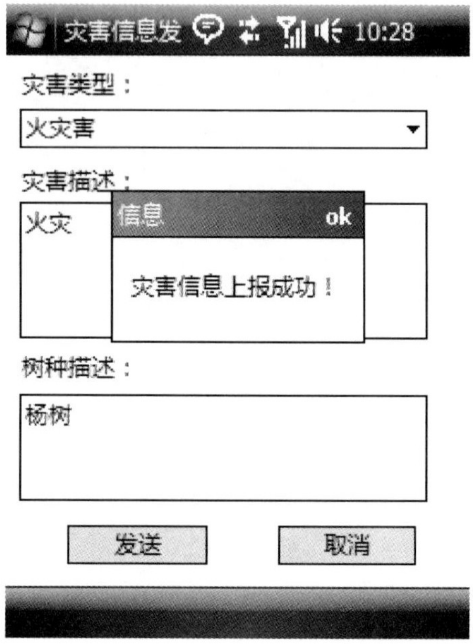

第 3 步：可点击发送，提交灾害信息，如上图。

5.5.5.5 人员管理

➢监控护林员

第 1 步：点击护林员监控。

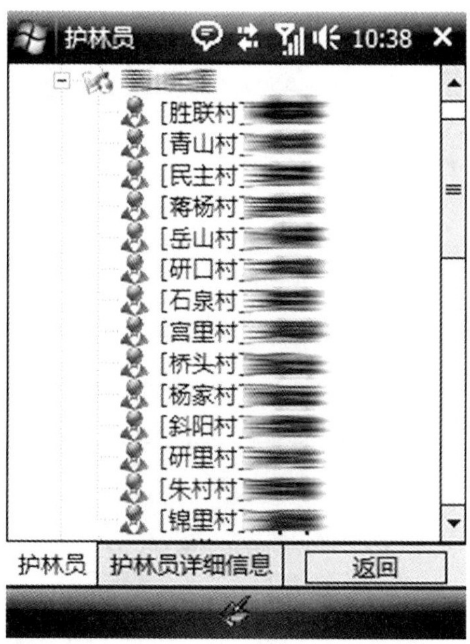

第 2 步：加载护林员列表，显示护林员监控界面，如上图显示。

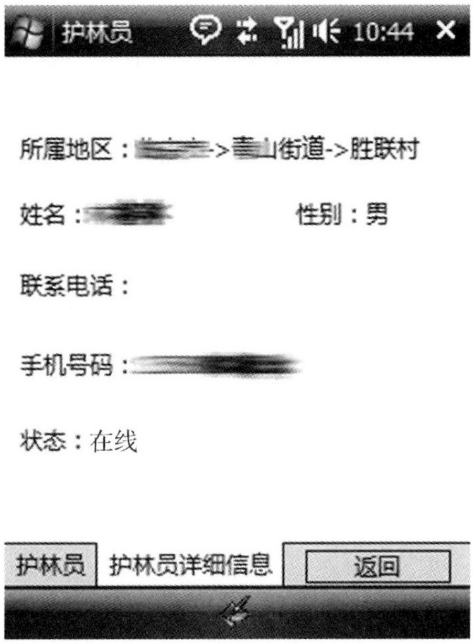

第 3 步：双击列表中的护林员，将显示所点击的护林员的详细信息。

➢查看在线护林员信息

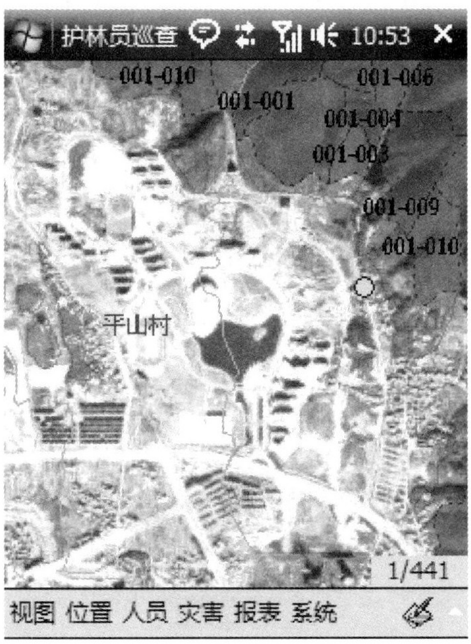

第 1 步： 点击[人员/显示在线护林员]后，查看在线的护林员位置分布，如上图。

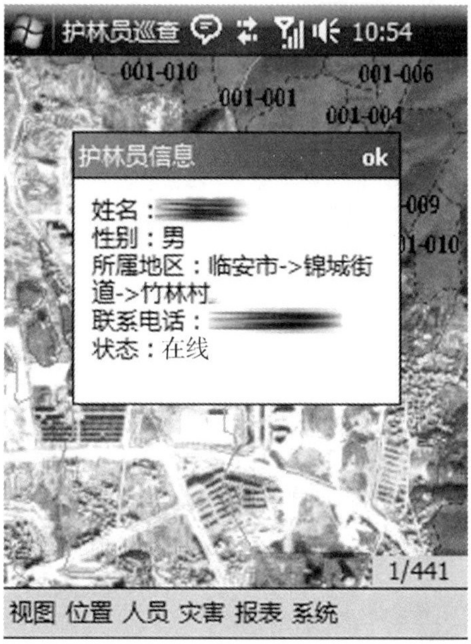

第 2 步： 点击在线护林员的位置点，将查看到该护林员的基本信息，如上图所示。

5.5.6 数据输出

5.5.6.1 监控中心统计报表

➢进入统计报表

第 1 步： 点击菜单【常用报表】。

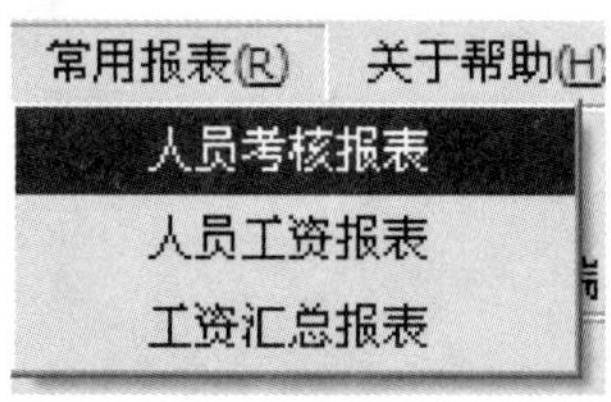

第 2 步： 也可以在导航栏中，单击【报表】进入，如下图位置①。

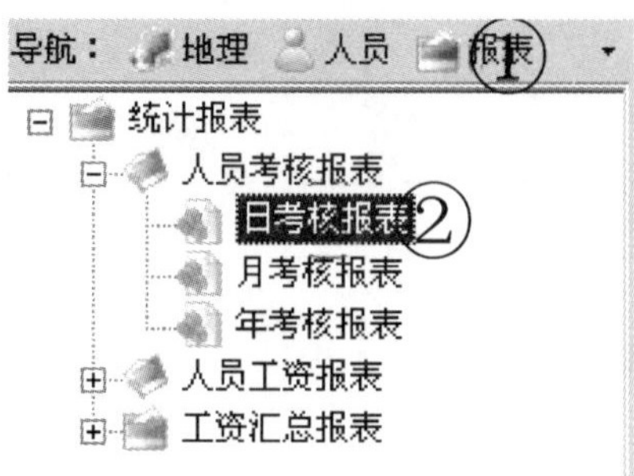

第 3 步： 在报表树型列表中，在属性列表有人员考核、人员工资、工资汇总三大类

12 张报表，双击具体的报表名称进入相应报表。

统计报表操作（以日考核报表为例）

第 1 步： 点击进入日考核报表。

第 2 步： 选择年月日可筛选报表日期，如上图位置①。

第 3 步： 点击【首页】、【上一页】、【下一页】、【尾页】进行页面切换，如上图位置②。

第 4 步： 点击页下拉，将直接切换报表页面，如上图位置③。

第 5 步： 点击【打印预览】显示打印预览，如上图位置④。

第 6 步： 点击【打印】将打印当前报表（请先正确安装好打印机），如上图位置⑤。

第 7 步： 点击【导出数据】将以 EXCEL 格式导出当前报表数据，如上图位置⑥。

5.5.6.2 智能终端统计报表

➢日巡查报表

第 1 步： 点击［报表/日巡查报表］。

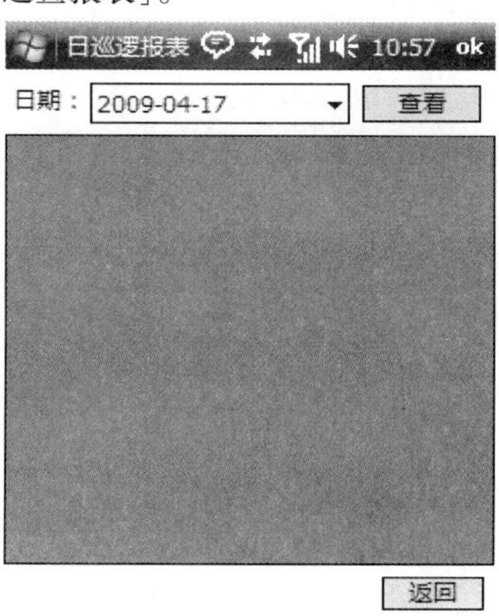

第 2 步：选定考核日期后，点击查看，如上图。

第 3 步：显示选定日期的日巡查报表。

➢月巡查报表

第 1 步：点击[报表/月巡查报表]。

第 2 步：选定考核月份后，点击查看，如上图。

第 3 步：显示选定月的巡查考核报表。

➢年巡查报表

第 1 步：点击[报表/年巡查报表]。

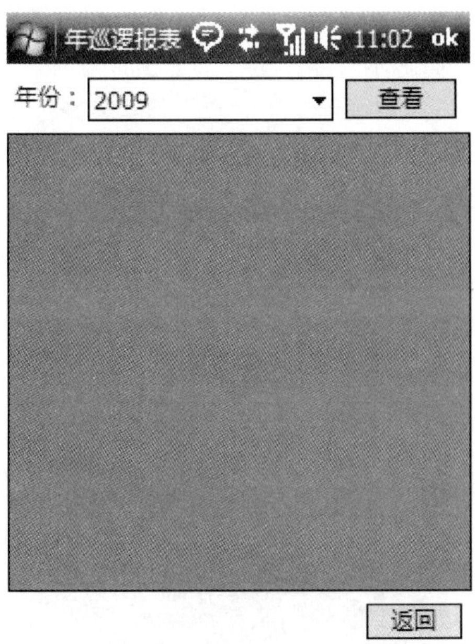

第 2 步：选定考核年份后，点击查看，如上图。

第 3 步：显示选定年的巡查报表。

5.6 经营单位管理

公益林经营管理主要是对公益林经营者基本信息、经营范围和经营措施进行管理。通过该模块的功能，用户可以方便地查询经营者经营的公益林小班范围以及每个小班中经营者经营的面积等信息。同时，也可以很方便地将经营者经营的小班范围以图形直观地表现出来。

5.6.1 数据输入

5.6.1.1 新增经营单位

第 1 步：单击菜单【面积/经营单位】，如下图区域①。

第 2 步：也可以在工具栏上单击【经营】工具，如下图位置②。

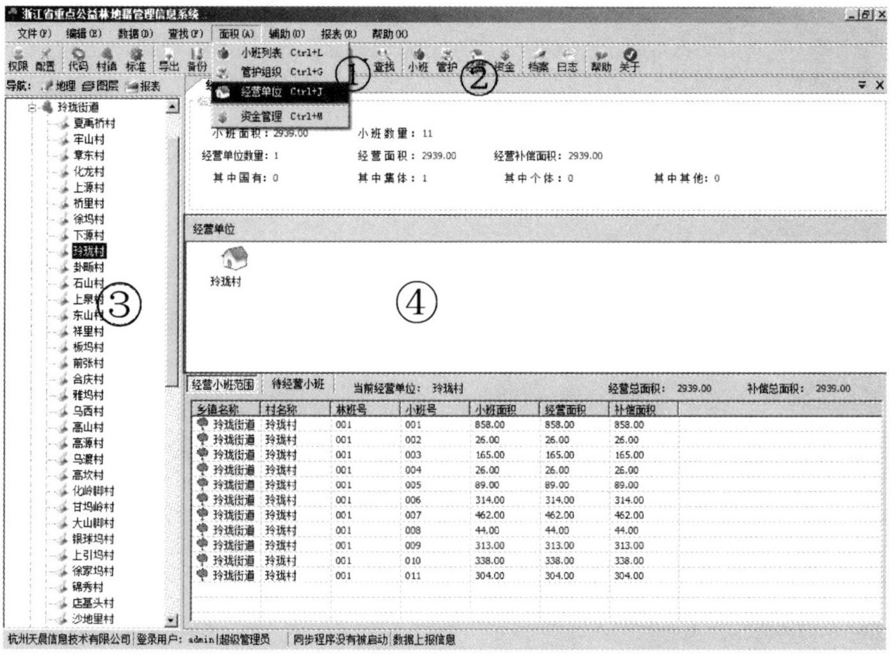

第 3 步：在系统界面的左边行政树形栏里单击村名称，如上图位置③。

第 4 步：右击经营单位界面的空白区域，如上图区域④。

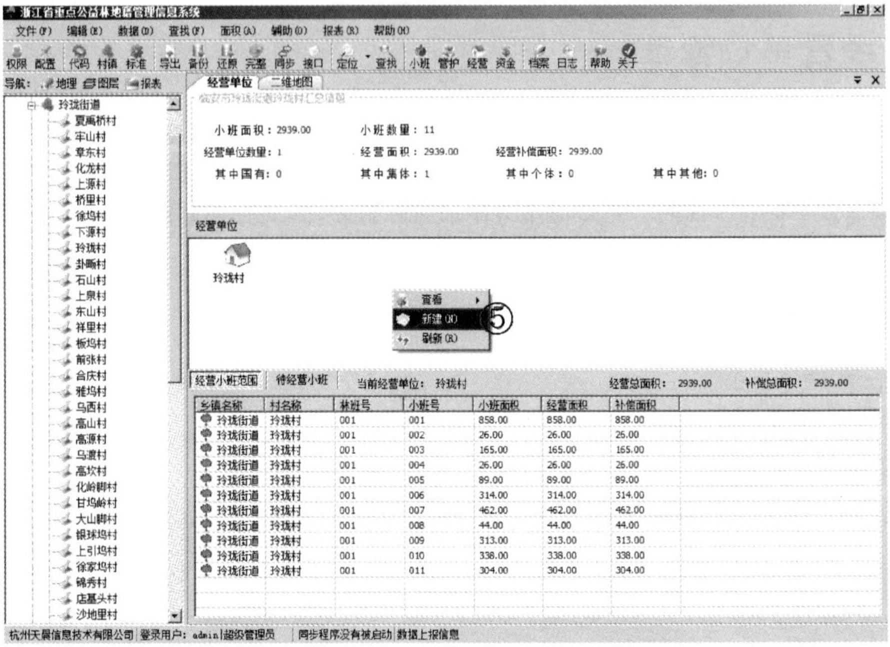

第 5 步：单击[新建]，如上图区域⑤。

第 6 步：弹出经营单位新增对话框，填写经营单位资料。
第 7 步：单击【保存】，完成新增经营单位，如上图位置⑥。
第 8 步：单击【清空】，清空新增经营单位资料，如上图位置⑦。
第 9 步：单击【取消】，退出新增经营单位，如上图位置⑧。

5.6.1.3 新增经营范围

第 1 步：单击经营单位，如下图位置①。

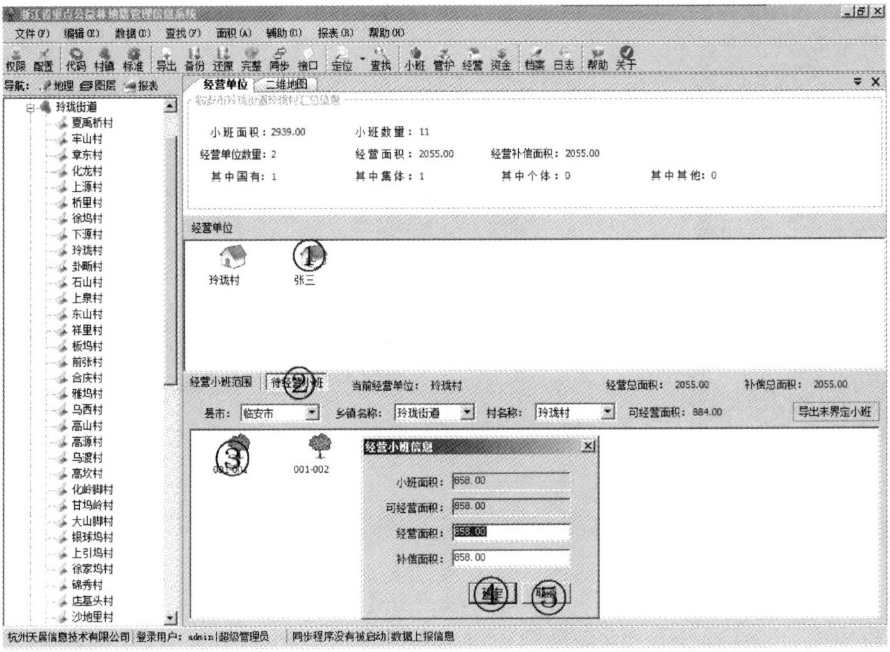

第 2 步：单击待经营小班，如上图位置②。
第 3 步：双击具体小班，如上图位置③。
第 4 步：弹出经营小班界定窗口，修改经营面积和补偿面积。
第 5 步：点击【确定】，完成经营小班界定，如上图位置④。
第 6 步：点击【取消】，退出经营单位界定，如上图位置⑤。
第 7 步：也可以右击具体小班，然后单击指定界定，如下图位置⑥，然后进入第 4 步。

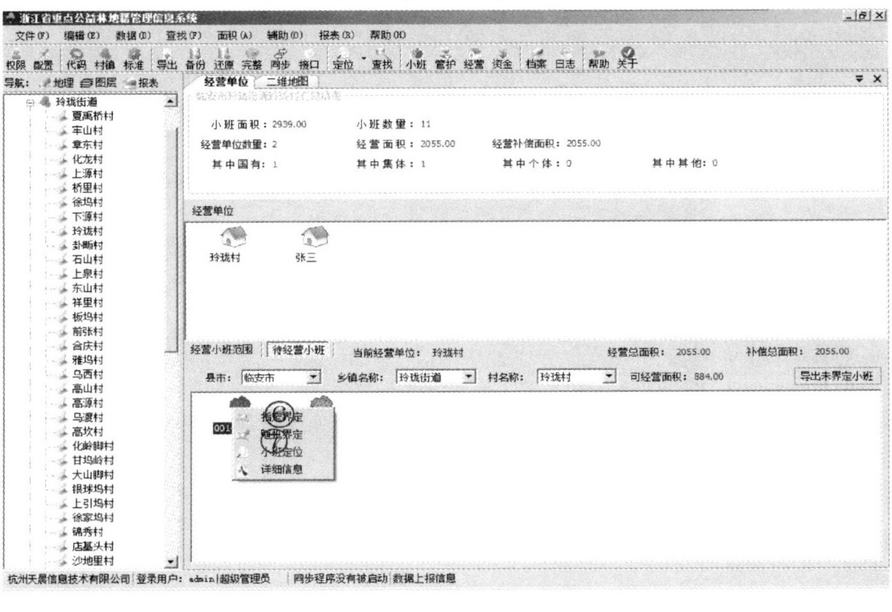

第 8 步：也可以右击小班列表区域，然后单击随机界定，如上图位置⑦。

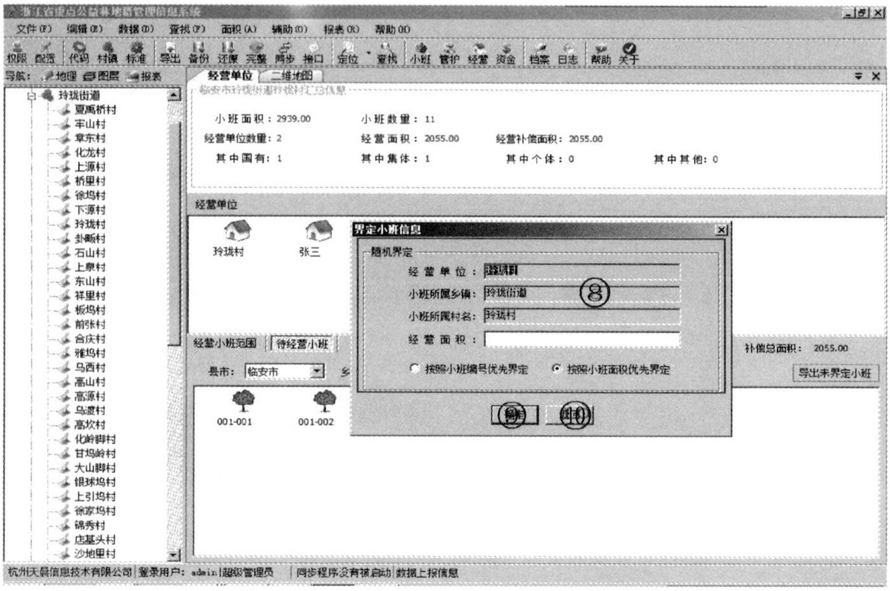

第 10 步：填写随机界定条件和界定方法，如上图区域⑧。

第 11 步：点击【确定】，完成经营小班界定，如上图位置⑨。

第 12 步：点击【取消】，退出经营单位界定，如上图位置⑩。

5.6.2 数据查询分析

5.6.2.1 经营信息查询

➢查看县经营信息

第 1 步：在系统界面的左边行政树形栏里单击县名称，如下图位置①。

第 2 步：查看到全县总体经营情况，如上图区域②。

➢查看镇经营信息

第 1 步：在系统界面的左边行政树形栏里单击镇名称，如下图位置①。

第 2 步：查看到选定镇的总体经营情况，如上图区域②。

➢查看村经营信息

第 1 步：在系统界面的左边行政树形栏里单击村名称，如下图位置①。

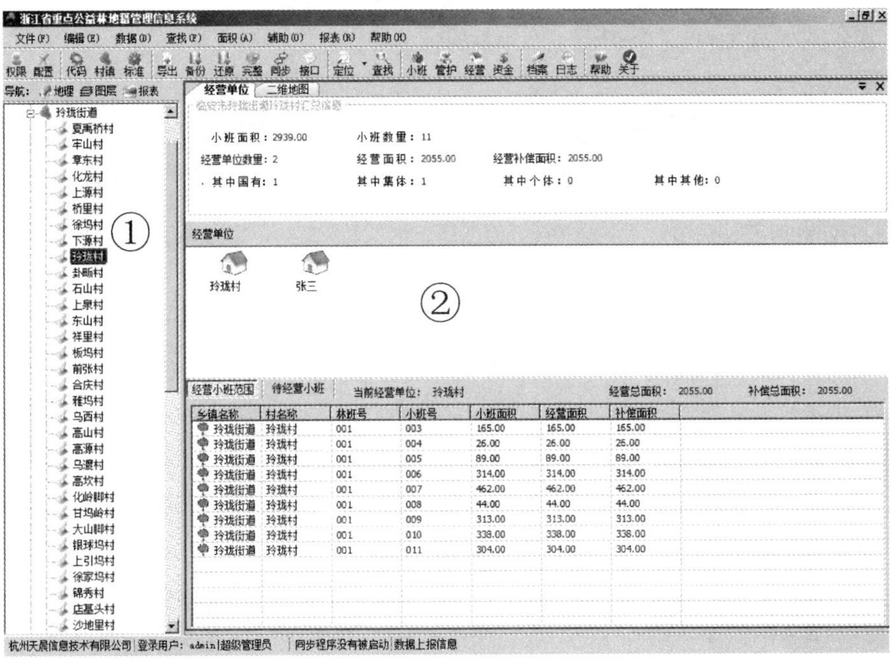

第 2 步：查看到选定镇的经营总体情况，如上图区域②。

5.6.2.2 经营范围信息查询

第 1 步： 单击经营单位名称，如下图位置①。

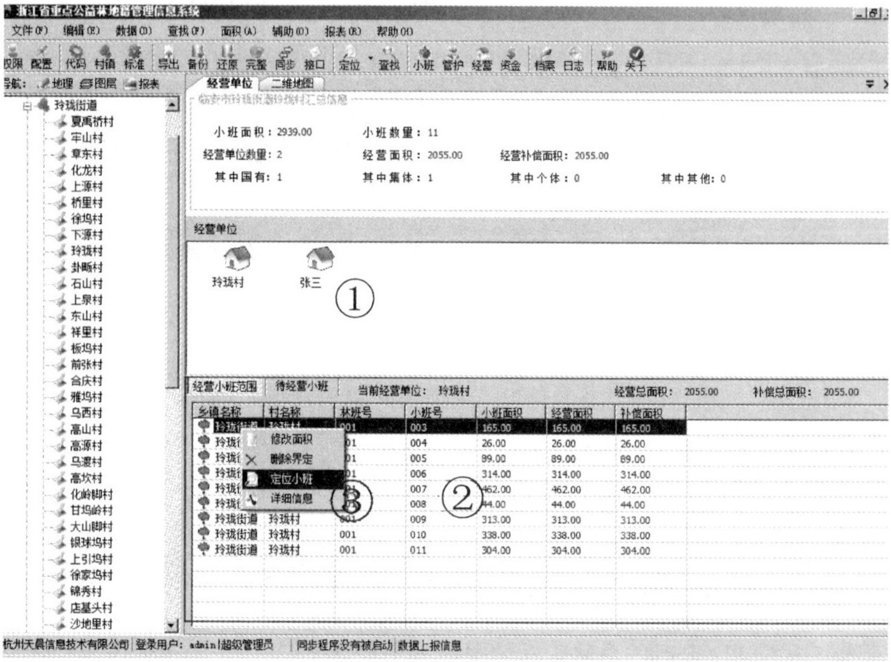

第 2 步： 查看到选定经营单位所经营的小班范围，如下图区域②。

第 3 步： 右击具体小班，选择定位小班，如上图位置③。

第 4 步： 查看到当前小班在地图中的位置，如下图浅绿色区域。

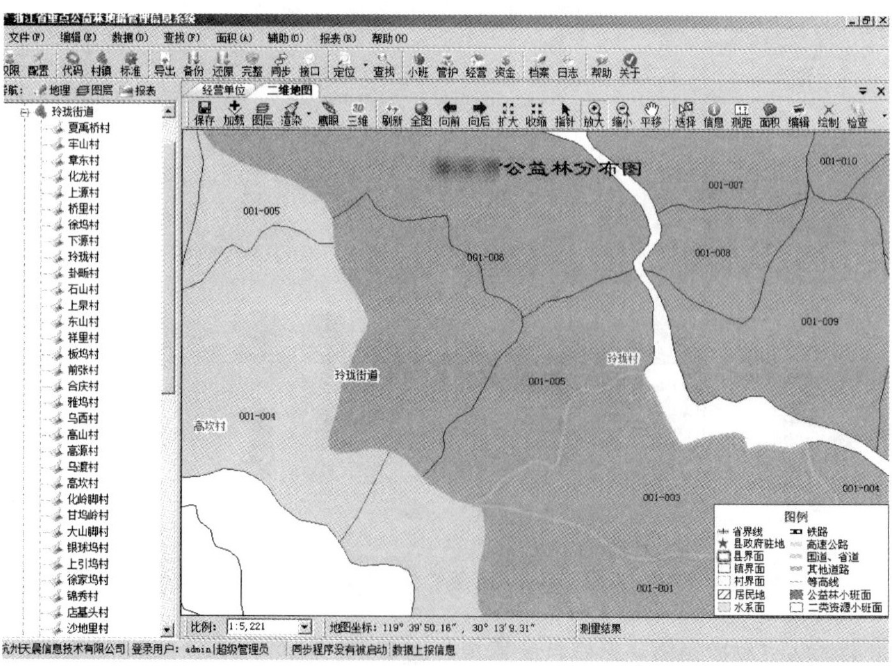

第 6 步：右击具体经营范围小班，点击详细信息，弹出对应的小班信息卡，如下图。

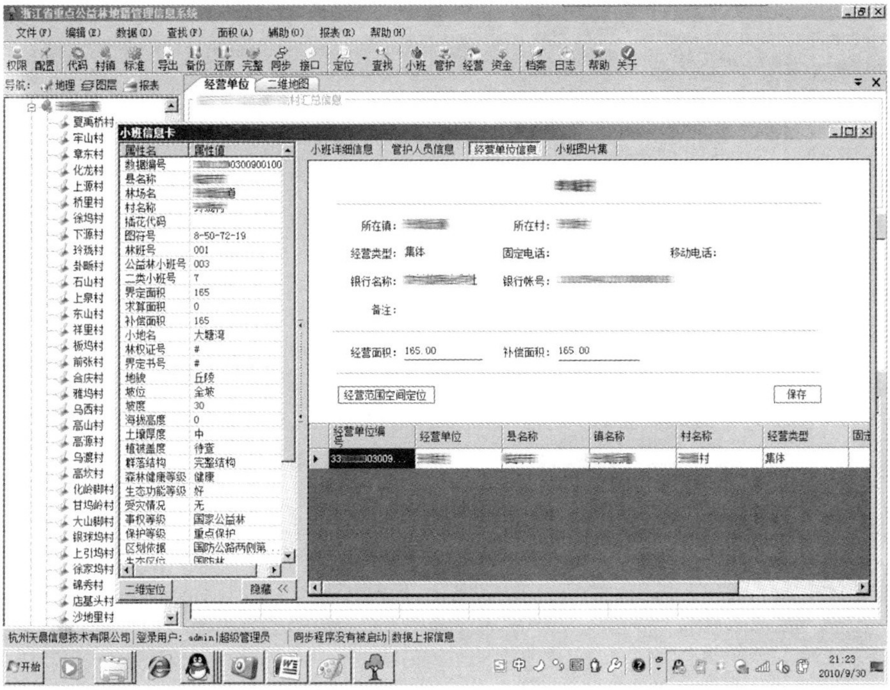

第 7 步：单击待经验小班，如下图位置①。

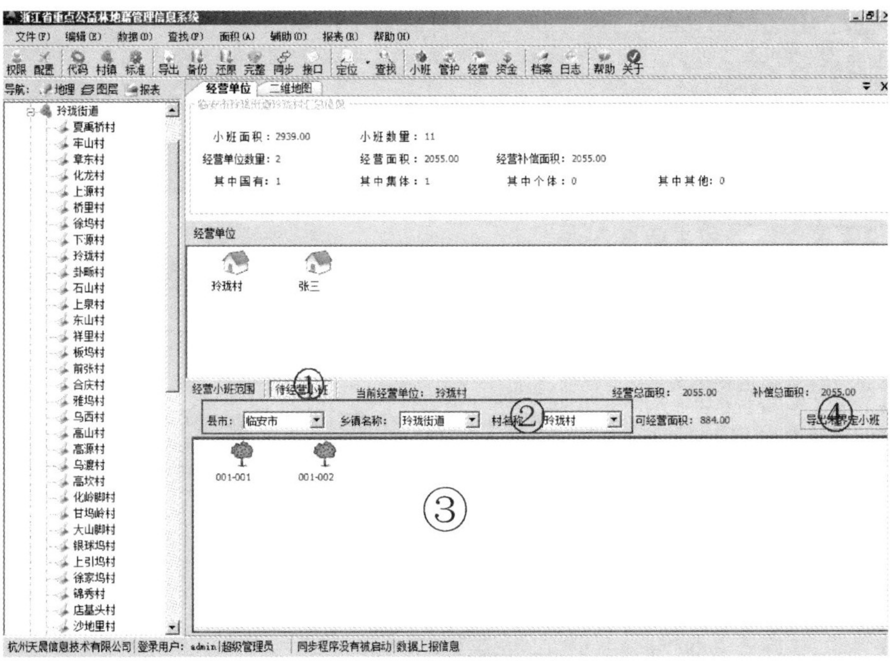

第 8 步：查看到所选经营单位所在村的待经营小班，如上图区域②。

第 9 步：选定乡镇名称和村名称，查看其他乡镇村的待经营小班信息，如上图区域③。

第 10 步：点击导出待经营小班，导出当前查找到的待经营小班信息，如上图位置④。

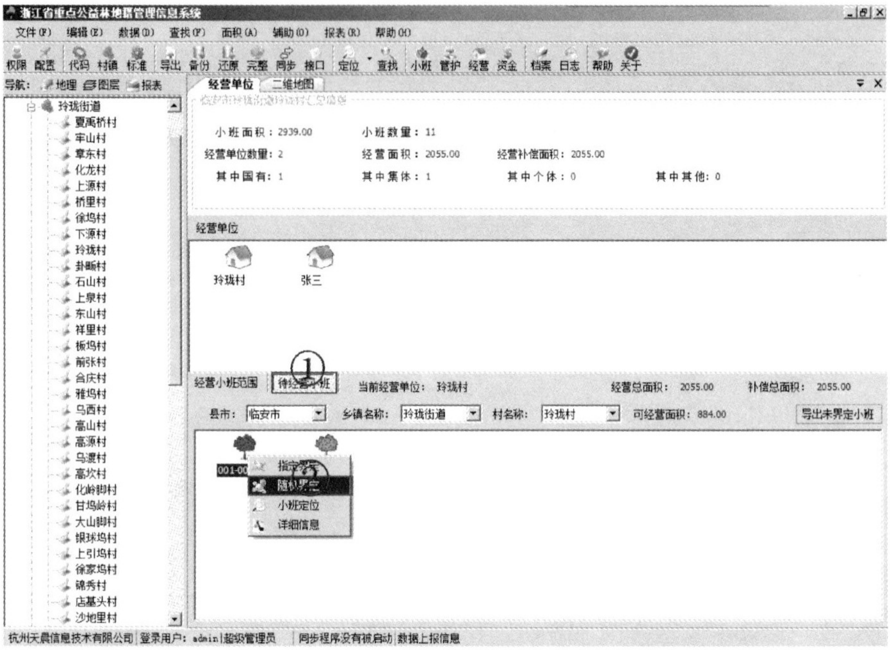

第 1 步：可通过乡镇、村筛选来查看待经营小班，如上图位置①

第 2 步：在空白处右击[查看]，可选择不同排列显示方式。

第 3 步：右击经营面积选择[小班定位]，完成小班地图定位。

第 4 步：选择待经营面积右击选择[详细信息]，查看小班信息卡。

第 5 步：点击[指定界定]，弹出指定界定页面，指定面积后单击[确定]即完成经营小班界定。

5.6.2.3 按经营类型渲染

➤设置经营类型和渲染颜色

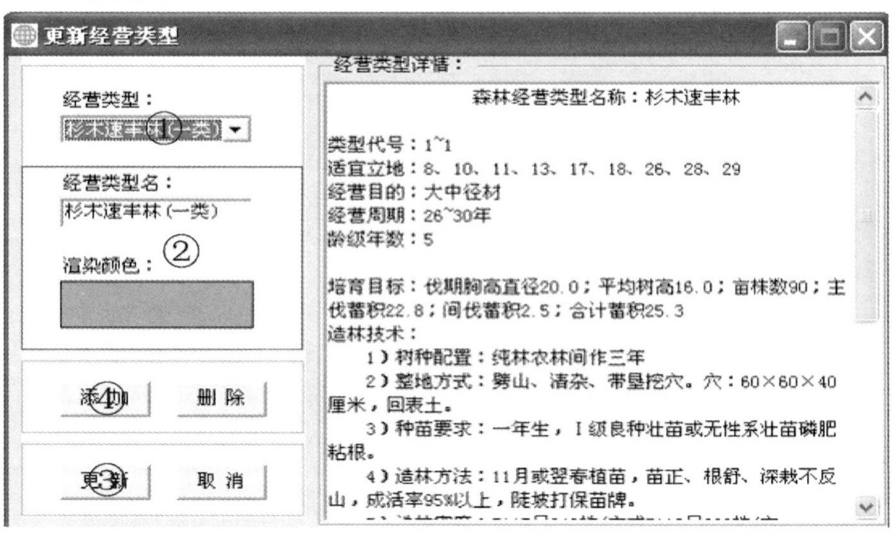

第 1 步：选择经营类型，如上图位置①。
第 2 步：填写对应的经营类型名、渲染颜色及经营类型详情，如上图区域②。
第 3 步：点击更新，完成经营类型信息修改，如上图位置③。
第 4 步：点击添加，如上图位置④。
第 5 步：填写相应的经营类型名、渲染颜色等，点击更新，完成经营类型添加。

➢设置立地类型－造林树种－森林经营类型匹配表

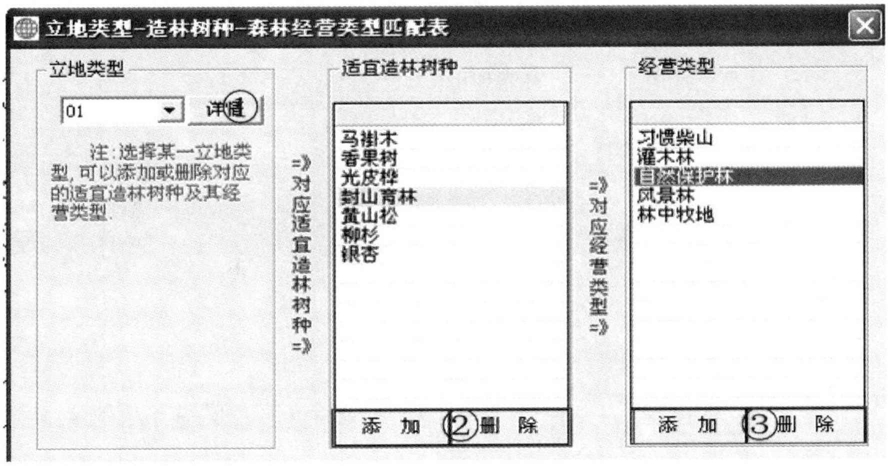

第 1 步：点击【详情】按钮，显示此立地类型的立地条件及对应的立地条件值，如上图位置①。

第 2 步：点击适宜造林树种[添加]或[删除]按钮，将设置此立地类型所对应的适宜造林树种，如上图区域②。

第 3 步：点击经营类型[添加]或[删除]按钮，将设置此立地类型和此适宜造林树种所对应的经营类型，如上图区域③。

➢设置立地类型

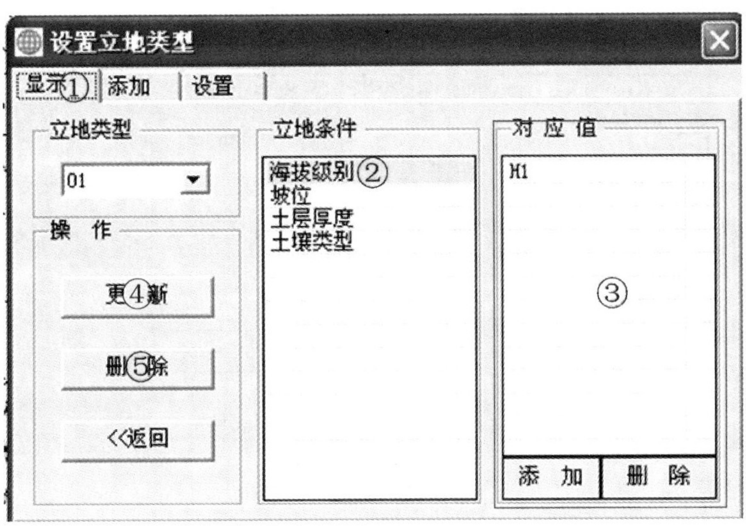

第 1 步： 点击显示，如上图位置①。
第 2 步： 点击要操作的立地类型，如上图位置②。
第 3 步： 填写相应立地条件的对应值，如上图区域③。
第 4 步： 点击更新按钮可以修改立地类型，如上图位置④
第 5 步： 点击删除，删除选定立地类型，如上图位置⑤。

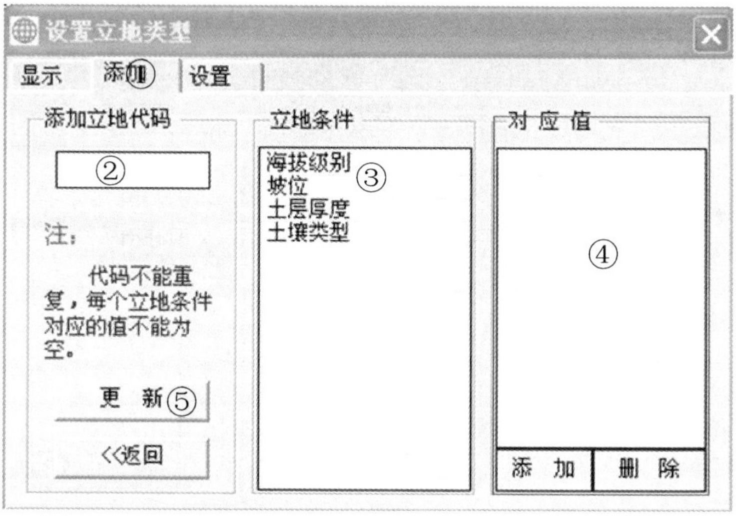

第 6 步： 点击添加，如上图位置①。
第 7 步： 输入要添加的立地代码(注：代码不能重复)，如上图位置②。
第 8 步： 选择需要填写的立地条件，如上图位置③。
第 9 步： 填写相应立地条件的对应值，如上图区域④。
第 10 步： 确认后按更新，完成立地类型添加，如上图位置⑤。

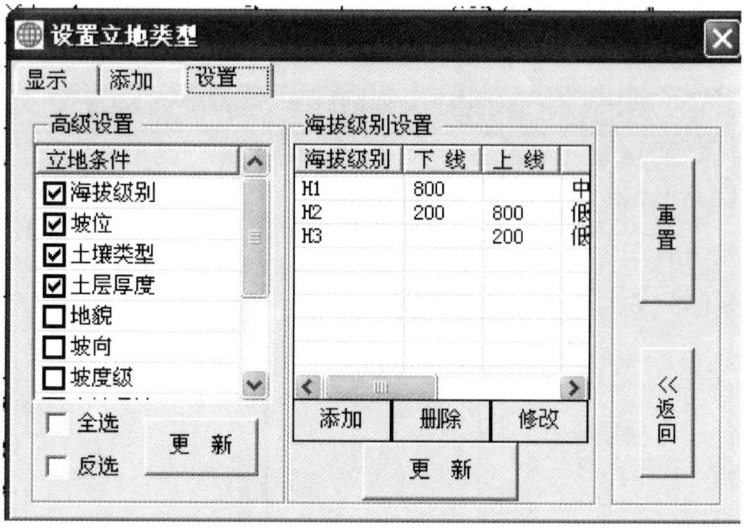

第 11 步： 点击设置，如上图位置①。
第 12 步： 选择需要的立地条件，如上图区域②。

第 13 步：设置相应立地条件的级别，如上图区域③。

➢按经营类型渲染

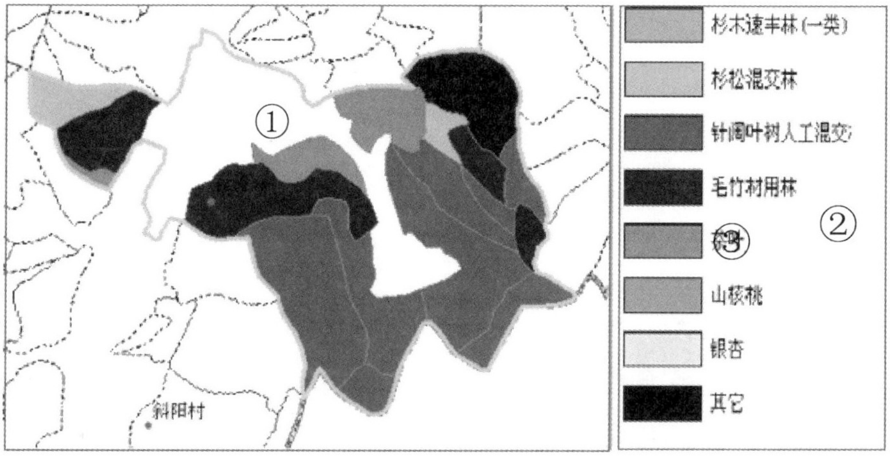

第 1 步：显示按照经营类型渲染的小班分布图，以显示每个小班的经营类别，不同的颜色代表不同的经营类型，如上图区域①。

第 2 步：右侧栏中会出现对应的经营类型图例，如上图区域②。

第 3 步：点击具体图例值，如上图位置③。

第 4 步：显示选定图例值的小班分布图，如下图。

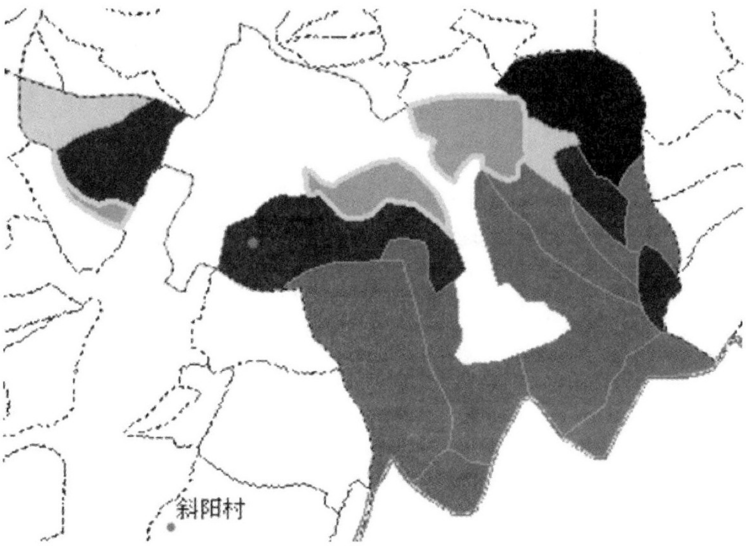

5.6.3 数据编辑

5.6.3.1 经营单位信息编辑

第 1 步：双击具体经营单位图标，或者右击经营单位图标选择显示，如下图位置①。

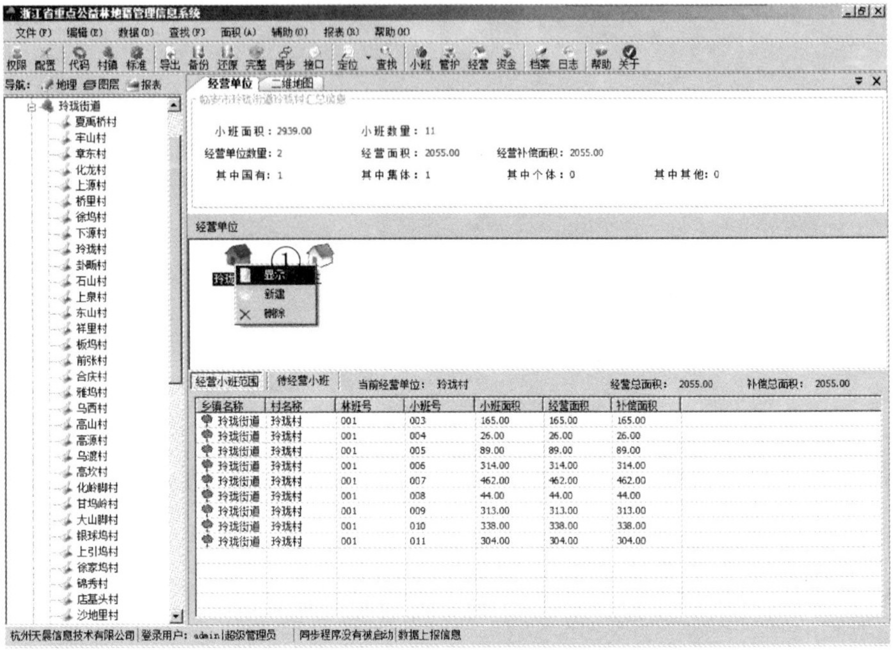

第 **2** 步：弹出经营单位修改界面，如下图区域①。

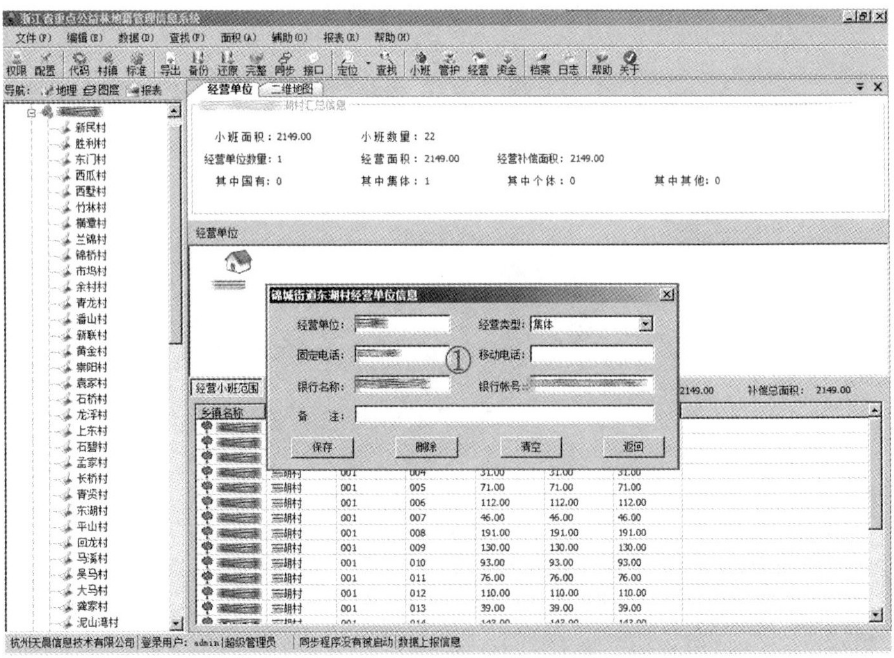

第 **3** 步：填写经营单位属性，单击保存即可完成经营单位修改。

第 **4** 步：点击删除，弹出确认对话框，点击确认完成经营单位删除。

5.6.3.2 经营范围信息编辑

第 **1** 步：点击经营单位，如下图位置①。

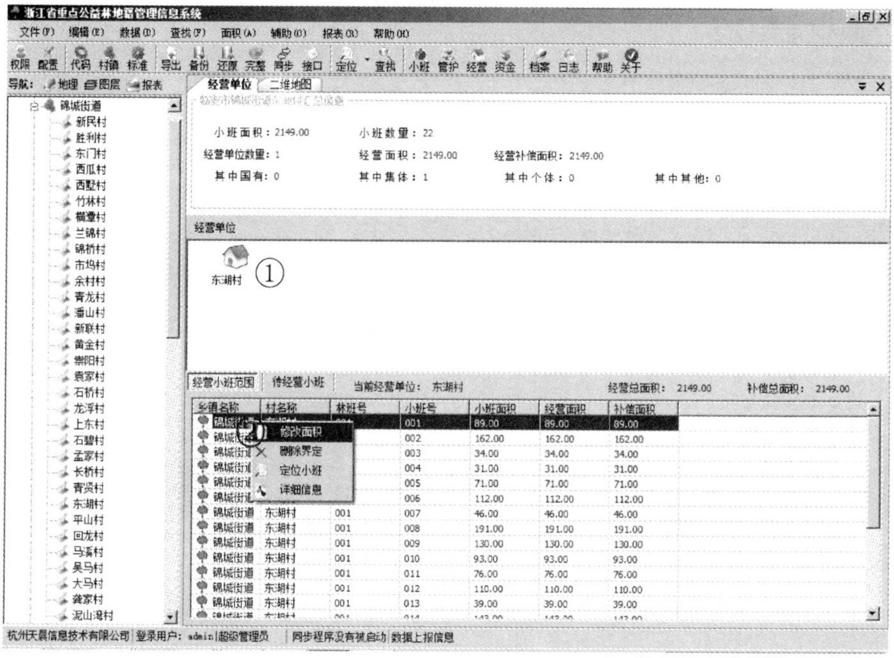

第 2 步：双击具体经营范围小班，或者右击经营范围小班选择修改面积，如上图位置②。

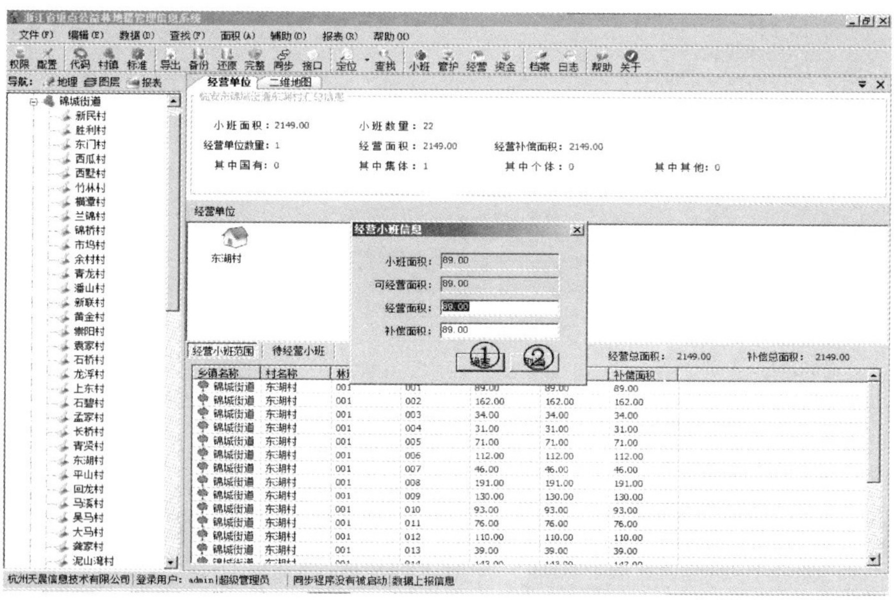

第 3 步：修改经营面积和补偿面积。

第 4 步：点击确定完成经营范围修改，如上图位置①。

第 5 步：点击取消退出经营范围修改，如上图位置②。

5.6.4 数据输出

第 1 步：单击系统左边的【报表】工具栏，报表显示树形界面。

第 2 步：在树形界面中展开选择自己需要查看的经营单位报表，然后双击鼠标，如下图所示。

经营信息汇总表：

经营信息汇总表

打印日期：2010-09-30　　面积单位：亩　数量单位：个

镇名称	经营单位数	其中集体	其中个体	小班面积	经营面积	补偿面积
临安市	0	0	342	983541.00	983519.00	983519.00
锦城街道			21	30538.00	30516.00	30516.00
青山街道			14	28451.00	28451.00	28451.00
玲珑街道			11	24004.00	24004.00	24004.00
上甘街道			4	4695.00	4695.00	4695.00
横畈镇			7	14238.00	14238.00	14238.00
板桥乡			7	18022.00	18022.00	18022.00
三口镇			5	12011.00	12011.00	12011.00
高虹镇			9	34165.00	34165.00	34165.00
太湖源镇			19	128860.00	128860.00	128860.00
於潜镇			28	31389.00	31389.00	31389.00
藻溪镇			21	15805.00	15805.00	15805.00
西天目乡			16	69846.00	69846.00	69846.00
千洪乡			1	16784.00	16784.00	16784.00

经营单位经营清册：

经营单位经营清册

打印日期：2010-09-30

镇名称	村名称	经营单位名称	经营类型	联系电话	移动电话	银行帐号
	西墅村	西墅村	集体			
	竹林村	竹林村	集体			
	横畈村	横畈村	集体			
	锦桥村	锦桥村	集体			
	市坞村	市坞村	集体			
	余村村	余村村	集体			
	青龙村	青龙村	集体			
	石桥村	石桥村	集体			
	龙泽村	龙泽村	集体			
	石鳢村	石鳢村	集体			
	长桥村	长桥村	集体			
	东湖村	东湖村	集体			
	平山村	平山村	集体			

第 3 步：双击鼠标后系统会在系统主界面上显示对应的报表数据信息。

第 4 步：如果需要打印该统计报表数据，单击报表工具栏的【打印】工具栏即可。

第 5 步：如果需要导出该统计报表数据以便做其他用途，单击报表工具栏的【导出数据】工具栏即可。

5.7 经营活动管理

5.7.1 数据输入

第 1 步： 单击菜单【辅助管理】，选择【经营活动】，弹出经营活动管理界面。

第 2 步： 单击【添加】，弹出固定经营活动输入对话框。

第 3 步： 填写具体经营活动信息，单击【提交】完成经营活动添加。

5.7.2 数据查询分析

第 1 步： 单击菜单【辅助管理】，选择【经营活动】，弹出经营活动管理界面。

第 2 步： 双击具体经营活动或者右击具体经营活动选择【查看】，可以查看选定经营活动的详细信息。

第 3 步： 点击导出，可以将查看的经营活动下载到本地。

5.7.3 数据编辑

第 1 步： 单击菜单【辅助管理】，选择【经营活动】，弹出经营活动管理界面。

第 2 步： 右击具体经营活动选择【编辑】，弹出经营活动的修改窗口。

第 3 步： 修改具体经营活动信息，单击【提交】完成经营活动修改。

5.7.4 数据输出

第 1 步： 单击菜单【辅助管理】，选择【经营活动】，弹出经营活动管理界面。

第 2 步： 单击管理界面上的工具【列表显示】，以列表的形式显示经营活动数据。

第 3 步： 右击具体经营活动数据，选择【查看】，弹出经营活动的属性数据窗口。

第 4 步： 单击属性窗口的【打印】，可将当前经营活动数据打印到 A4 的纸张上。

5.8 资源监测管理

5.8.1 数据输入

5.8.1.1 固定样地

第 1 步： 单击系统左边的行政区域界面的村名称，定位到固定样地所在的村。

第 2 步： 单击菜单【辅助管理】，选择【固定样地】，弹出固定样地列表。

第 3 步： 固定样地列表界面上单击【添加】，弹出固定样地输入对话框。

第 4 步： 在弹出的对话框上填入对应的固定样地属性因子，完成单击【提交】。

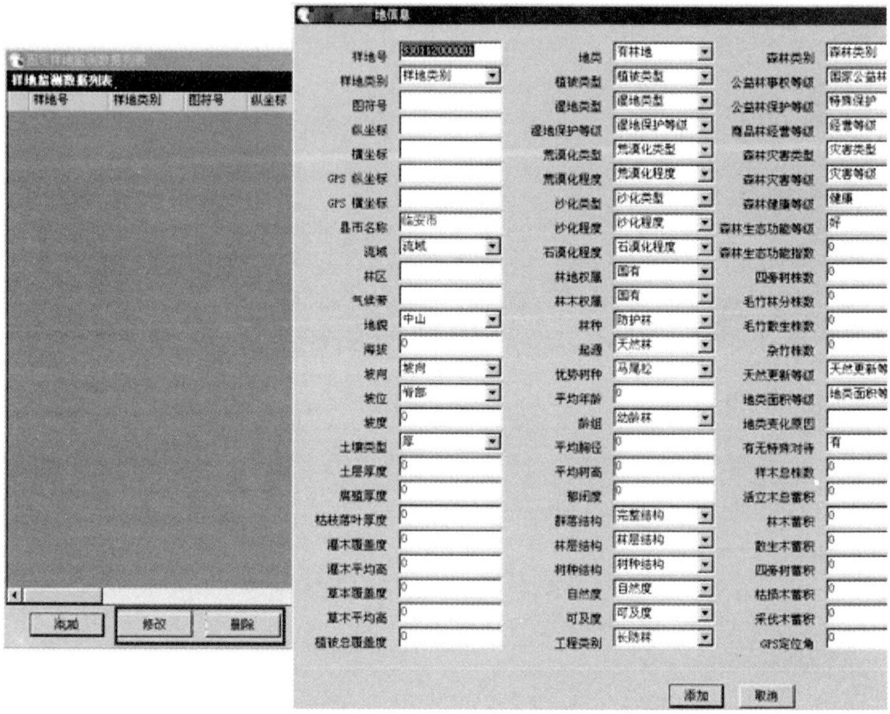

5.8.1.2 固定小班

第 1 步：单击系统左边的行政区域界面的村名称，定位到固定小班所在的村。

第 2 步：单击菜单【辅助管理】，选择【固定小班】，弹出固定小班列表。

第 3 步：固定小班列表界面上单击【添加】，弹出固定小班输入对话框。

第 4 步：在弹出的对话框上填入对应的固定小班属性因子，完成单击【提交】。

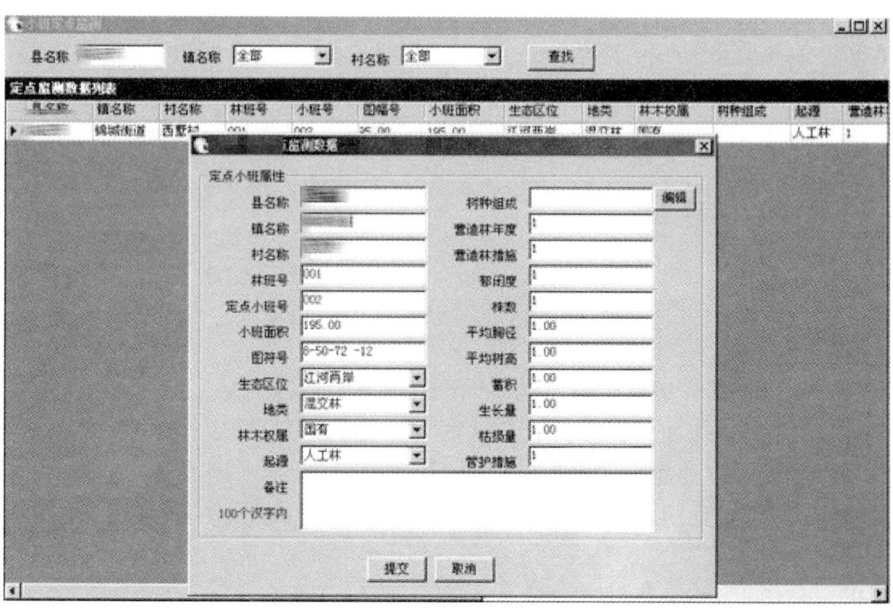

5.8.1.3 二类资源调查

第 1 步：单击系统左边的行政区域界面的村名称，定位到二类资源调查小班所在的村。

第 2 步：单击菜单【辅助管理】，选择【二类资源调查】，弹出资源二类调查小班列表。

第 3 步：二类资源调查小班列表界面上单击【添加】，弹出二类资源调查小班输入对话框。

第 4 步：在弹出的对话框上填入对应的二类资源调查小班属性因子，完成单击【提交】。

5.8.1.4 专题调查

第 1 步：单击系统左边的行政区域界面的村名称，定位到专题调查数据所在的村。

第 2 步：单击菜单【辅助管理】，选择【专题调查】，弹出专题调查数据列表。

第 3 步：专题调查数据列表界面上单击【添加】，弹出专题调查数据输入对话框。

第 4 步：在弹出的对话框上填入对应的专题调查数据属性因子，完成单击【提交】。

5.8.2 数据查询分析

5.8.2.1 固定样地

第 1 步：单击菜单【辅助管理】，选择【固定样地】，弹出固定样地列表。

第 2 步：单击系统左边的行政区域界面的村名称，定位到固定样地所在的村

第 3 步：需要查找其他行政位置的固定样地，重复 1、2 步骤。

5.8.2.2 固定小班

第 1 步：单击菜单【辅助管理】，选择【固定小班】，弹出固定小班列表。

第 2 步：单击系统左边的行政区域界面的村名称，定位到固定小班所在的村。

第 3 步：需要查找其他行政位置的固定小班，重复 1、2 步骤。

5.8.2.3 二类资源调查

第 1 步：单击菜单【辅助管理】，选择【二类资源调查】，弹出二类资源调查小班列表。

第 2 步：单击系统左边的行政区域界面的村名称，定位到资源二类调查小班所在的村。

第 3 步：需要查找其他行政位置的二类资源调查小班，重复 1、2 步骤。

5.8.2.4 专题调查

第 1 步：单击菜单【辅助管理】，选择【专题调查】，弹出专题调查数据列表。

第 2 步：单击系统左边的行政区域界面的村名称，定位到专题调查数据所在的村。

第 3 步：如需要查找其他行政位置的专题调查数据，重复 1、2 步骤。

5.8.3 数据编辑

5.8.3.1 固定样地

第 1 步：单击系统左边的行政区域界面的村名称，定位到固定样地所在的村。

第 2 步：单击菜单【辅助管理】，选择【固定样地】，弹出固定样地列表。

第 3 步：固定样地列表界面上单击【修改】，弹出固定样地修改对话框。

第 4 步：在弹出的对话框上修改对应的固定样地属性因子，完成单击【提交】。

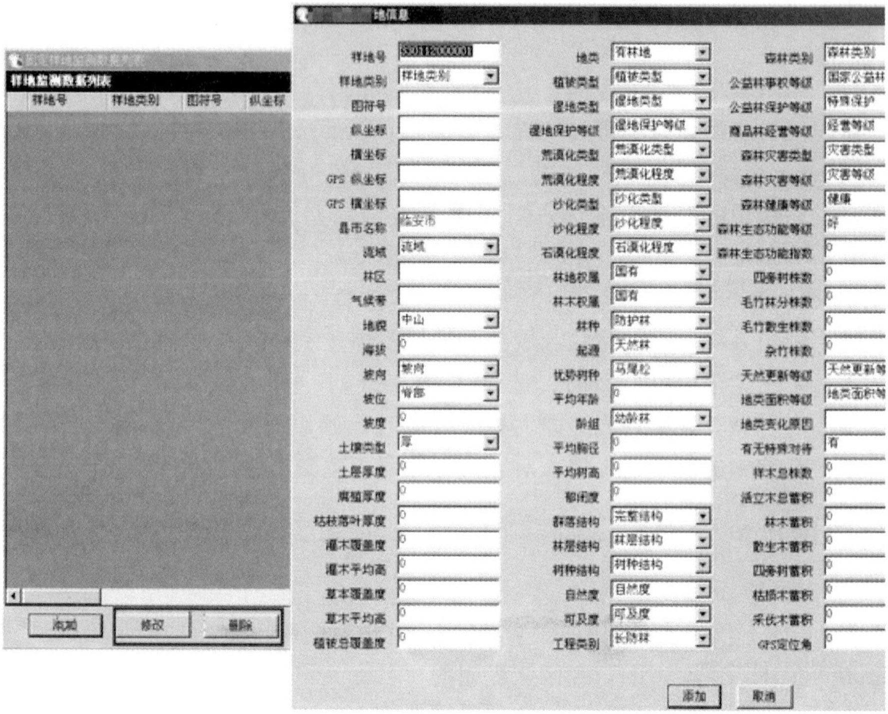

5.8.3.2 固定小班

第 1 步：单击系统左边的行政区域界面的村名称，定位到固定小班所在的村。

第 2 步：单击菜单【辅助管理】，选择【固定小班】，弹出固定小班列表。

第 3 步：固定小班列表界面上单击【修改】，弹出固定小班修改对话框。

第 4 步：在弹出的对话框上修改对应的固定小班属性因子，完成单击【提交】。

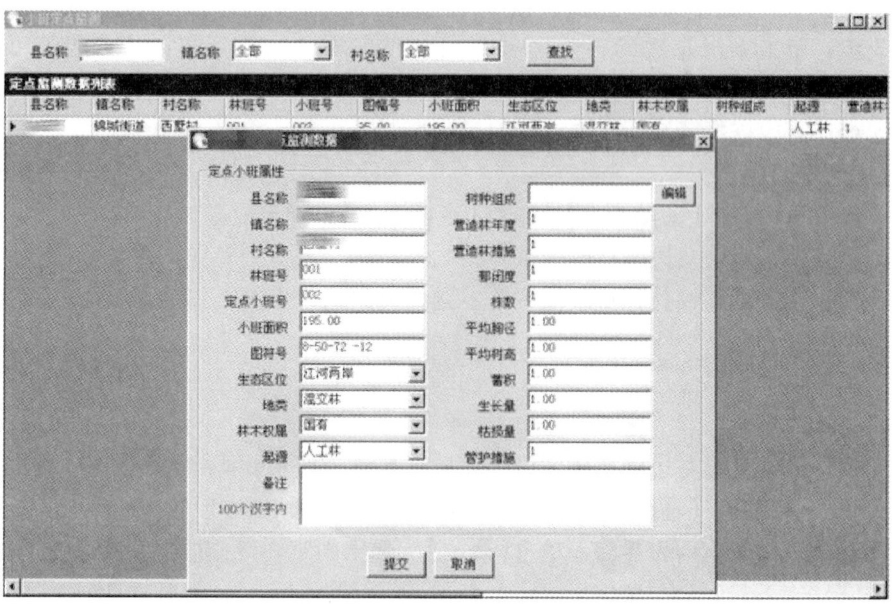

5.8.3.3 二类资源调查

第1步：单击系统左边的行政区域界面的村名称，定位到二类资源调查小班所在的村。

第2步：单击菜单【辅助管理】，选择【二类资源调查】，弹出二类资源调查小班列表。

第3步：二类资源调查小班列表界面上单击【修改】，弹出二类资源调查小班修改对话框。

第4步：在弹出的对话框上修改对应的二类资源调查小班属性因子，完成单击【提交】。

5.8.3.4 专题调查

第1步：单击系统左边的行政区域界面的村名称，定位到专题调查数据所在的村。

第2步：单击菜单【辅助管理】，选择【专题调查】，弹出专题调查数据列表。

第3步：专题调查数据列表界面上单击【修改】，弹出专题调查数据修改对话框。

第4步：在弹出的对话框上修改对应的专题调查数据属性因子，完成单击【提交】。

5.9 档案管理

5.9.1 档案输入

第1步：点击【辅助】中的【档案管理】或者快捷工具栏里的【档案管理】，在弹出档案管理界面，包括档案清单导航树和显示菜单框架（如下图所示）。

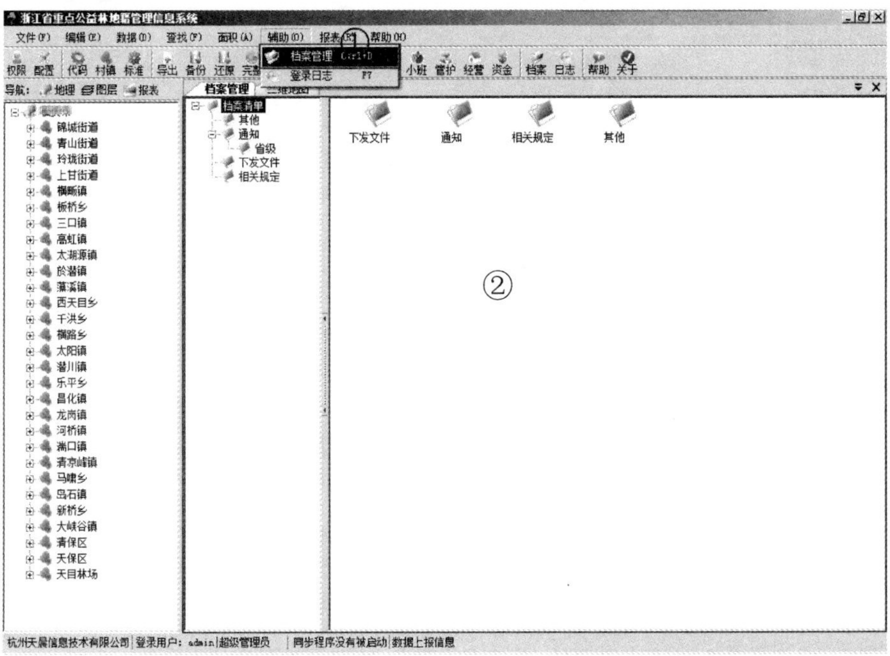

第2步：档案添加，首先双击档案清单树或者菜单框架选择档案类别，进入档案类别后，在菜单框架空白中右击选择【新建】，跳转到添加页面（如下图所示）。

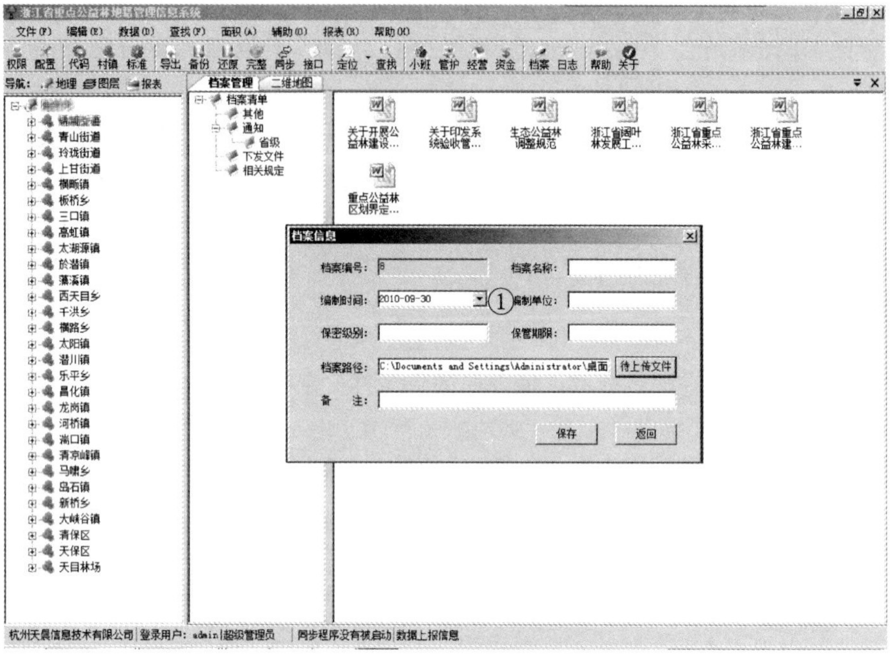

第 3 步：在档案添加界面中点击【待上传文件】，跳转到文件选择界面。

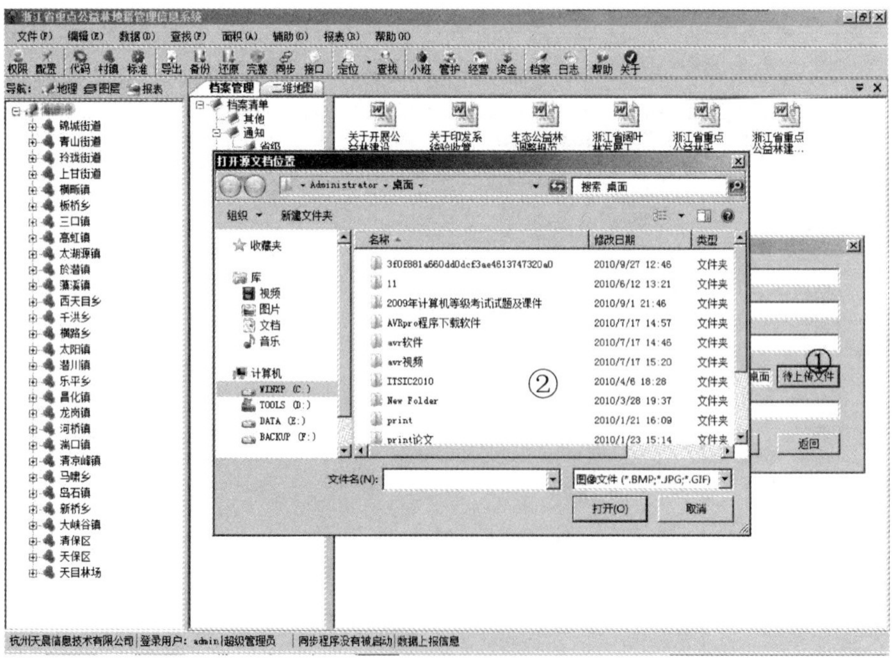

第 4 步：选择待上传的档案文件，以及文件名称后，单击【打开】。

第 5 步：最后在档案信息界面中单击【保存】，完成档案添加操作。

第 6 步：档案类别添加，在档案清单树中选择父档案类别右击选择【新建】，跳转到档案类别新建界面。

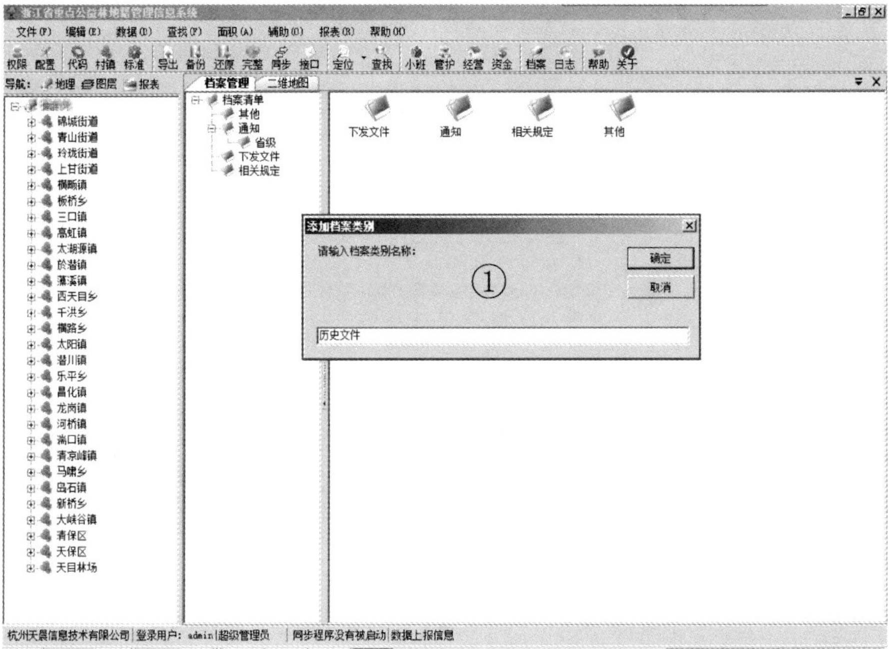

第 7 步：只需填写档案类别名称即可，点击【确定】完成档案类别添加。

5.9.2 档案编辑

第 1 步：选择需要修改的档案文件右击选择【修改】进入修改界面。

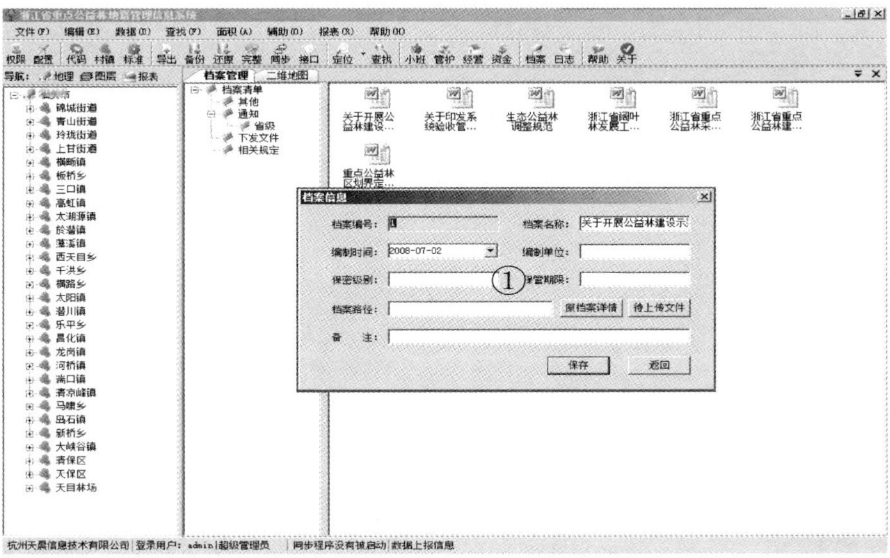

第 2 步：修改档案的信息属性，同时点击【原档案详情】对原来的文档进行查看，判断需不需要来重新上传文件。

第 3 步：点击【待上传文件】选择档案相关的文件，注意：重新上传的文件将替换掉原档案文件。

第 4 步： 点击档案修改界面的【保存】，完成档案修改。

第 5 步： 在左边档案清单树中选择档案类别右击【修改】弹出档案类别修改界面。

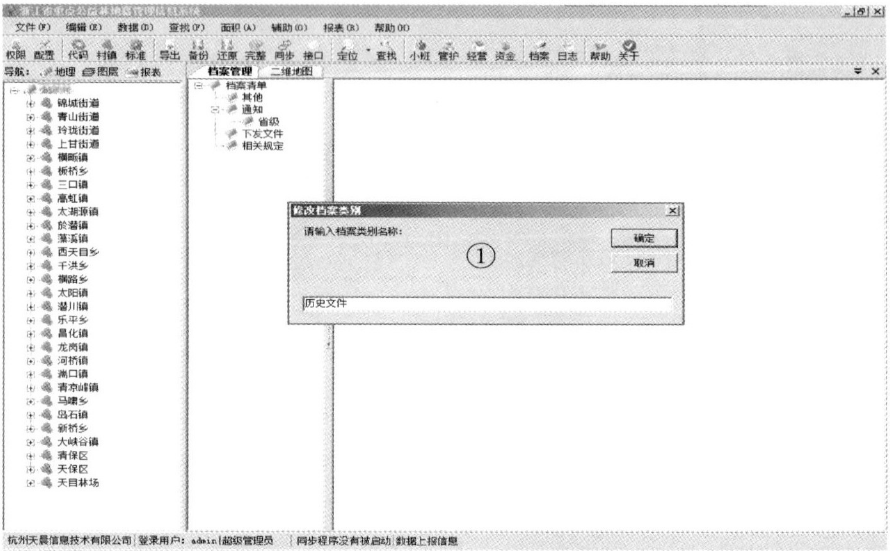

第 6 步： 修改档案类别名称，点击【确定】完成档案类别修改。

5.9.3 档案查看、下载打印

第 1 步： 选择档案文档右击【详情】或者双击即可查看档案文档。

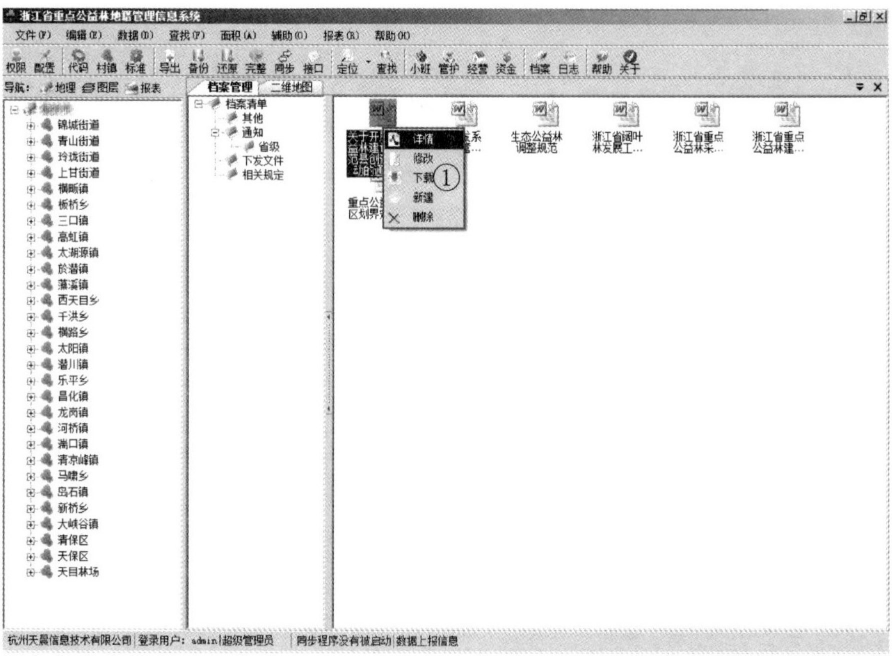

第 2 步：选择档案文档右击【下载】，弹出下载界面。

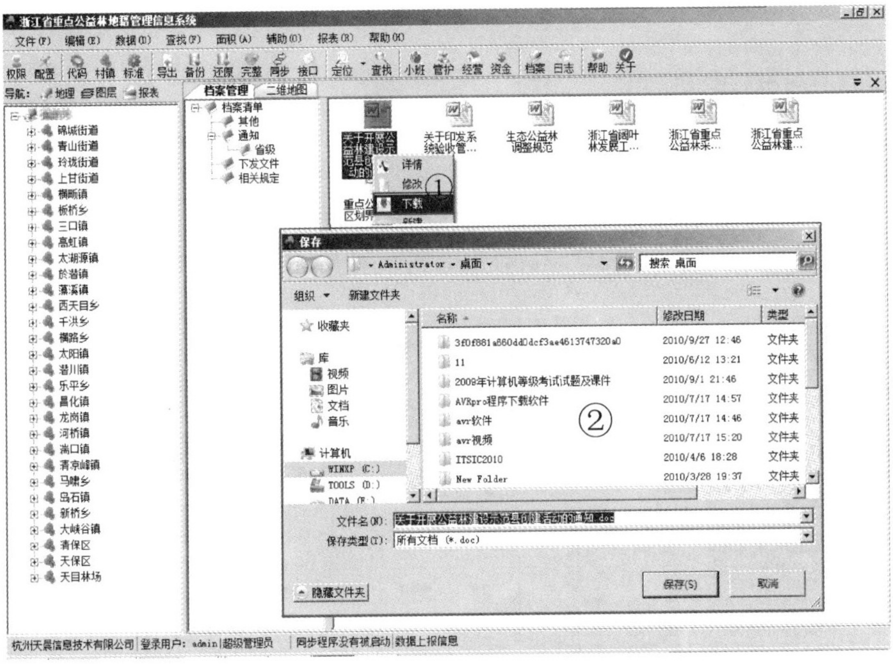

第 3 步：可右击空白的查看中有【平铺】、【图标】、【列表】和【详细信息】等四种查看方式进行查看右边信息栏。

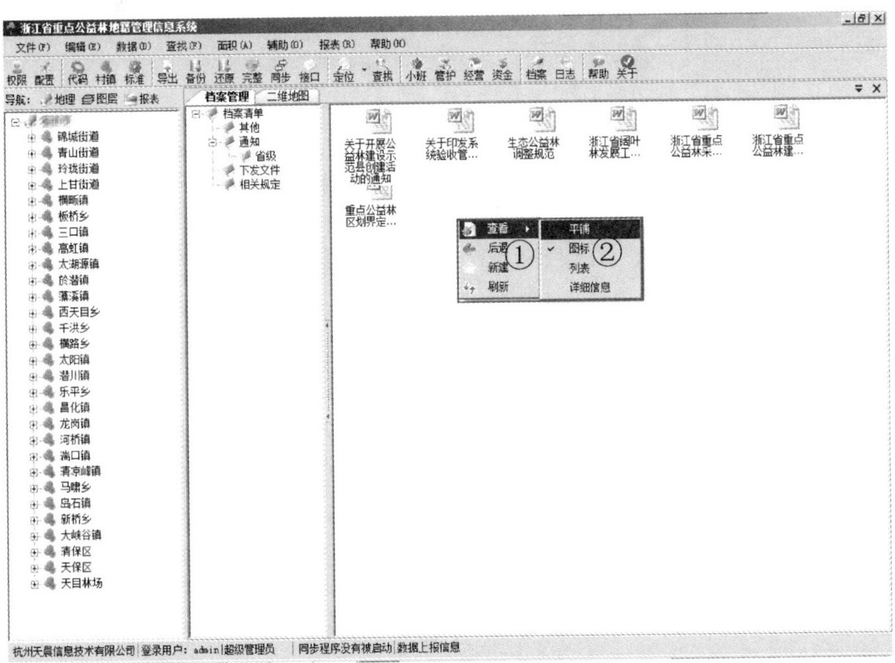

第 4 步：在左边档案清单树中双击或者在右边信息栏右击【打开】(或者双击)。

第 5 步：在左边档案清单树中双击或者在右边信息栏右击【后退】，返回父级档案类别。

5.10 定制报表管理

定制报表管理功能主要是用于定制林业用户日常工作中经常使用的一些报表，系统会根据公益林的基础数据，快速地生成用户指定的报表数据。定制报表管理主要提供了报表分页显示、报表重新统计、报表打印、导出数据以及历史报表数据查看等功能。定制报表管理界面如下：

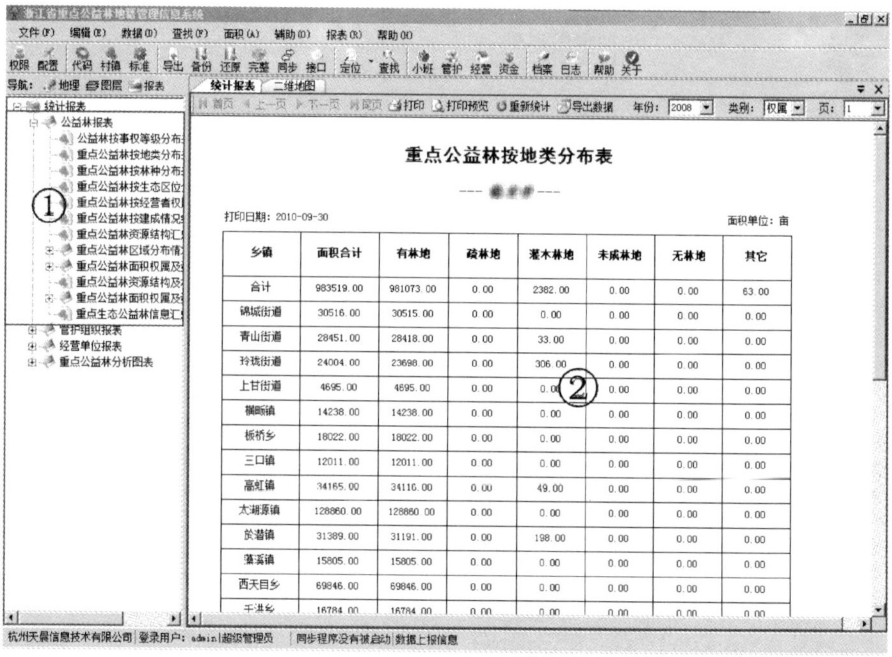

具体操作步骤如下：

第 1 步：单击系统左边的【报表】工具栏，报表显示树形界面。

第 2 步：在树形界面中（上图①）展开选择自己需要查看的报表，然后双击鼠标。

第 3 步：双击鼠标以后系统会在系统主界面上（上图②）显示对应的报表数据信息。

第 5 步：如果需要打印该统计报表数据，单击报表工具栏的【打印】工具栏即可。

第 6 步：如果需要导出该统计报表数据以便做其他用途，单击报表工具栏的【导出数据】工具栏即可。

第 7 步：在【年份】下拉框里选择需要显示的报表年份。

第 8 步：在【类别】下拉框里选择需要显示的报表列表，显示类别分为权属和行政两类。

参考文献

1. 蔡会德，莫奇京，潘黄儒，等. 2006. 广西重点公益林管理信息系统的研制[J]. 林业资源管理，(6)：101 -104.
2. 陈一佐. 2007. 基于 Arcgis 安徽省国家公益林地理信息系统建设[J]. 民营科技，(3)：168.
3. 李土生，莫路锋，应宝根，等. 2007. 浙江省公益林地籍管理系统的设计与实现[J]. 浙江林学院学报，24(3)：331 -335.
4. 李土生，翁卫松. 2002. 森林资源地理信息系统设计的关键技术[J]. 南京林业大学学报(自然科学版)，26(5)：53 -56.
5. 李旭祥，沈振兴，刘萍萍，等. 2008. 地理信息系统在环境科学中的应用[M]. 北京：清华大学出版社.
6. 李玉龙. 2009. Arcgis 地理信息系统教程(第四版)[M]. 北京：电子工业出版社.
7. 庞晓燕，陈永芳，于振海. 2009. 内蒙古自治区生态公益林管理信息系统设计[J]. 内蒙古林业调查设计，32(5)：96 -98.
8. 王庆杰. 2006. 林业地理空间信息整合研究[J]. 林业资源管理，(4)：44 -48.
9. 吴信才，等. 2009. 地理信息系统设计与实现(第二版)[M]. 北京：电子工业出版社.
10. 徐爱俊，方陆明，唐丽华，等. 1998. 基于 GIS 的县级公益林管理信息系统的设计与开发[J]. 浙江林学院学报，22(1)：82 -86.
11. 浙江省人民政府令第 260 号. 浙江省公益林管理办法[EB/OL]，2009 -6 -1.
12. 浙江林学院信息工程学院，杭州市林水局，浙江省森林资源监测中心. 2002. 杭州市森林资源信息管理网络系统.
13. 钟晶鸣，吴保国，金萌. 2006. 县级森林资源管理信息系统结构模式的探讨[J]. 农业网络信息，(8)：62 -64.
14. 朱选，刘索霞. 2006. 地理信息系统原理与技术[M]. 上海：华东师范大学出版社.